AF240471

LE CHOIX DU FEU

DU MÊME AUTEUR

Fragilité de la puissance : se libérer de l'emprise technologique, Paris, Fayard, 2003.

Les Macro-Systèmes techniques, Paris, PUF, « Que sais-je », 1997.

Grandeur et dépendance, Paris, PUF, 1993 ; Turin, UTET, 1997 ; Bucarest, Clusium, 2006.

Face à l'automate : le pilote, le contrôleur et l'ingénieur (avec C. Moricot, S. Poirot-Delpech et V. Scardigli), Paris, Publications de la Sorbonne, 1994.

Sociologie des ruptures. Les pièges du temps en sciences sociales, Paris, PUF, 1980.

La Suède et ses populations (avec R. Sotto), Bruxelles, Complexe, 1981.

La Futurologie, Paris, Seghers, 1976.

Les Universitaires suédois. Contestation et conformisme dans une élite intellectuelle, Paris, Hachette, 1973.

L'éducation a-t-elle un avenir ? (avec B. J. Hake *et al.*), Bruxelles, JEB ; Munich, Kozel Verlag, 1975.

Sociologie de l'éducation. Textes fondamentaux, Paris, Larousse, 1973.

Sous la direction de l'auteur et en collaboration :

— avec P. Musso, *Politique, communication et technologie. Hommage à Lucien Sfez*, Paris, PUF, 2006.

— avec Y. Yotte, *Sociologie, ethnologie. Auteurs et textes fondamentaux*, Paris, Publications de la Sorbonne, 1998.

— avec C. Moricot, *Les Technologies du quotidien. La complainte du progrès*, Paris, Autrement, 1992.

— avec B. Joerges et V. Scardigli, *Sociologie des techniques de la vie quotidienne*, Paris, L'Harmattan, 1992.

— avec C. Moricot, S. Poirot-Delpech et V. Scardigli, *Le Pilote, le contrôleur et l'automate*, Paris, IRIS, 1991.

— avec S. Poirot-Delpech, *Au doigt et à l'œil. L'imaginaire des techniques de pointe*, Paris, L'Harmattan, 1990.

Alain Gras

LE CHOIX DU FEU

Aux origines de la crise climatique

Fayard

© Librairie Arthème Fayard, 2007.
ISBN : 978-2-213-62531-7

PROLOGUE

Vivre l'instant du feu et l'oublier

En un instant, le monde a été incendié. Que représente un siècle à peine dans la durée de l'humanité ? Les courbes, graphiques, tableaux, si arbitraires soient-ils, montrent non pas une accélération mais un changement foudroyant, une rupture dans l'évolution du monde. Que peut donc signifier une histoire si ténue ? Rien et tout à la fois. La vérité de l'événement réside dans la conscience qui le construit et lui donne un sens, elle ne se déduit pas de la collecte des autres événements passés que la mémoire assemble dans le but d'éclairer le temps présent, croyant ainsi trouver une clé du devenir. Il faut s'habituer à cette idée : nous sommes le fruit d'une bifurcation dangereuse qui s'est produite au cours du XIXe siècle, et non l'aboutissement, même provisoire, de la longue marche de la civilisation. Admettons que la situation actuelle soit proprement inconcevable, retrouvons l'humilité afin de nous ouvrir au mystère du monde, oublions le grand credo de la croissance, rendons-nous compte du délire de la pensée économique dominante, et sans doute alors pourrons-nous retrouver une fraîcheur qui nous ouvrira les portes d'un autre avenir.

Une flamme allumée au XIXe siècle brûle ce monde, c'est un fait. La première partie de cet ouvrage en établit le constat, rapporte les faits, agrémentés de quelques commentaires élaborés à partir d'ouvrages spécialisés, chaque année plus nombreux à évoquer l'enfer que nous préparons. Je sais fort bien qu'entre le moment où j'écris ces lignes et celui où le livre paraîtra le dévoilement de l'état de la planète n'aura cessé de se préciser. Mais cette première partie, ancrée dans l'actualité immédiate, a aussi pour but d'éveiller notre curiosité. Elle impose de se demander pourquoi une rencontre, une coalescence de faits, en soi imprévisible, a fait basculer le monde, et cela en un instant. Un instant où la machine thermique est apparue pour imposer le feu comme seul moyen de la puissance, ce qui lui a permis de se dégager de toute contrainte sociale et d'asseoir par la technique sa domination sur les choses et les êtres.

Pourquoi, comment, en sommes-nous arrivés là ? Cette question semble proche de celle que pose la spiritualité religieuse, mais Hans Jonas[1], dans son ouvrage majeur, nous rappelle son aspect anthropologique. La question concerne, en effet, non seulement « nous » mais tous les êtres, elle suppose que « je » ne pourrait exister sans l'aide des autres ; le Moi sujet n'est pas un individu isolé comme veut nous le faire croire le libéralisme, il est un Nous. L'homme est un animal social et son « devoir être » passe par le social. Par conséquent, s'il observe sans réagir le lent recouvrement du monde par les scories du feu, il rompt cette relation qui le lie à l'autre d'aujourd'hui, d'hier et de demain. Or, en tant qu'être porteur de vie, et même dans son intimité la plus égoïste, il ne peut, à moins de s'anéantir au sens le plus strict du terme, éviter de se préoccuper de ce qu'il adviendra des autres après lui. Certes, il existe des réponses extrêmes, comme la foi aveugle dans le progrès technique par exemple ou, à l'inverse, l'attente de l'effondrement général de notre civilisation, manières d'esquiver la vraie question morale : à quoi l'homme doit-il se soumettre ? Quelle part de liberté avons-nous pour dire « non » lorsque le chemin débouche sur un précipice ?

---

1. H. Jonas, *Le Principe responsabilité : une éthique pour la civilisation technologique*, Paris, Flammarion, 1998.

Poser la question du pourquoi et du comment dans ce cas, qui engage l'espèce humaine tout entière, n'est donc pas seulement l'expression d'une curiosité intellectuelle sur la crise actuelle, elle est d'abord l'affirmation d'une nécessité morale transcendante. C'est donc à partir d'une réflexion éthique que l'on doit se demander si l'usage de l'énergie fossile (produit d'une vie enterrée il y a quelques centaines de millions d'années) ne nous mène pas au bord du gouffre. Si tel est le cas, ne serait-il pas intéressant de savoir comment un système technique centré autour d'une invention étrange, la machine à vapeur, a fait bifurquer une civilisation particulière, la nôtre, vers une voie qui était aussi une impasse programmée ?

Comment, question de la science positiviste, mais aussi pourquoi, question des sciences sociales. Si l'on ne cherche pas à lier les deux aspects, *comment* et *pourquoi*, cette machine et, plus largement, la chaleur comme moyen de la puissance ne posent pas de problème particulier à nos contemporains. Et dans ce cas, l'histoire conventionnelle ne s'interroge que sur la rapidité avec laquelle l'invention a été adoptée d'un bout à l'autre de l'Occident. En s'interrogeant seulement sur le « comment », c'est le problème du passage de l'invention à l'innovation qui est résolu, par la nécessité inéluctable du progrès technique. Du même coup, adoption et adaptation deviennent synonymes car, dans cette perspective, la machine thermique ne pouvait qu'être choisie. Elle élude l'interrogation de Hans Jonas : « À quoi l'homme doit-il s'habituer ? » Cette question a-t-elle donc été définitivement abandonnée par notre civilisation soumise à l'impérialisme technologique ?

Ce livre, dans sa deuxième et sa troisième partie, entend démontrer le contraire, en posant la question qui n'a pas lieu d'être, c'est-à-dire la « question de la question » (*die*

Frage nach der Frage), principe de la pensée critique pour Heidegger.

En effet, le monde incendié par l'énergie fossile n'est sans doute que le produit d'un ensemble de forces, agissant sur plusieurs niveaux du réel et dont personne ne pouvait prévoir le résultat. Loin d'être la conséquence d'une « évolution » technique, la machine à vapeur, puis à explosion, n'est qu'un hasard du devenir. Un événement qui crée certes une nécessité consécutive que j'appelle « trajectoire technologique », celle du feu mis à la planète par la technologie récente, mais un événement qui, s'il est aléatoire, laisse à l'homme la possibilité de trouver un autre hasard qui jouera contre le premier. Une nécessité relative donc à la liberté de l'homme, une contingence en quelque sorte. Sans doute faudrait-il parler de destin plutôt que de hasard, mais à condition de l'entendre au sens des Grecs : d'une part il existe un *nexus causarum*, un nœud de causalités qui, en elles-mêmes, ne font pas sens, d'autre part nous avons la possibilité de comprendre, de donner un sens et de choisir mais, une fois le choix effectué, l'issue est fatale. L'illustration la plus célèbre est fournie par un célèbre récit d'Hérodote [1].

Crésus, roi de Lydie, voulait entrer en guerre contre les Perses dont il était séparé par l'Halys. Il demanda à la Pythie de Delphes de se prononcer, elle répondit par cet oracle : « Si Crésus traverse le fleuve, un grand royaume sera détruit. » Crésus traversa le fleuve... et perdit son royaume ! Ce récit, pris comme métaphore où la machine à vapeur remplace le fleuve, suggère que nous avons eu le choix d'aller vers l'énergie fossile ou de la refuser. Or considérer que nous avions le choix à l'époque met à bas le règne de la nécessité et nous rend notre liberté ; l'issue étant perçue – *le grand royaume est détruit* –, l'oracle n'a plus cours et l'avenir n'est plus

---

1. Hérodote, *Histoires*, I, 91.

soumis à la fatalité. En d'autres termes, si nous compre-
nons que nous avions le choix de ne pas passer le fleuve
autrefois, alors nous récupérons la faculté de penser le
temps comme création perpétuelle pour échapper à la
malédiction de la chaleur[1].

---

1. La perspective d'un effondrement brutal a pris le nom, dans le monde
anglo-saxon, de « théorie de l'Olduvai », c'est-à-dire le retour à l'âge des
cavernes. Richard Duncan, qui en est l'inventeur dans un article de 1899, fait
commencer la civilisation industrielle moderne en 1930 et prédit sa chute en
2030 ; elle ne durerait qu'un siècle. L'incapacité à faire face à la demande
d'énergie *électrique* en serait la principale cause. R.C. Duncan, « The Olduvai
theory : energy, population, and industrial civilization », *The Social Contract*,
vol. 16, n° 2, 2006 ; voir aussi www.dieoff.com. Des pannes de plus en plus
fréquentes annonceraient le déclin avant l'effondrement des réseaux. Il reprend,
à son insu sans doute, une thèse déjà défendue dans les années 1970 par
R. Vacca, *Demain, le Moyen Âge : la dégradation des grands systèmes*, Paris,
Albin Michel, 1973, mais aussi par B. Charbonneau, *Le Système et le chaos*,
Paris, Économica, 1990, et par J. Tainter, *The Collapse of Complex Societies*,
Cambridge, Cambridge University Press, 1988.

La combustion de l'énergie fossile : un résultat de l'évolution des sciences et des techniques ?

Les prophéties de malheur étaient autrefois fondées sur une condamnation des erreurs humaines attribuée à Dieu ou aux dieux. Aujourd'hui, étrange retournement, la science et la technique, agents actifs de ce qu'il est convenu d'appeler le progrès, fournissent les principales pièces à conviction du jugement que l'homme porte contre lui-même. Je ne nie pas la réalité de ces pièces, ni la situation calamiteuse de la planète, mais je ne voudrais pas que ces discours critiques reproduisent à l'envers l'aveuglement qui va de pair avec l'optimisme béat des sectateurs du progrès. Le fatalisme passif ne doit pas en être le résultat.

Pour que la critique ait une valeur, il faut s'attaquer aux racines du mal, qui se nourrit de la représentation occidentale du temps. L'invention du passé par l'histoire académique eut cet effet pervers de sacraliser la marche dans le temps de l'humanité. Elle n'a cessé, depuis, de vouloir expliquer le présent à partir de ce passé, reconstruit toujours au présent, comme le rappelait le grand historien anglais Hobsbawn, et d'en tirer des conséquences pour expliquer rationnellement, hors de toute transcendance, notre situation en ce monde et, implicitement, notre devenir. C'est ainsi que l'évolutionnisme social avec son temps orienté nous laisse croire que le progrès technologique nous sauvera du malheur engendré par lui-même. Erreur logique et leurre métaphysique [1].

Dans ce cadre du temps orienté, deux types de récits sur le passé ont ainsi particulièrement contribué à établir une croyance dans le mouvement naturel qui porte les sociétés d'un stade inférieur à un stade supérieur : ce sont l'histoire économique et, à un degré bien plus élevé, l'histoire des sciences et des techniques. Toutefois toutes deux font aujourd'hui un travail critique sur elles-mêmes et révisent quelques-unes de leurs thèses simplistes, mais largement diffusées, en particulier celles sur la révolution industrielle. J'utiliserai une part de ce travail critique.

Quant à l'ethnologie et la sociologie, elles sont venues apporter une aide non négligeable au rationalisme progressiste des XIXe et XXe siècles. L'ethnologie reste, en outre, marquée au fer rouge par son objet. Elle parle en effet de ce qui va disparaître, et ne peut que donner le baiser de la mort aux peuples qu'elle rencontre, alors qu'elle prétend défendre la légitimité de leur vision du monde. De ce fait, elle a donné consistance à des catégories bien floues dans la tête de ses inventeurs, catégories totalement déconsidé-rées dans le milieu des spécialistes mais toujours très vivaces dans la mouvance anthropologique et dans les médias : sociétés sans/avec écriture, sans/avec État, sans/avec histoire, à solidarité mécanique/organique, primitives/traditionnelles/modernes, etc. La préhistoire n'est pas en reste : les âges de l'humanité, marqués par le matériau utilisé, pierres et métaux (de la pierre taillée à l'âge du fer), sont censés rendre objective la lente accumulation des connaissances. Cette préhistoire semble se réjouir de nous confirmer que nous sommes le résultat du mixage d'un inconscient biologiquement déterminé par le goût de la violence, et d'une nécessité *techno*-logique qui s'inscrit dans

---

1. Sur ce sujet précisément, voir X. Guchet, *Le Sens de l'évolution technique*, Paris, Leo Scheer, 2005, et aussi V. Scardigli, *Les Sens de la technique*, Paris, PUF, 1992.

une tendance à l'accroissement de l'efficacité des outils. Thèse que je conteste radicalement dans mon précédent ouvrage[1].

C'est ainsi que, bien loin de disparaître, le progressisme que j'appellerai vulgaire renaît sans cesse sur le terreau de l'évolutionnisme[2]. Loin d'être une pensée fossile, contemporaine du colonialisme, l'idée d'une marche en avant de l'humanité est bien vivace ; le néolibéralisme en est aussi porteur, pour mieux nous contraindre à accepter le fait accompli de la légitimité des grands incendiaires de la Terre, multinationales et États à leur service.

L'événement en histoire des techniques

L'argumentation de cet ouvrage tourne donc autour de la machine thermique, c'est-à-dire la machine à énergie fossile. Elle vise à infirmer la thèse d'une continuité historique, et la critique vaut aussi pour nombre de phénomènes en devenir, rassemblés dans la catégorie du « progrès technique », progrès qu'on peut discuter, et même refuser, sans pour autant devenir réactionnaire[3]. Tout porte à croire que la révolution sociotechnique fondée sur la chaleur, qui donna naissance à la civilisation qu'après Jacques Grinevald j'appelle « thermo-industrielle » n'est pas le produit d'une évolution rationnelle, ou nécessaire, de la pensée technicienne et scientifique. Tout au contraire, on peut penser cette évolution comme une rencontre, coalescence ai-je dit, ou encore précipitation à un certain moment de

---

1. Je rappellerai que la mise au point sur les primitifs est ancienne mais ne parvient pas au grand public, par exemple M. Sahlins, *Âge de pierre, âge d'abondance. L'économie des sociétés primitives*, Paris, Gallimard, 1976, ou P. Clastres, *La Société contre l'État*, Paris, Minuit, 1974.

2. Pour le plus récent bilan accablant, voir J. Salvador, *Critique de la déraison évolutionniste*, Paris, L'Harmattan, 2006.

3. J.-P. Besset, *Comment ne plus être progressiste sans devenir réactionnaire*, Paris, Fayard, 2005.

devenirs multiples et variés, dans divers domaines. Le *précipité* en chimie est une substance nouvelle, obtenue instantanément par le mixage de divers composants[1]. La rencontre de l'eau et d'un composé à base d'essence d'anis donne par exemple le pastis. Mais le buveur de pastis sait ce qu'il fait alors que l'acteur dans le temps ne sait pas ce qu'il va produire, ni s'il y aura *précipitation*. S'il y a *précipitation*, alors le hasard rencontre la nécessité car, une fois la situation nouvelle acquise, une contrainte s'impose dans le devenir. Dans le domaine que j'explore, j'appelle cela la « trajectoire technologique ». Elle verrouille sur un certain axe le devenir d'un artefact ou d'un système technique. Ce dernier a donc un début et il trouvera une fin.

Ce problème de l'événement clé se trouve au cœur de l'épistémologie des sciences sociales[2]. Mais le problème vient de l'histoire des techniques, qui, pour une grande part, semble vouloir échapper à la règle commune, se laissant prendre au piège, à des degrés divers bien sûr, de la croyance au caractère autonome, par rapport au social, de ses objets d'études. Outils, machines, systèmes sont vus comme le fruit d'une lente élaboration de l'esprit humain, qui donne le sentiment d'un perfectionnement continu[3].

---

1. Une définition précise serait : substance insoluble obtenue par l'action d'un réactif qui se sépare d'une solution.

2. Voir les textes d'une extrême finesse de R. Aron, *Introduction à la philosophie de l'histoire*, Paris, Gallimard, 1991 ; et de P. Veyne, *Comment on écrit l'histoire*, Paris, Le Seuil, 1996 ; mais aussi ce récit de Thucydide, *La Guerre du Péloponnèse*, que Raymond Aron donnait en modèle. Histoire de la guerre qui, durant vingt ans, opposa Athènes et Sparte : magnifique récit à suspense et à rebondissements jusqu'à la catastrophe finale, inattendue.

3. Je ne m'oppose pas ici aux thèses de Jacques Ellul mais il existe un malentendu sur sa pensée ; *cf.* A. Gras, « Dépendance des grands systèmes techniques et liberté humaine », *in* P. Troude-Chastenet (dir.), *Sur Jacques Ellul*, préface de I. Illich, Le Bouscat (Gironde), L'Esprit du temps, 1994. Deux ouvrages récents font le point sur la pensée de J. Ellul : P. Troude-Chastenet, *Jacques Ellul penseur sans frontières*, Le Bouscat, L'Esprit du temps, 2005 et J.-L. Porquet, *Jacques Ellul : l'homme qui avait presque tout prévu*, Paris, Le Cherche-Midi, 2004.

En réalité, la représentation commune de l'histoire de notre monde, empêtré dans le phénomène technicien[1], relève de l'histoire universelle telle que Bossuet l'a décrite à partir de la religion à la fin du XVIIᵉ siècle, et telle que la philosophie allemande l'a construite, bien plus solidement et sur des bases bien différentes, avec Hegel, Herder et Marx en figures de proue. Si cette histoire universelle, qui veut donner une orientation au temps, a perdu aujourd'hui toute sa légitimité, il subsiste malgré tout la *version techno-logique du progrès* à laquelle je viens de faire allusion. Elle décrit une sorte de mouvement linéaire fatidique, une tendance – par opposition à une trajectoire – qui s'accomplit dans une durée indéterminée. Cette quasi-nécessité joue un rôle équivalent à celui de l'Esprit dans la philosophie hégélienne, et sert d'explication finale (la fameuse « raison dans l'histoire » du philosophe allemand). Elle met en scène, par la causalité, la manière dont les découvertes s'enchaînent les unes aux autres. Ceci est l'illusion première que je voudrais dénoncer.

La vision continuiste nous dit ainsi que l'automobile continue le char hippomobile, que la tronçonneuse prolonge la hache de pierre, que la pompe à vapeur améliore la noria, que le ciment se substitue au torchis, que le GPS précise la représentation de l'espace des portulans de l'époque des grandes découvertes, et ainsi de suite. Chaque objet ayant un prédécesseur qui se perd dans la nuit des temps, l'humanité ne peut que perfectionner cet objet en proposant des variations autour d'une trame unique, l'axe du progrès[2].

Je vais prendre un exemple *a contrario* : la climatisation – exemple simple mais au contenu symbolique éloquent dans le cadre de ce livre : pour nous protéger de la chaleur,

---

1. J.-J. Salomon, *Prométhée empêtré*, Paris, Économica, 1999.
2. Le meilleur représentant de cette tendance en France est M. Daumas avec sa monumentale *Histoire générale des techniques*, 5 vol., Paris, PUF, 1996.

nous faisons tourner un moteur qui brûle la planète ! L'histoire de la climatisation suit de près celle de la réfrigération, mais elle est d'emblée mêlée à une stratégie commerciale « marketing ». Aux États-Unis, dès 1919, la climatisation favorise le shopping. Selon Catherine Grandclément, elle est adoptée par le grand magasin Abraham & Strauss Department Store à New York, suivi de peu par le célèbre Macy's : « Sans l'air conditionné, le shopping n'aurait pu devenir aussi aisé que le fait de respirer. La climatisation, seule, peut rendre aussi naturels et aussi agréables des environnements sans fenêtres, scellés, intériorisés et artificiels[1]. » Cet air conditionné n'a envahi l'Europe que cinquante ans plus tard ! La nécessité reconnue comme telle de climatiser pour calmer l'ardeur du soleil constitue en Europe une innovation récente, surtout au plan individuel. Jusque-là les baies vitrées, qui chauffent et refroidissent brutalement, affichaient le choix des valeurs esthétiques et de confort de l'après-guerre. La richesse ostentatoire devint en effet dans les années 1960 une consommation visuelle du paysage – mode en rupture, dans le Midi, avec la tradition des fenêtres à volets clos l'été, soudainement méprisée parce qu'elle symbolisait un monde rural désuet. La canicule de 2003 a tout d'un coup *précipité* la climatisation. Il s'agit pourtant d'un événement qui n'a pris une telle valeur symbolique qu'en raison des risques de l'effet de serre, qu'elle amplifie. Le temps de l'architecture, celui de la critique écologique prise à rebrousse-poil et celui de la réfrigération se rejoignent donc de nos jours *par hasard*. Ce hasard qui se décrit ensuite comme une nécessité historique n'est qu'une histoire de mœurs, c'est-à-dire l'histoire d'un mode de rapports avec la nature, et

---

1. C. Grandclément, « Climatiser le marché. Les contributions des marketings de l'ambiance et de l'atmosphère », *Ethnographiques.org*, n° 6, novembre 2004 [en ligne].

d'une représentation de celle-ci – du soleil en tout premier lieu[1]. C'est aussi une histoire de l'architecture, de la promotion immobilière, des vacances, et encore une histoire du froid comme objet technique. Bref, les lignes évolutives se rejoignent dans une convergence qui n'était pas prévisible. Sans oublier le bas coût de l'énergie, qui joue aussi un rôle crucial.

Gageons que la crise énergétique va bouleverser cette tendance, mais ne croyons pas à une quelconque prospective fondée sur la seule évolution technicienne, y compris celle fondée sur des préoccupations écologiques[2]. Le social, dont personne ne contrôle l'évolution, fait se rejoindre des trajectoires technologiques autonomes ; c'est ce que révèle cet exemple de la climatisation. Le hasard est toujours présent, mais il existe des contingences provisoires qui orientent l'histoire vers une trajectoire plutôt qu'une autre. Ainsi, par exemple, sans les deux guerres mondiales, il n'existerait pas d'aviation civile (voir la dernière partie de l'ouvrage).

Envisageons les choses autrement. L'humanité a vécu depuis toujours dans un usage relativement équilibré des sources naturelles d'énergie, que l'on peut représenter dans un schéma simple (voir page suivante).

À un moment donné, l'Occident est sorti de cet équilibre, certes instable, mais qui jusque-là avait fonctionné comme principe de précaution, un *principe implicite dans toutes les civilisations*. Nous avons rompu un pacte avec la nature,

---

1. Par exemple, jusque dans les années 1920, se mettre au soleil en été, sur une plage de la Côte d'Azur, paraissait absurde, preuve de folie ou d'indigence. À Cannes, tous les hôtels fermaient l'été. Le Carlton nouvellement construit fut le premier à ouvrir l'été, en 1925, mais il ne fut guère suivi par ses concurrents. Il est difficile d'imaginer à quel point les mentalités, dans ce cas les représentations de la nature-soleil, peuvent changer brusquement, et pourtant les preuves sont là.

2. Ainsi le livre de H.T. Odum et E.C. Odum, grandes références de l'écologie scientifique, *Prosperous Way Down. The Principles and Policies*, Boulder, University Press of Colorado, 2001.

Les diverses sources d'énergie primaire

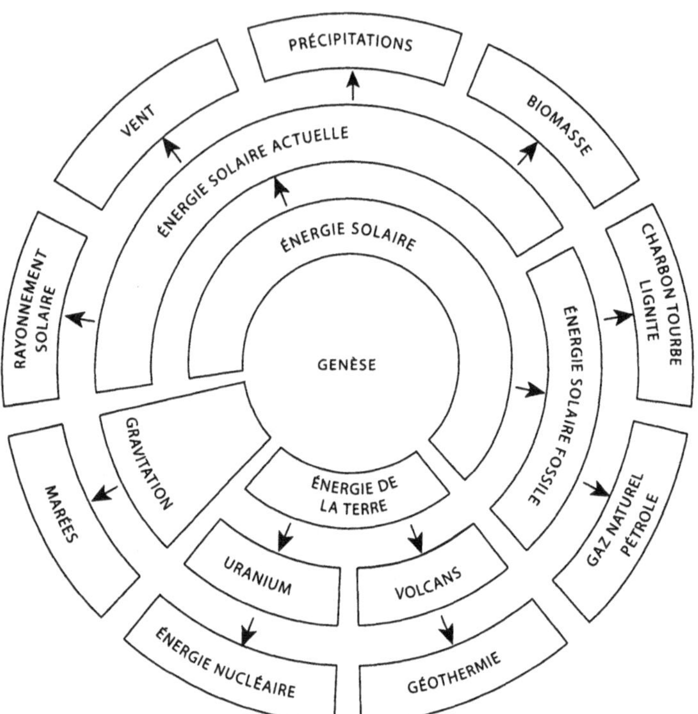

Source : J.-C. Lhomme, *Les Énergies renouvelables*, Lonay (Suisse), Delachaux et Niestlé, 2004, p. 30.

un pacte qui n'était pas du tout synonyme de technophobie, comme aiment à le dire les « ennemis » de la critique écologique, mais au contraire un pacte qui laissait ouvertes de multiples voies au devenir mécanique. Le choix « vapeur/ chaleur » qui a été fait à un certain moment a, au contraire, fermé toutes les ouvertures qu'offrait l'usage des énergies renouvelables. Pourquoi l'électricité n'aurait-elle pas pu être produite dès le début par le vent ? Si ce choix avait été fait plutôt que celui de la haute tension, qui amène avec elle les grands réseaux, les générateurs géants et d'énormes barrages, sans doute vivrions-nous aussi bien mais avec un autre type d'électricité, sans doute moins impérialiste, moins omniprésente[1].

Pour ouvrir la voie à la possibilité d'un autre développement, il faut montrer à quel point cette façon de concevoir l'histoire n'est que fausse évidence, naïveté construite, utilisant une vision de la technique totalement désincarnée, désocialisée. Vouloir éteindre l'incendie planétaire entraîne la nécessité de changer non seulement notre manière d'agir mais aussi notre façon de penser. Cela impose une critique radicale de l'évolutionnisme technologique. L'artefact technique devrait être conçu comme œuvre d'art, expression du désir d'être (humain) sous des formes sans cesse renouvelées[2]. C'est en partant de ce principe que nous pourrons renouveler notre vision du monde technicien[3].

Pour autant, ce livre n'est pas un livre d'histoire. Il se veut une tentative socio-anthropologique pour décrire les conditions matérielles et mentales qui ont permis la mise

---

1. T. Hughes, *Networks of power. Electrification in Western Societies*, Baltimore, Johns Hopkins University Press, 1983.

2. Ce qui s'oppose évidemment à la vision d'un objet technique en perpétuelle amélioration, et la figure de l'ingénieur s'oppose aujourd'hui à celle de l'artiste. Walter Benjamin en fait le thème de son célèbre texte : *L'Œuvre d'art à l'époque de sa reproductibilté technique* [1939], Paris, Allia, 2003.

3. La Chine ancienne offre une possible illustration historique. Joseph Needham, qui a écrit une somme sur la technologie chinoise, n'a sans doute pas tiré tous les enseignements de l'apparent blocage (voir chapitre III) de cette civilisation. À l'époque de Charlemagne, les savants chinois inventèrent la poudre et développèrent rapidement aussi bien les canons que les missiles en bambous, mais, par la suite, ils changèrent apparemment d'« avis » sur l'intérêt de cette évolution technique (comme pour la pompe, l'horloge, l'arbalète, le char, etc.). Huit siècles plus tard, Louis XIV régnant en France, l'empereur mandchou Kangxi demandait au jésuite belge Ferdinand Verbiest, qui lui avait offert des instruments d'astronomie en bronze, de rénover de vieux canons que ses ingénieurs étaient incapables de faire fonctionner ! On dit de ce jésuite de talent qu'il fut aussi l'inventeur d'une machine à vapeur, mais les Chinois, semble-t-il, n'en firent que peu de cas. Voir A.W.Crosby, *Throwing Fire. Projectile Technology Through History*, Cambridge, Cambridge University Press, 2002 ; le classique J. Needham, *Science and Civilization in China*, vol. 5, *Military Technology : the Gunpowder Epic*, Cambridge, Cambridge University Press, 1986 ; et aussi Robert Temple, *Le Génie de la Chine. 2000 ans de découvertes et d'inventions*, Arles, Philippe Picquier, 2000.

en place de la civilisation fondée sur la puissance du feu[1]. Il s'agit de décoloniser notre imaginaire, comme le fait, entre autres, Serge Latouche dans le monde économique, et de nous persuader que l'on peut changer la trajectoire d'une technologie[2] qui nous a conduits dans une impasse.[3]

---

1. La socio-anthropologie est un courant bien représenté aujourd'hui dans les sciences sociales qui, à partir d'une vision et de principes épistémologiques fournis par Georges Balandier, s'intéresse à notre modernité, un peu à la manière des ethnologues pour les dits « primitifs ». Outre l'œuvre de G. Balandier et, sur le thème de la technique, son ouvrage fondamental *Le Grand Système*, Paris, Fayard, 2001, voir, pour une affirmation théorique, P. Bouvier, *La Socio-Anthropologie*, Paris, Armand Colin, 2000 et *Le Lien social*, Paris, Gallimard, 2005. Il existe aussi une revue, *Socio-Anthropologie*, fondée par ce même auteur.

2. J.-J. Salomon, dans *Le Destin technologique*, Paris, Balland, 1992, consacre le chapitre III (« Naissance de la technologie ») à l'histoire de ce terme. J'utilise, pour ma part, de manière à peu près équivalente, selon le contexte, les termes « technique » et « technologie ».

3. Je remercie C. Granier pour sa précieuse lecture critique de la première version du manuscrit.

LA CHALEUR AU QUOTIDIEN OU LA SINGULARITÉ DE LA SOCIÉTÉ THERMO-INDUSTRIELLE

La littérature sur l'écologie connaissant une expansion sans précédent, il me paraît difficile l'établissement d'un bilan. Dans cette première partie, je voudrais par conséquent évoquer simplement quelques aspects de notre civilisation au quotidien. Des aspects non pas méconnus mais rarement soulignés, qui concernent le *fait thermique.* Cela permettra de mieux saisir l'intérêt de la deuxième partie, où je montre que le fait thermique en tant que tel doit être pris pour ce qu'il fut réellement, bien au-delà de sa réalité technologique : une coupure radicale d'avec le monde des énergies renouvelables, un interdit posé à la science, et non par la science, sur toute recherche qui ne suivrait pas la voie de la puissance de l'énergie fossile.

J'emprunterai, pour ce faire, au philosophe Paul Feyerabend la notion d'« incommensurabilité [1] », que je voudrais omniprésente en filigrane de ce récit. Elle se résume à un principe fort : « Il n'existe pas de connaissance en soi mais seulement une connaissance en relation avec une croyance. » Une anthropologie des techniques devrait donc naître un jour qui affirmerait l'impossibilité de comparer les objets d'aujourd'hui à ceux d'une autre période, une anthropologie qui donnerait enfin aux techniques ce qu'elle a fini par accorder aux peuples : une identité propre, qui ne se mesure pas sur une échelle de développement. Dans ce cadre intellectuel, les artefacts se substitueraient les uns aux autres dans un nouveau contexte, mais ils ne les prolonge-

---

1. P. K. Feyerabend, *Contre la méthode. Esquisse d'une théorie anarchiste de la connaissance*, Paris, Le Seuil, 1976.

raient ni ne les remplaceraient, car ils seraient chaque fois associés à un milieu donné, dont la réalité est provisoire et par conséquent unique. C'est en cela aussi qu'ils pourraient être comparés à des œuvres d'art.

Dans le cas présent, grâce à une analyse de quelques situations sous l'angle de la chaleur, il deviendra plus aisé de saisir la singularité de notre situation. Le lecteur trouvera là un fil conducteur de l'ensemble de l'ouvrage, tout particulièrement dans cette première partie.

CHAPITRE PREMIER

La société contemporaine, une grenouille au bain-marie

L'arrivée de la puissance thermique est une histoire de Père Noël destinée au monde riche. Ce monde n'a pas eu le temps de concevoir ce qui s'était passé, de se demander où et comment étaient fabriqués tous ces gadgets qui le submergèrent. Avant de s'intéresser à la « mécanique » du développement, non durable, qui nous a apporté un confort matériel inouï, il convient de faire un bilan thermique, une évaluation de la manière dont la chaleur s'installe dans notre quotidien et fabrique notre confort, sans même que nous remarquions sa présence.

Sur ce plan précisément, Al Gore, candidat malheureux à la présidence des États-Unis, expose dans son film militant *The Unconvenient Truth* (devenu en français *Une vérité qui dérange*), les raisons pour lesquelles la prise de conscience du réchauffement climatique a bien du mal à se réaliser. Il émet trois hypothèses. Deux d'entre elles portent sur les discours justificateurs et concernent la manière dont les lobbies, prônant la croissance sans limites, manipulent l'information [1] avec l'aide de médias complaisants, la troisième aborde l'imaginaire contemporain. Les trois hypothèses s'emboîtent pour éclairer la schizophrénie de notre temps.

---

1. Voir l'analyse de Greenpeace, *ExxonMobil. Denial and Deception*, www.greenpeaceusa.org/media/publications, 2002.

Commençons par les discours. Une des méthodes utilisées, bien rodée et astucieuse, consiste à ne pas nier les faits, mais à les présenter d'après le sens commun, à court terme. Par exemple, dire qu'il fait froid au printemps ou que la neige est abondante pour les skieurs (en Europe, c'est le cas une année sur deux en moyenne) revient à montrer que le réchauffement n'est pas prouvé. Ou bien encore on dira que la couche de glace s'épaissit au milieu du pôle Sud. Les discours multiplient ainsi les exemples, avec des échelles de temps à taille variable, et ces exceptions deviennent la règle, alors qu'elles sont, au contraire, des effets induits de relations complexes. Les effets du réchauffement climatique sur le climat ne sont pas linéaires, et la fonte de la banquise sur les bords, par exemple, explique selon les glaciologues le renforcement au centre (pas vraiment prouvé du reste), tandis que la relative stabilité des glaciers à haute altitude dans les Alpes n'exclut pas la fonte rapide de ceux qui se situent en dessous. Peu d'ouvrages, en réalité, nient le réchauffement climatique, mais le nombre d'ouvrages et d'articles se voulant scientifiques qui contredisent l'origine humaine de ce réchauffement croît encore plus vite que l'effet de serre !

En France, un ouvrage d'Yves Lenoir, *Climat en panique*, délivre ce genre de contradiction. Il le fait, au prix d'une modélisation forcenée et de démonstrations peu cohérentes, avec des informations climatologiques invérifiables. Reconnaissons-lui le courage d'aller au bout de sa pensée puisqu'il soutient que l'effet de serre comme phénomène durable n'est pas prouvé. Certes, dans le temps, tout est vrai ou faux suivant la durée que l'on se donne. La validité de toute affirmation est donc provisoire. Pourtant, notre propre existence reste le seul moment où le réel se dévoile et, comme l'écrit Walter Benjamin, « la vérité n'a pas de jambes pour s'enfuir devant nous[1] ».

---

1. W. Benjamin, « Sur le concept d'histoire », in *Œuvres III*, Paris, Gallimard, 2000, p. 430.

Le cas d'Yves Lenoir est symptomatique de la manière de penser la connaissance comme un absolu. Très souvent, dans ce domaine de l'histoire du globe où se mêlent mesures d'aujourd'hui et réflexion sur le passé, se rencontrent des discours très abscons d'ingénieurs. Ils ne cessent de présenter les données comme sujettes à caution, mais eux-mêmes séparent le bon grain de l'ivraie, et triturent à leur guise celles présentées comme objectives[1]. Avec le réchauffement climatique devenu le sujet dont on cause, comme autrefois la pluie, cet aveuglement serait presque pathétique s'il ne démontrait l'arrogance du savoir, prêt à tout pour masquer son échec à l'époque contemporaine.

Une « crosse de hockey » objet du débat

Le cas est plus sérieux avec le Danois Björn Lomborg[2], « l'Antéchrist de la religion verte » selon Greenpeace, qui ne conteste pas, quant à lui, le réchauffement. Il est vrai que cet auteur vient du mouvement écologique et s'en prend avec subtilité à certaines certitudes. Il attaque de front son ennemi principal : l'IPCC (ou GIEC en français : Groupe intergouvernemental sur l'évolution du climat), organisme pluriétatique qui publie des données sur le climat et soutient des thèses plutôt catastrophistes sur le plan de l'environnement[3]. Lomborg conteste aussi la fameuse courbe dite en « crosse de hockey » de Michael Mann, de l'université de Virginie, qui décrit et prédit l'évolution de

---

1. Y. Lenoir, *Climat en panique. La vérité sur le réchauffement de la planète et ses conséquences*, Lausanne, Favre, 2001. Dans la même veine, voir le roman de M. Crichton, *État d'urgence*, Paris, Robert Laffont, 2006 ; P. Kohler, *L'Imposture verte*, Paris, Albin Michel, 2002 ; H. Labohm, S. Rozendaal et D. Thoenes, *Man-Made Global Warming : Unravelling a Dogma*, Essex, Multi-Science Publishing Co., 2004 ; M. Maslin, *Global Warming, a very short introduction*, Oxford, Oxford University Press, 2004.

2. B. Lomborg, *L'Écologiste sceptique*, Paris, Le Cherche-Midi, 2004.

3. Le dernier rapport IPCC/GIEC vient de sortir en 2007 mais, sur le fond, il est bien peu différent du précédent, utilisé ici.

la température de l'atmosphère[1]. Lui-même s'oppose aux thèses de Willie Soon et Sallie Baliunas, du Harvard-Smithsonian Center for Astrophysics, qui nient l'évidence du caractère anthropogénique des variations climatiques. Et ainsi de suite. Selon ces contradicteurs, l'évidence du réchauffement est indiscutable, les courbes des pages 31 et 34 le prouvent, mais l'homme n'en est pas responsable.

Les thèses de Lomborg sont habiles. Sans contester le réchauffement, il le considère comme dépendant de plusieurs facteurs dont le vent solaire, la modification de la couverture nuageuse, etc., lesquels facteurs ne sont pas dépendants, ou pas directement en tout cas, des activités humaines. Ce discours s'avère bien étrange pour un scientifique : si l'on ne peut prouver l'origine humaine d'un phénomène, cette origine est à exclure.

Lomborg soutient aussi que la chaleur peut avoir des effets bénéfiques et qu'il est possible de lutter contre ses effets négatifs, grâce au progrès technique et à un enrichissement global. Par exemple, en créant des digues dans les zones les plus exposées à la montée des eaux ou en encourageant le déplacement de leurs populations, souvent pauvres, vers des zones riches. Ou encore en favorisant des variétés de plantes dont la vitalité augmente avec la chaleur.

Ces arguments sont évidemment pain bénit pour les tenants de la croissance thermo-industrielle. Pourtant, le deuxième argument dévoile le caractère idéologique du projet : l'essentiel n'est pas de s'approprier les bénéfices

---

1. M. Mann et R.S.Bradley, « Global-scale temperature patterns and climate forcing over the past six centuries », *Nature*, nº 392, 1998, p. 779-788. Voir aussi le rapport du GIEC ainsi que J. Grinevald, *L'Effet de serre de la biosphère*, Paris, Flammarion, 2001, et, pour des contestations récentes :

R. Brázdil *et al.*, « Historical climatology in Europe. The state of the art », *Climatic Change*, nº 70, 2005, p. 363-430 ; H. von Storch *et al.*, « Reconstructing past climate from noisy data », *Science*, nº 306, 2004 p. 679-682 et « Response to Comment on "Reconstructing past climate from noisy data", *Science*, nº 312, 2004, p. 529c ; A.R. Wahl *et al.*, « Comment on "Reconstructing past climate from noisy data" », *Science*, nº 312, 2006, p. 529b.

**La forme en « crosse de hockey » des *anomalies*
de température**

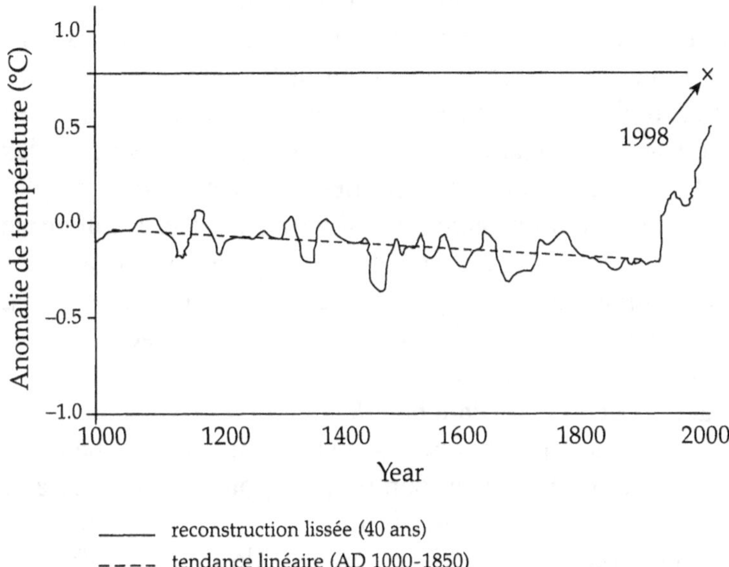

reconstruction lissée (40 ans)
tendance linéaire (AD 1000-1850)

Cette courbe, publiée dans le rapport du GIEC en 2001 mais déjà présentée dans la revue *Nature* en 1998, fut l'occasion d'un débat virulent chez les climatologues. En reportant les anomalies de température, elle se fonde sur une moyenne des années 1902-1980 et utilise comme indicateurs les anneaux de croissance des arbres. D'autres chercheurs ont alors contesté l'homogénéité de cette croissance, qui serait soumise à d'autres aléas que la température. La projection dans le futur à partir de cette reconstruction donne la courbe présentée p. 34.

du réchauffement mais de le justifier, et d'en faire une machine de guerre intellectuelle, pour poursuivre l'avancée des sciences et des techniques, en balayant ainsi les critiques de ce progrès [1].

Le fait est qu'une pensée analytique en termes de causes et d'effets a du mal à rendre compte du devenir global. La

---

1. Sur ce terrain des marchands d'illusions technologiques, je ne mentionnerai que par obligation morale l'ouvrage de C. Allègre, *Ma vérité sur la planète*, Paris, Plon, 2007.

pensée systémique ou holiste du type *hypothèse Gaia* de James Lovelock a au contraire le mérite de nous rappeler que, si l'on considère notre planète comme un être vivant, l'analyse en termes de cause-effet n'a plus de sens[1]. L'hypothèse Gaia est réputée pour utiliser un modèle biologique, fondé sur des ensembles très compliqués de boucles de rétroactions positives et négatives. Pour Lovelock, les critiques mal intentionnés oublient qu'il met tout simplement en scène un système qui s'auto-organise. L'auteur se fonde sur ce qu'il est convenu d'appeler un paradigme cybernétique, sur lequel je reviendrai, en tenant compte du fait bien évident que la planète Terre se caractérise par l'existence d'êtres vivants en évolution[2].

Face à cette avalanche de controverses autour de modèles plus sophistiqués les uns que les autres, pensons cette affaire comme trop compliquée pour être laissée aux seuls savants. À la lecture de tous ces ouvrages bardés de certitudes, on a l'impression désagréable d'être confrontés à des discours de docteurs Diafoirus du climat se déchirant autour du patient : notre planète malade. La seule certitude n'est-elle pas celle de la maladie que chacun ressent en son for intérieur ? Les glaciers fondent, les déserts avancent, l'eau devient un bien rare, et nous sommes témoins directs de bien d'autres périls qui nous menacent. Les symptômes sont, malheureusement, devenus monnaie courante et nous n'avons pas besoin de la « crosse de hockey » pour le vérifier : en vingt ans, dans le sud de la France, la date des vendanges a avancé de cinq à six semaines, la moitié des glaciers espagnols ont disparu et ceux du Mont-Blanc ne cessent de reculer (de 30 % à 40 % depuis le début de la révolution industrielle). Quant aux neiges du Kilimandjaro,

---

1. J. Lovelock, *La Terre est un être vivant. L'hypothèse Gaia*, Paris, Éd. du Rocher, 1990 et, plus récemment, *The Revenge of Gaia*, New York, Basic Books, 2006.

2. J. Lovelock et E. Sahtouri, *Earthdance : Living Systems in Evolution*, Lincoln, iUniverse, 2000.

elles seront bientôt un joli souvenir, tout comme le style de vie inuit. Ce sont là des témoignages concrets d'un dérèglement généralisé qui ne donnent pas une analyse « objective » des causes, mais permettent de faire le constat accablant de l'existence de faits qui vont tous dans le même sens. Face aux arguties scientistes des « climats sceptiques[1] », défenseurs acharnés de la thermo-industrie et de l'innocence de la technoscience, il existe bel et bien une réalité de sens commun.

La grenouille et la schizophrénie de tous les jours

La troisième hypothèse d'Al Gore explore une autre dimension, celle de l'imaginaire, et évoque l'étrange schizophrénie du monde contemporain. Il s'agit littéralement du « syndrome de la grenouille bouillie », *boiled frog syndrome*, comme l'ont nommé les journalistes américains. Il n'existe pas en France d'expression populaire équivalente, la plus proche serait « grenouille au bain-marie ». Voici le sens que veut lui donner Al Gore : une grenouille plongée dans un bain chaud fait un bond et se sauve immédiatement ; en revanche, si le bain est froid ou tiède, elle ne bougera pas, et si la température augmente lentement alors elle se laissera bouillir, sans réagir, jusqu'à la mort.

Il me semble que l'on peut établir un parallèle avec l'histoire des mentalités depuis moins de deux siècles. La puissance de la société technoscientifique s'est affirmée, en effet, par de terribles actes destructeurs, arrivés très rapidement sans que personne comprenne bien ces phénomènes que furent la vague de colonisation et d'exploitation des ressources du tiers-monde au XIXe, puis les guerres mondiales. En contrepartie, le confort est entré dans la vie des Occidentaux comme une réalité quotidienne, indiscutable

---

1. Voir par exemple http://www.climat-sceptique.com.

Élévation globale de la température

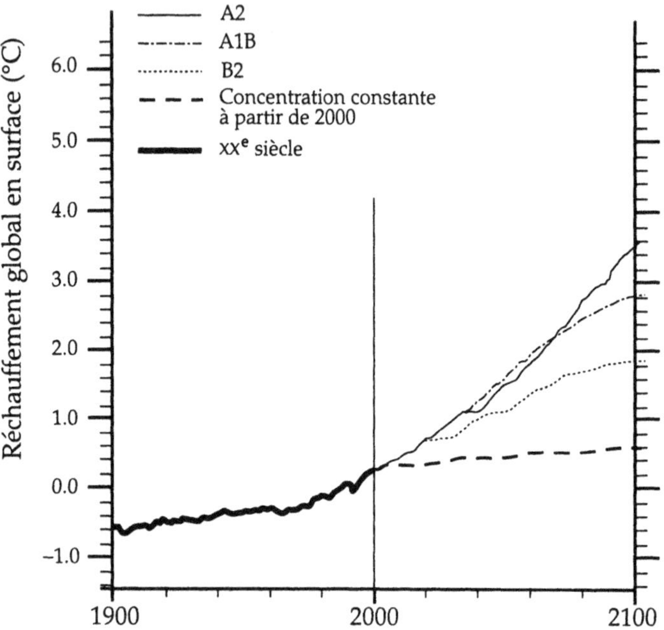

Source : IPCC 2007. Tableau simplifié.

Le réchauffement s'accélère après la Deuxième Guerre mondiale, mais le taux de croissance augmente encore après 2000 selon les divers scénarios. Le scénario le plus bas est impossible puisqu'il fait l'hypothèse du maintien de la concentration en CO_2 sur la base de l'an 2000 alors qu'elle est déjà largement dépassée.

Les autres scénarios, B2, A1B, A2, se fondent sur des modèles compliqués de croissance du taux de CO_2. Des écarts prévisionnels sont possibles dans chaque cas. Dans les cas les plus catastrophiques, l'élévation peut atteindre 6 degrés ! Mais un autre point est intéressant : les scénarios divergent à partir de 2020, ce qui nous laisse un peu de temps pour agir.

et, apparemment, irréversible. Mais cette réalité n'a pris les formes que l'on connaît que très récemment : la Première Guerre mondiale accouche de l'électricité pour tous, de la radio, de l'automobile et des camions, des engrais chimiques, de l'avion comme transport civil. Les usines vont alors se goinfrer de charbon et les machines fondées sur les énergies renouvelables, dont l'usage est encore important en 1914 (35 % de la puissance installée), seront rapidement mises sur la touche. De même, la Deuxième Guerre mondiale donnera définitivement le jour à l'informatique, au nucléaire, aux pesticides, à l'aéronautique mondiale (OACI fondée en 1944, avant l'ONU). La mise à mort des chemins de fer de proximité, commencée avec celle du tram dans les années 1930, va s'accélérer à la campagne et le pétrole deviendra ainsi, à partir des années 1950, l'énergie privilégiée de l'industrie.

Tout cela s'est passé en un laps de temps très bref. Dans le domaine des transports, chaque jour nous rapproche du moment où ils seront responsables de 50 % de la consommation en énergie entièrement fossile. Le tourisme de masse étend pourtant sa toile, en même temps que les flux de la mondialisation continuent à croître, et le bluff de l'énergie nucléaire sans danger, de l'hydrogène, de l'essence verte continue de nous convaincre de ne pas changer nos habitudes. Alors que chacun sait, sans être thermodynamicien, que le bilan énergétique de ces sources est désastreux. Leur capacité énergétique se situe, en effet, entre le tiers et la moitié de l'énergie d'origine, parfois moins. Et dans ce cadre, *l'électricité apparaît vraiment comme la grande mystificatrice*, contre laquelle on ne peut lutter puisqu'elle est omniprésente dans notre vie quotidienne. L'Espagne, par exemple, qui a seulement six centrales nucléaires, peu de réserves hydrauliques, et dont la tradition urbaine est fondée sur les variations climatiques et les pics de chaleur de l'été, s'est convertie depuis la canicule de 2003 au tout-climatisé. À tel point que l'été les records de consommation d'électricité dépassent ceux de l'hiver. On pourrait multiplier à foison les exemples.

Du coup, les partisans du pétrole entretiennent d'autres illusions. Par exemple, celles sur la transformation du gaz par le procédé Fischer-Tropf, hérité de l'Allemagne nazie, pour fabriquer du pétrole à partir du charbon. Malgré la pollution catastrophique que cela représente, ce procédé continue à être vanté sur les ondes. La France veut développer la filière éthanol alors que la production d'un litre de ce biocarburant exige 0,8 litre d'essence et détruit le sol[1]. Autre exemple : 100 km parcourus par un 4x4 moyen américain = 14 litres de biocarburant = 204 kg de maïs = 1 année d'alimentation individuelle (en équivalent calories)[2].

Les seuls à tirer profit de la version verte de l'agriculture intensive en France seront les grands exploitants de la FNSEA, qui se partageront les subventions. Mais restons-en là pour le moment, on reparlera bientôt de l'agriculture.

Le parti conservateur canadien, quant à lui, essaie par tous les moyens de rendre caduque la signature des accords de Kyoto, pour justifier les dégâts sur l'environnement que provoque l'extraction du pétrole dans les sables bitumineux de l'Alberta (un demi-baril d'équivalent pétrole en électricité et gaz naturel consommé pour un baril produit[3] !). On trouve là, du reste, une belle illustration de la malédiction du pétrole : il pollue non seulement lorsqu'il est utilisé mais encore, fait nouveau, lorsqu'il est produit.

L'incapacité à prendre conscience du danger, dont parle Al Gore, n'est pas réservée à notre société ; de nombreux ouvrages narrent la disparition de civilisations qui se sont laissé détruire parce qu'elles n'avaient pas le courage de chercher d'autres solutions. L'île de Pâques reste l'exemple favori de cette littérature, mais on peut penser que cette

---

1. E. Chesnais, « Le grand bluff des biocarburants », in *Que choisir*, n° 444, janvier 2007, p. 44-47.

2. F. Runge et B. Senauer « How Biofuels could starve the poor », *Foreign Affairs*, vol. 86, n° 3, 1987, en ligne www.foreignaffairs.org. General Motors, après accord avec les pétroliers, veut développer un véhicule « fuel flexible » et l'E85 un carburant composé à 85 % d'éthanol de maïs et 15 % d'essence.

3. Le sable bitumineux est en fait une roche mère du pétrole ; le processus de transformation de la matière organique en pétrole est inachevé.

inconscience est inhérente à tout ensemble culturel, car il est extrêmement difficile de changer de vision du monde brutalement. Une transformation éthique engendre, par nature, débat car elle est le fruit d'un problème collectif, alors qu'une évolution technique ne se perçoit pas immédiatement dans ses effets sociaux. Et lorsque l'idéologie de l'autonomie de la technoscience prend la forme imbécile de l'aphorisme « on n'arrête pas le progrès », il devient évident que la grenouille ne peut plus se rendre compte qu'elle va bientôt bouillir. C'est donc bien cette désinformation dont parle Al Gore qui nous laisse tranquillement cuire au bain-marie. Le combat des idées, celui du dévoilement des enjeux de société, est donc déterminant pour la survie de ce monde humain.

Rapa Nui, l'île de Pâques, modèle d'un effondrement écologique ? Sans doute, mais... pas seulement

L'histoire de l'île de Pâques est devenue un modèle du genre pour illustrer la manière dont l'homme peut devenir prisonnier de sa folie des grandeurs. Pourtant, l'explication de l'écocide me semble un peu mécaniste, et trop unanime, pour résoudre définitivement un problème qui a du sens pour nous aujourd'hui.

Je résumerai d'abord en quelques mots l'histoire de Rapa Nui telle qu'on la trouve dans de nombreux textes savants.

Cette île, isolée dans l'océan Pacifique, fut colonisée par les Polynésiens (et non les Amérindiens comme le pensait Thor Heyerdahl, c'est une quasi-certitude aujourd'hui) entre le Ve et le VIIIe siècle de notre ère. Elle était à ce moment couverte d'arbres, surtout de grands palmiers. Très florissante, elle regorgeait de ressources naturelles. La mer offrait aussi des richesses, parfois inattendues au regard des habitudes polynésiennes, puisque le marsouin semble avoir été consommé en masse (sur la foi de recherches archéologiques faites dans le sous-sol).

Il semble que la population ait rapidement augmenté et, selon certaines hypothèses, elle atteignit le chiffre de 20 000 habitants

(12 000 selon d'autres). Quelques centaines d'années après leur arrivée, les Polynésiens de Rapa Nui commencèrent à ériger des statues géantes, les fameux *moai*. Ce choix fut, dit-on, la cause de leur perte. Nous avons tous vu des images de ces immenses et mystérieux visages, parfois ornés d'une auréole de pierre de 10 tonnes posée sur le sommet du crâne. Les statues elles-mêmes, au nombre de 900, pesaient environ 80 tonnes mais certaines, retrouvées en cours de construction et abandonnées, auraient pu atteindre 240 tonnes. On ne peut à ce propos qu'admirer le savoir-faire de ces artisans et l'efficacité de leurs outils de pierre qui, dans notre vision de la préhistoire, sont pourtant la marque d'une technologie « primitive ».

Il semble en tout cas que la réalisation de ces statues impliquait un usage intensif de la flore et qu'ainsi les palmiers, qui servaient au transport et aux échafaudages, en furent les premières victimes. Le déséquilibre instauré par la déforestation se manifesta de nombreuses manières : entre autres, les rats rongèrent plus facilement les palmiers replantés qui ne repoussèrent plus. De ce fait, la matière première qui servait à fabriquer les canoës, essentiels pour la pêche, commença à manquer. Bref, on imagine aisément la suite pour l'écosystème.

Mais à cette histoire simple on ajoute une autre histoire, politique : une classe de seigneurs et de prêtres réduisit dans une sorte d'esclavage une partie de la population, tandis que les activités guerrières des diverses tribus augmentèrent. Les statues géantes seraient le reflet symbolique de ces rivalités (une affirmation de supériorité, telles les fameuses tours de San Geminiano ou... les Twin Towers). La combinaison d'une inégalité sociale grandissante avec la rareté croissante des ressources entraîna la fin de la civilisation pascuane, accompagnée de guerres intestines et de cannibalisme. Tout cela constitue un beau et grand modèle de cheminement historique, comparable à celui que prend notre civilisation à une autre échelle.

Je voudrais simplement et très rapidement montrer que certaines hypothèses ne sont pas si simples. Sur la question de la guerre et du cannibalisme comme preuves d'une rupture d'équilibre, il est difficile de suivre les historiens. En effet, le cannibalisme et la guerre rituelle furent largement pratiqués dans toutes les sociétés aussi bien polynésiennes qu'amérindiennes. Il s'agissait de pratiques qui, bien loin de mettre en péril l'écosystème, empêchaient l'appropriation privée, maintenaient l'égalité sociale (car tous les hommes étaient guerriers) et accompagnaient souvent une représentation symbiotique de l'homme et de la nature (grâce aux cultes chamaniques en particulier, pourtant non mentionnés à propos des Pascuans).

Ensuite, les Hollandais qui « découvrirent » l'île en 1722 trouvèrent une population réduite à 2 000 habitants, certes, mais son état n'était pas lamentable et les statues restaient encore debout, pour une partie d'entre elles. Ce furent les passages répétés des Européens qui entraînèrent la quasi-disparition des Pascuans, par maladie et rapt des hommes, envoyés comme travailleurs dans les mines de cuivre au Chili. La population se vit ainsi réduite à 111 personnes en 1877.

D'autre part, une telle entreprise statuaire gérée par une si petite population dont la culture (à la différence de l'Égypte) ne connaissait pas l'État reste bien énigmatique. La folie des grandeurs n'entraîna pas la disparition de l'Empire égyptien qui, dans un écosystème fragile, dura quatre mille ans (on peut aussi évoquer les menhirs et dolmens du peuple mystérieux des mégalithes, actif en Europe trois ou quatre mille ans avant notre ère ; à titre de comparaison, l'obélisque de Louksor pèse 240 tonnes et le menhir brisé de Loch Maria Ker, 340 tonnes).

Reste la question essentielle : comment se fait-il que sur cette petite île (grande comme Jersey), face à un péril plus immédiat, bien plus évident que celui que court notre monde, la prise de conscience ne se soit pas faite à temps ? De nombreux exemples d'effondrement montrent une démoralisation que Henri-Pierre Jeudy a nommée le « désir de catastrophe », et les statues inachevées en sont peut-être une illustration. Ce pourrait être cela l'enseignement le plus fort de cet effondrement : si plus personne ne croit en la civilisation dont il fait partie, alors le discours de sagesse ne sera plus écouté.

LA CHALEUR DU CYBERESPACE, LA FIN D'UNE ILLUSION VIRTUELLE

Le discours des prophètes du cyberespace se fonde sur la perspective d'une dématérialisation que le progrès technologique engendre naturellement depuis l'ère électronique. Si l'on en croit ces beaux parleurs, une bonne partie des services et des marchandises sera remplacée par des opérations virtuelles, dont la valeur ajoutée sera bien supérieure à celles qui suivaient les chemins traditionnels.

Ces devins de la nouvelle modernité chantent ainsi les louanges d'un monde pur, celui de l'éther-Internet, qui nous ferait accéder à une communication sans pollution. Une fois de plus, le rêve d'un bénéfice sans contrepartie a été amorcé. Utopie de la communication, comme le dénonçait déjà Philippe Breton sur les traces de Lucien Sfez[1], mais utopie qui, à travers les médias, obscurcit le sens commun et se transforme en une idéologie efficace pour brouiller les pistes, le cyberespace devient la nouvelle terre promise[2].

Cette version de la communication est littéralement insensée car elle suppose une action sans réaction, une modification du réel qui ne suivrait pas les règles du monde dont pourtant il est issu. La communication violerait ainsi le deuxième principe de la thermodynamique, le principe d'entropie selon lequel toute action entraîne une dégradation de l'énergie (déchet) et une émanation de chaleur (rayonnement), ce qui correspond en résumé à une augmentation du désordre dans l'univers. Je reviendrai dans la deuxième partie sur cet aspect essentiel de la thermodyna-

---

1. L. Sfez, *Critique de la communication*, Paris, Le Seuil, 1992 et *La Communication*, Paris, PUF, 2006, ou L. Sfez (dir.), *Dictionnaire de la communication*, 2 vol., Paris, PUF 1993 ; P. Breton, *L'Utopie de la communication : le mythe du village planétaire*, Paris, La Découverte, 2004.

2. Céline Lafontaine cite les auteurs connus du milieu et décrit très bien ces thèses comme une idéologie cybernétique dans *L'Empire cybernétique*, Le Seuil, 2004, notamment dans le chapitre fort bien nommé « Le cyberespace terre promise ».

mique, puisqu'il est intimement lié à la réflexion sur l'inévitabilité de la décroissance. Mais il faut s'arrêter quelques instants sur la relation entre information et entropie.

Informer n'est pas savoir

Shannon, qui, le premier, a défini mathématiquement la notion de *bit* en 1947 (contraction de *binary digit*), s'est explicitement inspiré de la thermodynamique. Il y a cherché un modèle rationnel et, en quelque sorte, l'a utilisée comme une métaphore. Mais d'autres auteurs, dont le physicien Olivier Costa de Beauregard fut l'un des premiers chefs de file en France[1], soutiennent qu'il s'agit bien d'un modèle du réel et que l'information récupère le désordre thermique pour le transformer en ordre intellectuel, celui de la connaissance. Ce processus s'appelle *néguentropie*. Ce courant se situe dans la mouvance de la philosophie de Teilhard de Chardin, pour qui l'humanité va passer à un nouveau stade de conscience, celui de la *noogenèse*. Dans cette perspective évolutionniste sans nuances, l'essor des technologies de l'information-communication, l'*infocom*, garantit un progrès moral sans précédent.

Avec l'infocom, il est normal que la magie du verbe agisse par un véritable tour de passe-passe. En effet, personne n'est capable de dire ce qu'est l'information en soi. Les fameux bits ne sont, par exemple, qu'une unité arbitraire qui indique un choix entre un 0 et un 1. Une porte électronique s'ouvre ou se ferme en quelque sorte, mais il n'y a rien en dehors d'elle. L'information peut aussi se décrire comme un son qui se remarque au milieu d'un ensemble de bruits, mais pour cela il faut une intelligence qui sache le distinguer. C'est pourquoi information est

---

1. O. Costa de Beauregard, *Le Second Principe de la science du temps : entropie, information, irréversibilité*, Paris, Le Seuil, 1963.

toujours communication, et elle ne devient connaissance que par une mise en relation entre au moins deux êtres. Or, la thèse de la compensation *néguentropique* soutient que c'est la connaissance qui compense le désordre croissant de l'univers. Il est pourtant évident que l'information n'est pas connaissance sans un sujet apte à la saisir en tant que telle ; ce qui veut dire qu'« informer n'est pas savoir[1] ».

Fabrice Flipo en donne une illustration simple : « Une page originale de la Bible, s'il en existait une, pourrait-elle être considérée comme contenant 2 500 fois moins d'information qu'un show télévisuel que tout le monde oublie le lendemain ? Le concept d'"information" n'a manifestement pas le même sens quand on le mesure en "bits" et quand on le mesure en utilité sociale. L'objectivité apparente de la mesure en "bits" est dangereusement trompeuse[2]. »

Cette thèse qui considère l'information comme connaissance est idéaliste au sens philosophique du terme, car elle suppose un univers d'idées platonicien qui se révèle aux êtres humains. Alors que ce sont des acteurs, j'insiste, qui communiquent dans ce monde et, s'ils le peuvent, bâtissent un savoir commun. L'informatique du Net n'apporte ni quantité supérieure, ni garantie meilleure de cette connaissance. C'est pourtant à partir de cette vision fallacieuse que se sont bâties les grandes fresques de l'avenir illuminé par les réseaux du cyberespace d'un Joël de Rosnay, grand amateur de néguentropie, d'un Negroponte, ou d'un Pierre Lévy. La médiologie de Régis Debray reste quant à elle, heureusement, à l'écart de cette « complainte du progrès », nouvelle mouture aseptisée de la chanson de Boris Vian.

---

1. Comme l'a écrit Denis de Rougemont, qui s'élevait déjà au début des années 1960 contre la nouvelle utopie informatique.

2. F. Flipo, « Écologie de l'infrastructure numérique », *Technique et décroissance, Entropia, n° 3.*

Le paradigme « Indiens des Plaines »

Revenons donc en arrière. La grande envolée des sciences et techniques, au XIXe siècle, apporta avec elle l'innovation majeure que fut l'emprisonnement de la puissance du feu dans la machine à vapeur, et elle débusqua aussi dans sa tanière la fée électricité, pour bénéficier de ses sortilèges. Or, cette électricité est inséparable du magnétisme, puisque l'on se rendit compte très tôt que la dynamo, qui produit le courant, utilise les champs magnétiques. Toutefois, c'est avec le télégraphe, parcouru par des courants de faible intensité, que se réalisa la première communication instantanée dans les années 1840. Le poids matériel de ce transfert d'information se remarqua bien à cette époque, le télégraphe exigeant beaucoup de matière pour propager ses signes, en particulier fils, câbles et poteaux en plus de l'énergie requise. Jusque-là, il paraissait donc évident que l'information s'appuyait sur une substance physique, tout comme les signaux de fumée indiens se déployaient dans le ciel pour annoncer qu'ils faisaient sens[1].

Un peu plus tard, la théorie du champ électromagnétique, énoncée par Maxwell au milieu des années 1860, inscrivit toutefois une nouveauté dans ce programme des technosciences : le transport des signes par les ondes entra dans le domaine du virtuel et de l'invisible pur. Certes il existe aussi une quasi-invisibilité de la matière au niveau atomique et, bien plus, au niveau de l'univers quantique des nanotechnologies. Les puces électroniques fonctionnent à

---

1. Malgré la notoriété du fait, favorisée par le cinéma, il existe peu de documents sur la question. Un chercheur s'est pourtant penché sur la question, William Tomkins, dont on peut citer l'ouvrage des années 1920, *Universal Indian Sign Language of the Plain Indian of North America*, New York, Dover Publications, 1969. Notons que les Indiens des Plaines avaient non seulement des signaux de fumée mais aussi un langage de signes développé.

ce niveau et elles participent à la distribution de l'information, mais le fait électromagnétique est encore plus subtil :
il énonce une réalité bien plus insaisissable par nos sens,
absolument sans substance, celle des signaux transmis par
de mystérieuses vibrations électriques et magnétiques que
l'on appelle des ondes.

Ce monde invisible est paradoxal à première vue :
l'aimant qui tourne dans la bobine produit un courant mais
l'électricité induite va, par l'intermédiaire d'artefacts émetteurs, devenir une onde qu'un récepteur transformera en
signes. La production électrique impose donc la consommation d'énergie, et chaque étape de transformation en
information-communication aussi. De la même façon, les
signaux de fumée des Indiens des Plaines américains
n'exigeaient-ils pas que l'on brûle du bois ? Cette image
n'est même pas une métaphore, elle rend compte du processus véritable qui aboutit à l'émission-réception des ondes.

En outre, les différents éléments qui composent le système se trouvent relégués dans son arrière-scène, à la différence du télégraphe où ils sont mis en scène. Les câbles,
les satellites, etc., et, évidemment, l'ordinateur réceptacle
d'Internet ne tombent pas du ciel éthéré mais sont fabriqués
dans nos usines bien terrestres. Un outillage sophistiqué est
donc nécessaire pour que nos sens puissent avoir accès à
ce monde invisible. Le processus est long et coûteux. Le
courrier électronique, souvent cité dans ce cadre comme
exemple d'efficacité accrue, est un cas extrêmement discutable. Le courriel a remplacé le courrier postal d'un certain
point de vue. Il est pourtant simple de voir combien la
comparaison est trompeuse : la lettre manuscrite a presque
disparu, mais les « e-mails » se sont multipliés à un point
tel que leur nombre empêche tout réel dialogue. Le stress
du « e-maileur » est bien connu. Nous nous trouvons dans
le cas où le changement ne peut se mesurer, car ce sont des
objets différents dans leurs usages et leurs qualités que l'on
compare. L'histoire telle que nous l'apprenons à l'école

oublie souvent cela, ouvrant les portes à la philosophie du progrès dont la fausse comptabilité tient lieu de légitimité.

La matérialisation secondaire[1]

Moins évident pour les profanes, mais très connu des spécialistes, le cas de la puce électronique constitue un autre exemple de fausse mesure du progrès. Selon la fameuse (seconde) loi de Moore, cette puce double sa capacité de stockage et de traitement d'informations tous les deux ans. Ici, la comparaison entre les différentes puces reste possible car, à la différence du courriel par rapport au courrier, nous restons dans la même dimension. L'efficacité accrue dans un monde stationnaire entraînerait automatiquement, selon la loi de Moore, une diminution rapide de la pression sur l'environnement, c'est-à-dire une baisse de la quantité de puces produites. Mais c'est évidemment l'inverse qui se produit : dans un monde où la loi du devenir est le progrès identifié à l'accumulation, le nombre de puces dans chaque élément électronique augmente. En outre, l'obsolescence très rapide de ce matériel et l'expansion de la demande rendent impossible la réduction de la quantité globale de puces. La capacité de l'appareil augmente avec celle des puces et c'est ainsi que, dans un temps très court, de nouveaux modèles toujours plus puissants apparaissent. De ce fait, la demande s'amplifie : 16 % par an. Or, selon une étude récente[2], la fabrication de ces puces

---

1. Par souci de simplification je traduis *secondary materialization* par « matérialisation secondaire », mais en français le sens serait plutôt : « matérialisation du/au second degré ».

2. E.D. Williams, R.U. Ayres et M. Heller, « The 1,7 kilogram microchip : energy and material use in the production of semiconductor devices », *Environmental Science and Technology*, n° 36, 2002, p. 5504-5510, accessible sur le Net. M.P.Mills, *The Internet Begins with Coal : A Preliminary Exploration of the Impact of the Internet on Electricity Consumption*, Mills-MacCarthy and Associates, 1999.

exige un très grand nombre de produits chimiques – 72 grammes exactement –, des combustibles fossiles – l'équivalent de 1,6 kilo de pétrole – et de l'eau – 32 litres. L'auteur de l'étude propose donc de parler de « matérialisation secondaire » à propos de toutes ces techniques qui donnent une image faussement immatérielle du cyberespace, parce qu'elles laissent croire à de purs échanges de signes sans consistance.

D'autres études montrent que les centres de traitement des données sont très gourmands en énergie. Selon Mills, qui annonce sans ambages que « l'Internet commence avec le charbon », le secteur informatique consomme 18 % de l'électricité des États-Unis. Flipo juge cette estimation un peu exagérée[1]. Toutefois, les chiffres prospectifs vont dans ce sens. Un rapport de l'université de Californie, s'il reconnaît qu'il est très difficile de faire des évaluations, montre qu'il est évident que la consommation d'électricité croît dans les régions où sont installés des centres de données. Pour la Silicon Valley, le taux d'augmentation a été estimé par certains chercheurs à 12 % contre 2 % pour l'ensemble de la Californie[2]. L'infrastructure de l'Internet, selon le Wuppertal Institute, nécessitait 4 % de l'électricité de l'Allemagne en l'an 2000[3], une autre recherche donne 7 % en 2002[4]. D'après une étude américaine, l'écran LCD d'un ordinateur récent de taille moyenne consomme 317 kilo-

---

1. Peu d'ouvrages existent sur la question, sauf F. Flipo *et al.*, *Écologie des infrastructures numériques*, Paris, Hermès Science, 2007.

2. Ce que conteste J.D. Mitchell-Jackson, *Energy Needs in an Internet Economy : A Closer Look at Data Centers*, U.C. Berkeley, 2001.

3. M. Kuhndt, *Virtual Dematerialization : Ebusiness and Factor X. Final report*, mars 2003, Wuppertal Institute, cité *in* E. Garcia, *Medio ambiente y sociedad*, Alianza, Madrid, 2004, p. 223 et 225.

4. C. Cremer et W. Eichhammer, *Energy Consumption of Information and Communication Technology (ICT) in Germany up to 2010*, Karlsruhe, Zurich, Fraunhofer, ISI, CEPE, 2003.

wattheures durant son cycle de vie[1], ce qui, à première vue, est peu, mais 317 multiplié par le nombre d'ordinateurs en service en 2006, cela fait 317 milliards de kilowattheures : la facture énergétique n'est plus négligeable !

D'une autre manière, les centres de données, immeubles à la construction très dense, occupent de très grandes superficies, exigent beaucoup de béton et ont besoin de puissance mécanique, donc d'énergie fossile, pour leur construction aussi bien que leur entretien. Aux États-Unis, la superficie de ces centres peut être évaluée aujourd'hui à environ 2 millions de mètres carrés[2]. D'après Flipo, la consommation des télécommunications mobiles est générée à 90 % par l'infrastructure et 10 % par le terminal. Les serveurs tournent 24 heures par jour, dans des salles climatisées spéciales[3].

Par ailleurs, les résidus de l'industrie informatique/Internet représentent, selon des données de la communauté européenne, 4 % des déchets et leur taux de croissance est quatre fois plus élevé que les autres. Or, on sait que ces déchets sont extrêmement toxiques car ils contiennent des métaux lourds (mercure, nickel, cadmium, arsenic, plomb). Ils renferment aussi des métaux précieux (or, argent, platine). Le matériel périmé est envoyé, comme beaucoup de produits toxiques, hors des pays riches. Il existe même en Chine une province, celle de Guangdong, qui s'est fait une réputation de cimetière des ordinateurs : 80 % des déchets informatiques européens vont y mourir.

On les désosse pour récupérer les métaux qui ont de la valeur, le cuivre et surtout l'or que contiennent principalement les puces. Le problème de l'énergie est ici secondaire et je ne donne ces informations que pour mémoire. Toute-

---

1. « Life-cycle assessment of desktop computer displays », EPA, déc. 2001, voir le résumé sur http://www.epa.gov/dfe/pubs/comp-dic/lcasum/index.htm. Les anciens écrans à tube consomment deux fois et demi plus qu'un LCD.

2. J.D. Mitchell-Jackson, *Energy Needs in an Internet Economy, op. cit.*, p.7.

3. F. Flipo, « Écologie de l'infrastructure numérique », art. cité.

fois, ce matériel informatique coûte cher non seulement en production comme on l'a vu, mais aussi en transport, car la durée de vie de ces objets sophistiqués est beaucoup plus courte que celle des autres produits manufacturés, trois à cinq ans, et la tendance est au raccourcissement (tout spécialement dans le cas des téléphones mobiles). Outre la Chine, le Nigeria en reçoit une bonne partie, venant principalement des États-Unis (500 bateaux par mois !). Cela signifie qu'environ 150 millions d'ordinateurs sont transportés dans des déchetteries qui ne respectent aucune norme sanitaire. Par conséquent, le bilan énergétique s'alourdit considérablement si, à la consommation électrique durant la courte vie de l'objet technique, et à la dépense d'énergie pour sa fabrication qui vient d'être évaluée, on ajoute le transport jusqu'au pays poubelle.

LA CROISSANCE DÉMOGRAPHIQUE ET LE NÉOMALTHUSIANISME,
UN SUJET TABOU MAIS UN COÛT ÉNERGÉTIQUE MAJEUR

La croissance de la population, à la différence des vagues démographiques précédentes, touche en premier lieu les villes, soit par une fécondité naturelle élevée dans les bidonvilles périphériques, soit par des migrations rurales. La multiplication des villes tentaculaires, résultat d'un déséquilibre mondial, n'est donc plus un phénomène de développement à l'occidentale, tel que nous l'avons connu au XIXe siècle. La planification du développement est ainsi rendue impossible et, géométriquement, les risques de désordre urbain de toutes sortes sont accrus : criminalité bien sûr, mais aussi carences éducatives, sanitaires, alimentaires. Sur le plan énergétique, ces villes sont, en outre, de véritables « trous noirs ». Or, en 2006, pour la première fois dans l'histoire humaine connue, plus de la moitié de la population mondiale est urbanisée !

Malgré des évolutions notables dans les pays riches et des mesures antifécondité dans d'autres, nul ne peut nier que la croissance démographique est un phénomène mondial qui va se prolonger à moyen terme. Si elle concerne aujourd'hui surtout les pays pauvres ou peu développés, ceux-ci représentent les deux tiers de la planète. Pourtant, sur le plan de la consommation énergétique, l'augmentation de la population n'a guère été reconnue comme une variable intéressante, du fait que ces pays sont faibles consommateurs : 0,5 tonne de pétrole (ou tep, tonne équivalent pétrole) par an en moyenne, contre 8 tep pour l'Amérique du Nord. Pourtant, une partie de ces pays suit notre mode de développement : la Chine, l'Inde, demain l'Asie du Sud-Est[1]. Une nouvelle classe moyenne d'au moins 500 millions de personnes devrait voir le jour dans ces pays, et elle atteindra notre niveau de vie dans les dix ou quinze ans à venir, au plus tard. Même en présence de mesures drastiques d'économie d'énergie, leur consommation se rapprochera de celle de l'Europe, prise comme référence commode, soit 4 tep par habitant ; elle pèsera donc d'un poids au moins équivalent. À cela s'ajouteront 100 millions d'Étatsuniens de plus en 2030, deux fois plus gourmands que les Européens. Ce qui représente une demi-Europe de plus d'ici vingt ans, rien que pour l'Amérique du Nord. La facture supplémentaire en termes énergétiques, uniquement dans les pays développés ou en voie de le devenir, sera très lourde.

Les démographes projettent, toutefois, une transition démographique d'ici peu, avec une décroissance rapide de la natalité. En effet, atteindre un seuil de richesse relative entraîne une conscience des problèmes à venir et des ressources nécessaires, en fonction de la taille de l'habitat, des moyens de transport, des études des enfants, etc. Néanmoins, les pauvres, qui resteront majoritaires dans ces pays, ne changeront pas leur comportement s'ils n'ont aucun

---

1. Sans doute cela ne concernera-t-il pas une bonne partie de l'Amérique latine, mais même si la classe moyenne de cette région du monde reste une faible part de la population, 30 % environ, elle augmentera en valeur absolue.

espoir d'accéder au standard moyen. Quant aux pays laissés pour compte – dont une bonne partie de l'Afrique –, comment leur natalité pourrait-elle baisser ? Comment la misère dans ces pays pourrait-elle reculer tant que le pillage de leurs richesses continue ? À l'évidence, non seulement ce pillage ne diminue pas, mais il s'accélère avec la croissance des pays émergents.

Malgré tout, l'ONU estime que la transition devrait se produire vers 2075 : quand on atteindra 9,2 milliards d'habitants, une régression et une stabilisation à 9 milliards se produiront. Il faut pourtant une bonne dose d'optimisme pour y croire, car les statisticiens misent sur une baisse de la fécondité dans les pays les moins développés. Le taux de fécondité (nombre d'enfants par femme) passerait de 6 en 1975 à 2,5 en 2025. Toutefois, ces chiffres, au-delà d'une génération, sont peu fiables. Au mieux, on peut projeter jusqu'en 2030, et ensuite, avec de faibles variations sur les taux de fécondité, les courbes peuvent s'envoler (30 milliards en 2100 !) ou au contraire s'assagir merveilleusement[1].

L'exemple de l'Afrique, en tout état de cause, confirme l'impossibilité de la transition sans développement. La bordure méditerranéenne du continent et l'Afrique du Sud ont vu leur taux de natalité chuter au-dessous de 2,5 enfants par femme, tandis que le Niger ou l'Ouganda, pays les plus pauvres du monde, se maintiennent au-dessus de 7, taux le plus élevé de la planète ! L'Afrique noire au sud du Sahara pourrait ainsi approcher les 2 milliards d'habitants dans cinquante ans, contre 800 millions en l'an 2000.

Je ne cherche pas ici à faire des prévisions démographiques, mais à penser le problème en termes de chaleur

---

1. Le rapport des Nations unies propose diverses hypothèses : *World Population to 2300*, octobre 2004, http://www.un.org/esa/population/publications/longrange2/WorldPop2300final.pdf. Ce rapport est évidemment sujet à controverses. Pour un bref mais complet état de la question, voir F. Héran, « La population du monde pour les trois siècles à venir : explosion, implosion ou équilibre », *Population et sociétés*, n° 408, INED, janvier 2005.

planétaire. On doit admettre, sur cette base, que ce qu'il est convenu d'appeler l'empreinte écologique va augmenter dans des proportions inouïes par rapport à celle du siècle dernier. Ce calcul d'empreinte écologique est bien compliqué en lui-même[1], aussi me contenterai-je d'exprimer les choses avec réalisme – et avec ce que l'on pourrait considérer comme du cynisme si mon intention n'était pas de dire : c'est à nous de changer les premiers.

Le calcul est simple : dans dix ans, la planète devra supporter l'équivalent thermique d'une nouvelle Europe, et deux milliards de personnes supplémentaires qui – soyons réalistes – n'auront pas accès à notre mode de vie d'ici une génération (Afrique noire, Pakistan et alentours, Philippines, Indonésie, Mélanésie principalement). Ces dernières pèseront de diverses manières sur les pays riches, notamment par le désespoir qui les poussera à y émigrer. Mais au-delà de l'effroyable problème moral que cela nous posera, restera la question énergétique. La chaleur sera un élément indispensable du mode de vie global, puisque la mondialisation a uni l'humanité dans un même désir de consommation de biens thermo-industriels. Bien sûr, une partie de cette énergie sera puisée dans les maigres ressources renouvelables, qui permettront le travail des hommes et des animaux. Pourtant, l'usage de l'énergie fossile restera indispensable car elle est inévitable, que l'on soit pauvre ou riche.

En effet, le Nord impose au Sud ses propres méthodes de gestion d'une agriculture productiviste. Les OGM font évidemment partie de cette stratégie ; pourtant ils ne représentent que peu de chose par rapport aux engrais, pesticides, engins motorisés et autres facteurs du « développement » à base de pétrole, tel que le FMI et la Banque mondiale le pensent en termes de cultures destinées au

---

1. M. Wackernagel, « Le dépassement des limites de la planète », et T. Thouvenot, « L'empreinte écologique de la France », *L'État de la planète, L'Écologiste*, n° 3, 2002.

marché (*maraîchères*). En outre, ces continents accéderont aux automobiles, motos et motocyclettes, aux moyens de transports collectifs ou privés, mais ceux-ci seront souvent très en retard par rapport aux nôtres sur le plan des normes écologiques, donc plus gourmands. L'usage de l'électricité sera amplifié pour la vie quotidienne dans ses aspects les plus banals, en priorité l'éclairage, mais aussi pour les besoins d'un confort domestique minimum, et encore pour se connecter sur le réseau mondial via Internet.

Les années 1970 : un moment fatidique

Les avertissements ne manquaient pourtant pas. Un livre de François Meyer avait fait grand bruit dans les années 1970 en évoquant ce problème [1]. Mais il subit le même sort que le Club de Rome et son fameux « Halte à la croissance ». Il fut remisé dans le placard des néomalthusiens, jugé bête, méchant et réactionnaire non seulement par la pensée néolibérale, mais aussi par la gauche progressiste. François Meyer avait l'audace de montrer que, sur la longue durée, « le taux de croissance de la population évoluait lui-même de façon exponentielle ». Cela plaçait la démographie mondiale sur une courbe dont aucune loi de transformation des systèmes vivants ne pouvait rendre compte et que Meyer qualifiait de « surexponentielle ». Que l'on en juge par ces chiffres :

---

1. F. Meyer, *La Surchauffe de la croissance. Essai sur la dynamique de l'évolution*, Paris, Fayard, 1974. Aux États-Unis, un ouvrage sur le même thème était sorti six ans plus tôt, en 1968 précisément, et avait entraîné de vifs débats : P. R. Ehrlich, *The Population Bomb*, réédité par Buccaneer Books en 1997, et traduit dès 1972 : *La Bombe P.*, Paris, Fayard, 1972. On pourrait même parler de tabou. Lorsque le livre d'Al Gore, *Earth in the Balance*, est paru en français sous le titre *Sauver la planète Terre. L'écologie et l'esprit humain*, Paris, Albin Michel, 1993, il a été largement allégé de ses parties les plus « malthusiennes », selon J. Grantham dans « Pourquoi l'ouvrage d'Al Gore est-il censuré en France ? » Voir http://www.unige.ch/sebes/textes/1994/94Grantham.html.

Année	Population mondiale	Taux d'accroissement annuel
– 70000	0,7 million	0,001
– 25000	1,3 million	0,01
– 2400	30 millions	0,07
1650	540 millions	0,27
1750	720 millions	0,44
1850	1 170 millions	0,62
1970	3 782 millions	2,02

Depuis, le taux est repassé au-dessous de 2 %, mais la croissance sur la très longue période qui va du néolithique à aujourd'hui se décrit ainsi :

Évolution de la population mondiale dans la très longue durée

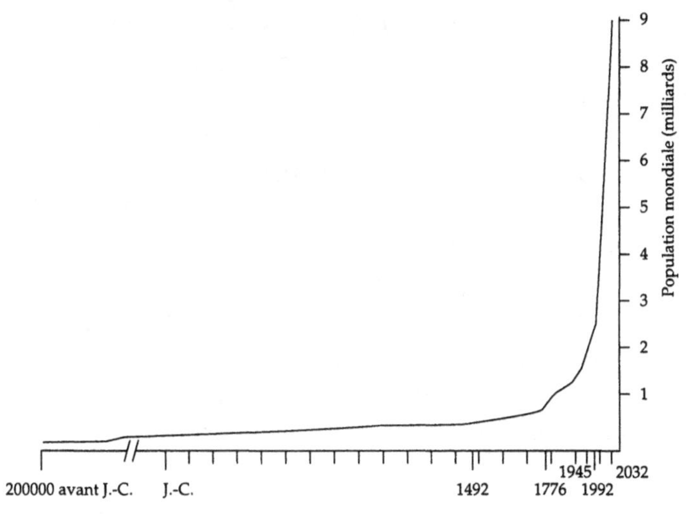

Source : Graphique de F. Meyer, *La Surchauffe de la croissance, op. cit.*, p. 95, recomposé et repris par I. Rens, *En attendant Malthus*, SEBES, 1994, http://www.unige.ch/sebes/textes/1994/94ᵉdito.html, et *in* F. Ramade, *Les Catastrophes écologiques*, Paris, Ediscience international, 1987, p. 23 ; *Encyclopaedia Britannica*, tome 25, 1989, p. 1045 ; Al Gore, *Sauver la planète, op. cit.*

Légende : La révolution industrielle marque un point de rupture étonnant, l'expansion démographique et l'expansion technologique vont de pair. La brutalité de cette expansion est flagrante.

Les années 1970 sonnent donc comme un avertissement et, si elles ouvrent à la réflexion sur le pourrissement de l'environnement, elles apportent aussi un réel pourrissement politique. Dans tous les coins de la planète, des militaires, aux ordres des multinationales, prennent les commandes. Pour peu de temps, en général, mais suffisamment longtemps pour écarter toute critique du néolibéralisme, en cours de dévoilement dans ses effets désastreux. La démocratie, une fois revenue, aura été nettoyée par la violence brutale de ses scories antimondialistes. Le dieu OMC peut régner dans l'avenir, au nom de la paix par le commerce mondial, qui acquiert ainsi sa légitimité. Une promesse de paix, dont on commence à comprendre qu'elle n'était qu'un leurre, pour nous convaincre que le salut se trouve dans la croissance du PIB qui va de pair avec celle de la population mondiale.

La mise au rebut des thèses de François Meyer participe de ce mouvement d'hygiénisme de la pensée, animé par la doctrine économique dominante. Mais il faut reconnaître que, même aujourd'hui, il est difficile d'envisager les conséquences des questions que posait Meyer. En effet, l'auteur soutient que l'accélération de la croissance démographique sous sa forme surexponentielle est un fait majeur, car elle nous éloigne de toute solution logistique qui pourrait nous ramener à un certain équilibre [1].

---

1. A.J. Lotka, *Théorie analytique des associations biologiques*, Paris, Hermann, 1934. C'est, en réalité, à Jean-François Verhulst (1804-1849) qu'il faut attribuer, dans les années 1840, la découverte de la fonction logistique qui avait aussi un but politique, à savoir contredire la fonction géométrique de Malthus. Le généticien Raymond Pearl l'a exhumée dans les années 1920. Mais cette théorie montre ses limites quand le même Lotka calcule, dans son ouvrage, la population américaine pour 2040 : 200 millions d'habitants. On sait ce qu'il en est aujourd'hui : la population a déjà dépassé 300 millions d'habitants.

> La logistique est une courbe qui, tenant compte des interactions dans un système, aboutit à un équilibre. Elle suit la loi dite de « Verhulst-Pearl » qui exprime un mouvement général d'auto-organisation dans la population animale. L'idée est très simple : dans un milieu favorable mais aux ressources limitées, une population animale se développe très vite ; toutefois, confrontée à la diminution des ressources, sa mortalité augmente. Ainsi, la prédation de végétaux ou d'autres animaux ne peut se poursuivre et la chaîne des causalités est rompue. Par l'effet d'une boucle de rétroaction négative, l'équilibre se réalise alors par à-coups, mais il y a amortissement bien réel.

À la différence des autres systèmes vivants, l'effet d'amortissement logistique, dans une courbe en forme de S, ne semble plus se vérifier dans le cas des êtres humains. Des variables paraissent ne plus jouer leur rôle et, tout particulièrement, lorsqu'on arrive à l'ère thermo-industrielle. Le mouvement majeur de dérapage accompagne, en effet, la découverte de ce moyen de transformer l'environnement qu'est l'usage de l'énergie fossile. En soi, cette découverte est assez semblable à celle de tout être vivant qui fait face aux nécessités de survie, mais la capacité à transformer l'environnement augmente dans ce cas de façon extrêmement brutale. Le confort domestique, la mobilité des personnes, des biens et des marchandises, tout autant que la santé publique et l'amélioration de l'alimentation, en sont les conséquences principales. Ces variables, qui définissent le « progrès », vont dans le sens de la croissance démographique, malgré la montée fantastique en sens inverse de la puissance des armes de mort. La capacité moderne à la destruction massive aura pour conséquence les effroyables boucheries des guerres modernes, sans que dévie pour autant de manière notable la trajectoire démographique !

Certes, la puissance des armes n'a pas dit son dernier mot, mais on frissonne alors, si la solution logistique était celle-ci. On connaît la prédiction d'Einstein : « Je ne sais pas ce que sera la Troisième Guerre mondiale, mais si elle a lieu la quatrième se fera avec les massues. » Sans doute ce propos est-il encore trop optimiste face aux conséquences de cette chaleur ultime, le feu nucléaire. Du reste, on attribue au grand savant, pacifiste et pourtant artisan du *Projet Manhattan* (bombe A), un autre aphorisme : « Je ne sais pas s'il y aura une Troisième Guerre mondiale, mais en tout cas il n'y en aura pas de quatrième[1]. »

Pour revenir aux variables du progrès, celles-ci ne jouent pas le même rôle dans les pays riches et dans les pays pauvres. Les riches, dès l'époque des Lumières, ont inventé le temps orienté par des lendemains qui chantent. Sans doute est-ce à ce moment que les déterminants de la courbe logistique perdent leur valeur, car la rétroaction du progrès ne se met pas en place sur une bonne partie de la planète. Bien pis, elle joue en sens inverse : à mesure que le confort augmente chez les uns, il diminue chez les autres. Entre les 5 % les plus riches et les 5 % les plus pauvres de la planète, l'écart de revenus moyens est passé de 6 pour 1 en 1980 à plus de 200 pour 1 aujourd'hui. Le monde « développé », qui a bénéficié des avantages du progrès technique, représente 20 % de la population mondiale, et son ventre se nourrit de 80 % de la production sur cette planète.

L'urbanisation constitue l'autre volet de ce progrès à l'envers, car l'explosion des villes, déjà évoquée, est un phénomène du monde pauvre, dans une phase de transition (Chine) ou sans transition (Mexique, Pakistan etc.) ; or ces villes sont des pôles de déperdition énergétique. Elles connaissent, en effet, des températures en moyenne supérieures de 1 à 3 degrés à leur environnement rural.

---

1. Son optimisme n'était pas bien grand si l'on se fie à sa réflexion désabusée : « Deux choses sont infinies : l'univers et la bêtise humaine ; en ce qui concerne l'univers, je n'en ai pas la certitude absolue. »

Les facteurs principaux se retrouvent dans la gigantesque densification des échanges en tous genres qu'exige l'urbanisation, et ces gaspillages dus à notre mode de vie sont cause de réchauffement. Le sociologue italien Guido Martinotti constate que les villes historiques sont devenues des monuments destinés aux consommateurs, plus qu'à l'usage de ceux qui y habitent ou y travaillent[1] ! Tourisme, consommation de luxe, centres d'affaires attirent des « usagers de la cité » (*city users*), provoquant des migrations journalières et saisonnières assurées par les transports motorisés, collectifs ou individuels. Dans ce dernier cas, le summum de l'absurde est atteint, puisqu'un moteur fournit l'énergie pour faire se mouvoir une tonne et demie de ferraille alors que le chargement utile concerne un, voire deux passagers en moyenne, soit 100 kilos[2].

Ces chiffres n'ont pas fonction moralisatrice, mais il faut les mettre en rapport avec mon propos sur la démographie, qui influe sur la hausse de la chaleur de plusieurs manières. François Meyer fait le calcul suivant : si l'on compte 135 millions de km^2 de terres émergées, en 1650, la surface théoriquement disponible par habitant est de 0,28 km^2 ; en 1970, seulement 0,04 km^2 sont disponibles, soit sept fois moins qu'un siècle plus tôt ; et en 2070, selon toute probabilité, elle sera réduite à 0,011 km^2, c'est-à-dire près de quatre fois moins en un siècle, même avec un amortissement de la croissance[3]. D'autres calculs prédisent 0,16 hectares de terres arables par personne pour 9 milliards d'habitants,

---

1. G. Martinotti, *Metropoli. La nuova tecnologia della città*, Bologne, Il Mulino, 1993.

2. Bien que la comparaison n'ait guère de sens puisque l'avion est un transport collectif, on notera que le rapport lui est nettement plus favorable : un Airbus 320 pèse à vide 45 tonnes et peut transporter une charge de 172 passagers (Air France) avec leurs bagages, soit 15 tonnes et un rapport de 1 à 3. Pour le Boeing 747, le rapport est le même.

3. À taux de croissance constant, cela ne laisserait que 1 m^2 par personne dans 500 ans ! Pour la question énergétique, rarement traitée, voir H. Greppin, « Régulation et limite démographique », *in* I. Rens, *En attendant Malthus*, *op. cit.*, p. 33-37.

alors qu'aujourd'hui, en Europe, dont le climat est favorable (pour l'instant), 0,4 à 0,5 hectares sont disponibles par habitant. De plus, entre-temps, la désertification, la salinisation, la destruction de l'humus auront encore avancé. Comment, dans ces conditions, peut-on être assez fou pour suggérer l'utilisation de terres agricoles, encore riches, pour faire tourner les moteurs aux biocarburants, plutôt qu'à l'énergie fossile ? La chaleur doit-elle exercer son pouvoir sur les végétaux, ou, mieux encore, les végétaux doivent-ils être mis au service de la production de chaleur plutôt que de nourriture ? Si on laisse faire les tenants du carburant faussement vert, nous allons fatalement nous retrouver face au choix que l'écologie anglo-saxonne nomme « *eat or drive situation* », manger ou conduire !

Cela nous conduit directement à la question de l'agriculture.

LE CHAUDRON AGRICOLE

Il s'agit bien ici, à propos de la verte campagne, d'industrie et de thermique : production de masse et chaleur sont intimement liées dans l'agriculture moderne, sans doute plus qu'ailleurs, car le feu intervient bien en amont de l'épandage sur la terre et de l'usage de la machine thermique. La production d'engrais de synthèse, surtout les nitrates à partir de l'ammoniac, exige, par exemple, beaucoup de chaleur (mais aussi les pesticides, herbicides, etc.).

Le partage entre nature et culture, si l'on tient à conserver cette distinction, suppose une ligne frontière toujours difficile à tracer. Dans le cas de l'agriculture, la tâche devient impossible[1]. C'est par la culture au sens strict du terme que les humains savent profiter des ressources de leur environnement. Le fait thermique est inhérent au

---

1. Déjà au XVIIe siècle... Voir J. Testart et C. Noiville, *Petit Florilège naturaliste*, Paris, Belin, 2006.

milieu, il est la vie même, puisque l'énergie qu'absorbent les habitants de cette Terre vient du soleil, par l'intermédiaire des végétaux et animaux, et qu'à l'origine ce transfert de calories ne repose que sur un seul élément : la plante. Or, comme son nom l'indique, celle-ci a besoin d'être mise en terre pour réaliser la mission que nous lui assignons [1]. Il faut alors de l'eau pour les racines sous la terre et du soleil sur les feuilles ; ainsi le cycle du renouvellement est-il parfaitement assuré. La technique, comme savoir-faire et connaissance, va intervenir dans ce cycle, sans doute dès l'origine de l'humanité, et la diversité des choix de plantation, par exemple le riz face au blé, reflète des philosophies différentes de la nature et non des nécessités dictées par le milieu [2]. De même, la notion de survie alimentaire est une création récente de notre vocabulaire dans un monde où l'homme, sur la défensive, ne voit le salut que dans l'accumulation préventive. Les paroles d'un vieil Indien avec qui Jean de Léry s'entretenait à Guanabara (Rio de Janeiro) en 1556 en témoignent sans ambiguïté. L'Indien Tupinamba s'étonnait des souffrances que supportaient les Blancs pour venir chercher du bois au Brésil : « Vous faut-il tant peiner à passer la mer, que vous enduriez tant de maux pour entasser des richesses pour vos enfants, ou ceux qui vous survivent ! La terre qui vous a nourris n'est-elle pas aussi suffisante pour les nourrir ? Nous avons des enfants que nous aimons et chérissons, comme tu le vois ; mais nous nous assurons qu'après notre mort la terre qui nous a

---

1. Les cultures hydroponiques (sans terre) mises à part. Surtout présentes en horticulture, celles-ci restent marginales sur le plan commercial. En milieu urbain, elles constituent une ressource en petite surface qui a la faveur des usagers pour certaines plantations à la mode. Toutefois, sans rentrer vraiment dans ce cadre *stricto sensu*, les tomates produites dans la plaine d'Almeria (10 % de la consommation européenne) sont cultivées sur de la laine de roche à partir d'une nutrition synthétique.

2. G.-A. Haudricourt, *L'Homme et les plantes cultivées*, Paris, Métailié, 1987.

nourris les nourrira, nous ne nous en soucions donc pas davantage et nous nous reposons sur cela[1]. »

Cette sagesse ancienne et exotique nous rappelle que ce n'est point la terre qui est responsable des famines mais la manière de la cultiver[2]. Lorsque la civilisation a « progressé » en choisissant la révolution néolithique, c'est-à-dire en passant à l'agriculture sédentaire, la captation des produits de la terre (rente foncière) et leur accumulation par certaines classes, prêtres et guerriers principalement, fut certainement une des principales causes de cette apparition du phénomène de disette, paradoxal effet du progrès dont nos manuels parlent peu et sur lequel Marx et Engels ont fondé le matérialisme historique[3].

Depuis l'aube des temps historiques jusqu'à aujourd'hui, le manque absolu de nourriture n'est donc pas un phénomène naturel, mais un fait social. Bien évidemment, la densité démographique, malgré les guerres nombreuses et les épidémies, reste toujours une menace latente, mais la notion de surpeuplement ne peut se concevoir qu'en rapport avec une technique de culture et un mode de consommation alimentaire : c'est aussi une notion anthropologique[4]. Il reste que l'appropriation du revenu foncier par les dominants fut, de tout temps, un facteur d'aggravation des problèmes liés à la fertilité de la terre. Le célèbre épisode de l'histoire anglaise dit des *enclosures*, ou clôture des

---

1. J. de Léry, *Histoire d'un voyage fait en la terre de Brésil*, Plasma, 1980, p.153. Jean de Léry ajoute ironiquement à l'adresse de ses compatriotes : « Voilà sommairement et dans sa vérité le discours que j'ai entendu d'un pauvre sauvage américain. »

2. F. de Ravignan, *La faim, pourquoi ?*, Paris, La Découverte, 2003.

3. Voir F. Engels, *L'Origine de la famille, de la propriété privée et de l'État*, Bruxelles, Tribord, 2003, mais aussi l'économiste troskiste E. Mandel, *Traité d'économie marxiste*, Paris, Bourgois, 1986. Les analyses de Marx et Engels sont en réalité puisées dans le fonds commun des sciences sociales de l'époque et dans son évolutionnisme bien-pensant.

4. Voir les arguments d'un ex-microbiologiste reconverti à la vertu du dialogue avec les plantes, M. Fukuoka, *La Révolution d'un seul brin de paille : une introduction à l'agriculture sauvage*, Paris, Guy Trédaniel, 2005.

communaux, qui s'étendit sur deux siècles, modifia radicalement la campagne anglaise. Mais le jugement sur l'efficacité de cette modification dépend de la situation de celui qui parle : du point de vue de l'économiste préoccupé par le rendement agricole, l'exploitation rationnelle par des fermiers riches du patrimoine foncier, autrefois collectif, fut un progrès. Les petits paysans qui se voyaient privés d'un lieu de pâturage libre pour leurs bêtes, et de la pratique de l'assolement simple pour leurs fourrages, subirent en revanche de plein fouet cette « amélioration ». Pour échapper à la famine, ils partirent sur les routes et migrèrent vers les villes, du XVIe jusqu'au XIXe siècle, l'Angleterre devenant ainsi le pays le plus urbanisé du monde avec une population citadine majoritaire, et ce dès 1830, soit un siècle avant la France.

Ces quelques considérations générales étaient nécessaires avant d'en venir au fait thermique car, curieusement, c'est au moment où la démographie s'emballe, aux XIXe et XXe siècles, que les menaces de famine se font plus rares, ou même disparaissent dans les pays riches. La productivité agricole augmente grâce à des innovations *internes* au milieu agricole, en particulier grâce à l'assolement triennal et à la connaissance de l'effet des rotations de culture : une plante fixe l'azote (ou plutôt les bactéries qu'elle contient, les haricots et les légumineuses en général sont très efficaces sur ce plan), et le livre l'année suivante à une graminée gourmande en azote, telle le maïs ou les céréales. Mais une variable *externe* est aussi responsable de la croissance du revenu foncier ; la technique de l'industrie pénètre la campagne en prenant deux voies différentes qui vont rapidement se rejoindre : le machinisme et la chimie, qui font tous deux largement appel au pouvoir de la chaleur[1].

---

1. Et aussi le labour profond qui impose la machine thermique. Voir C. Bourguignon, *Le Sol, la terre et les champs*, Paris, Sang de la terre, 2005 ; D. Grigg, *The Transformation of Agriculture in the West*, Londres, Blackwell, 1992.

En réalité, le feu était déjà bien connu du monde agricole, en symbiose avec le travail de la terre dans les cultures sur brûlis, ou pour le malheur du paysan lorsque sa grange brûlait sous l'effet de la foudre, mais c'est un autre incendie que va connaître la campagne contemporaine sous l'effet combiné du moteur à énergie fossile et, de manière plus sournoise, de l'engrais artificiel né d'un processus de combustion intense. Parler de feu à ce propos est à peine une métaphore, car l'expansion rapide de l'usage des produits de synthèse (nitrates, phosphates, potassium) est très étroitement liée à la progression de la « puissance de feu » dans le monde militaire.

Les divers explosifs, dont la dynamite, ont en effet vu leur efficacité faire un bond gigantesque, grâce aux découvertes dans le domaine de la chimie des nitrates (Nobel) et des phosphates, au milieu du XIXe siècle. C'est, par exemple, dans ce cadre de recherche sur les explosifs que va être réalisée la production artificielle de nitrate[1] par le procédé Haber-Bosch, au début du XXe siècle, qui aboutit à la nitroglycérine synthétique. Après la Première Guerre mondiale, les surplus se transformèrent en engrais artificiels, dont l'efficacité fut vantée par de « savants experts » qui trouvèrent là un nouveau champ d'action, tandis que les gaz non utilisés étaient reconvertis sous forme de pesticides (cas assez rare dans l'histoire où les humains ont servi de cobayes avant les insectes !). Cette industrie de guerre trouva ainsi un débouché. Mais le terrain avait déjà été bien préparé par l'industrie chimique, allemande en grande partie, du XIXe siècle. Le fameux chimiste Liebig (1803-1873) s'était fait le prédicateur acharné du traitement à l'azote. Pour réussir son affaire, et disqualifier le rôle de l'humus

---

1. Auparavant, c'est le guano, fiente des oiseaux, qui servait pour la production de nitrate. Ce fut la cause d'une guerre sud-américaine, largement favorisée par les Européens, celle entre le Pérou, le Chili et la Bolivie ; cette dernière fut ainsi privée de l'accès à la mer.

dans la fertilité des sols, il n'avait pas hésité à utiliser une argumentation totalement mensongère.

La Deuxième Guerre mondiale eut, cette fois encore, un rôle accélérateur : de 1950 à nos jours, on passe de 5 millions de tonnes à plus de 80 millions de tonnes d'engrais chimiques répandus sur le sol. Cette synthèse que représentent les engrais n'est pas simple et a besoin de beaucoup d'énergie. Pour obtenir des nitrates, par exemple, il faut combiner l'hydrogène avec l'azote à haute température et sous haute pression. Ce procédé, qui utilise généralement le gaz naturel, coûte très cher ; il compte pour 70 % à 90 % du prix de l'engrais commercialisé[1] !

L'accroissement de productivité de la terre a donc le même fondement que celui des explosifs très puissants (la déflagration d'AZF en est l'illustration flagrante). On peut penser qu'il ne s'agit pas là d'un hasard, mais que ce lien existe dans la réalité intrinsèque du processus. L'usage des engrais artificiels détruit le lien entre le paysan et sa terre, il fait violence à la nature, car il tombe sur le sol comme les bombes sur les villes. Zygmunt Bauman, dans son remarquable ouvrage *Modernité et holocauste,* ose un rapprochement saisissant : « Le génocide moderne, comme la culture moderne, est un travail de jardinier. Si le projet [agro-industriel] définit ses mauvaises herbes, il y a des mauvaises herbes partout où il y a un jardin et les mauvaises herbes doivent être exterminées[2]. » Le « projet engrais artificiels », qui s'accompagne nécessairement du « projet pesticides », est une œuvre de destruction totale, comme l'étaient les bombardements sur zones que l'on nommait « attritions » dans le vocabulaire militaire. Étrange rapprochement avec l'avion qui prendra tout son sens dans le dernier chapitre. Dans le cas agricole, en raison

---

1. Selon l'Institut canadien des engrais.
2. Z. Bauman, *Modernité et holocauste*, Paris, La Fabrique, 2002. Voir aussi W. Sachs, « La technologie, cheval de Troie du développement », *L'Écologiste*, n° 6, 2002.

de la répétition des traitements, la régénération du sol est rendue impossible et la terre dévastée[1].

Évolution du machinisme agricole et de la consommation mondiale d'engrais

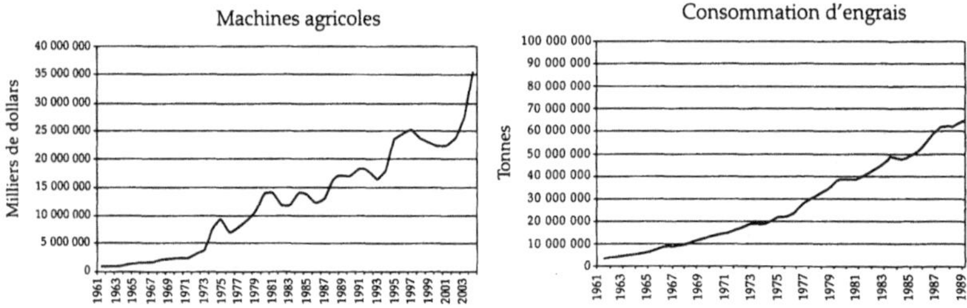

Source : FAO et T. Venturini, *Controverse sulla biopirateria*, thèse, 2007.

On notera la corrélation entre la croissance du machinisme agricole thermique et celle de la consommation d'engrais.

---

1. C'est pourquoi il est totalement illusoire de faire confiance au biocarburant comme substitut généralisé des combustibles fossiles. Le biocarburant fera tourner le tracteur mais à partir d'une production intensive, qui sera elle-même le résultat indirect d'un engraissement synthétique par l'énergie fossile. Le bilan énergétique du plan « proalcool » du Brésil, production d'éthanol à partir de la canne à sucre, est bien mince, malgré les gorges chaudes des journalistes européens, en mal d'utopie de substitution à l'énergie fossile. La distillation de canne à sucre produit des déchets très polluants, une douzaine de kilos par litre d'éthanol, entre autres effets directs. Ce « carburant vert » a surtout pour conséquence de développer l'industrialisation de la campagne, et de faciliter l'expulsion des paysans qui pratiquent l'agriculture vivrière. Au Brésil, ceux-ci sont chassés vers les favellas ou bien restent comme coupeurs de cannes, main-d'œuvre la plus mal payée du prolétariat rural. M. Nitsch, « O programa de biocombustiveis Proalcool no contexto da estrategia energética brasileira », *Revista de Economia Politica*, vol. II, n° 42, 1991. À part cet article déjà ancien mais toujours très actuel, il est très difficile de trouver des mises à jour quelque peu critiques, même et surtout en portugais, ce qui est assez curieux. Voir toutefois « L'alcool comme alternative énergétique : le bilan mitigé de l'expérience brésilienne », http://www.novethic.fr/novethic/site/article/index.jsp ? id=74400, 2007. Et le très précis document d'EMBRAPA, « Impacto ambiental da Cana-de-Açucar », www.cana.cnpm.embrapa.br.

Toutefois, les machines représentent, sans nul doute, la partie la plus visible de l'investissement calorique dans l'agriculture. L'efficacité du tracteur et, plus généralement, du machinisme agricole repose, tout comme celle de l'automobile, sur le réseau d'approvisionnement en pétrole et dépend par conséquent, même indirectement, de la puissance militaire qui assure la sécurité du puits d'où part le pétrole. Ce machinisme lourd concourt à l'accroissement de la taille des cultures tandis que la nécessité de développement normalisé, selon le modèle industriel classique, implique une standardisation de la production, facteur principal de la réduction de la biodiversité. Le cas agricole confirme dramatiquement la dimension anthropogénique de l'effet de serre ; toutefois, la seule traduction de la pollution en gaz carbonique ramène le problème à une gestion scientifique, alors qu'il est bien plus aigu.

En effet, la manière dont la biodiversité a été, elle aussi, détruite par ces pratiques d'agriculture intensive renforce le cercle vicieux. Les effets induits ne se limitent pas à la productivité du sol. L'épandage motorisé, pour être rentable, impose la monoculture, la standardisation des plantations et la grande surface. Franz Broswimmer, dans une fresque saisissante, nous apprend qu'en 1903 on comptait aux États-Unis 46 variétés d'asperge, et aujourd'hui une seule ! Pour le maïs doux, on passe dans le même laps de temps de 307 à 12 variétés[1]. Or, cette plante est la plus sensible aux changements climatiques ; par la monoculture artificielle nombre de variétés qui pourraient supporter de nouvelles conditions de survie ont été éliminées.

Ce cercle vicieux s'emballe avec le cadeau empoisonné du maïs hybride, puis le désastre OGM : le « progrès » se fait au détriment non seulement des paysans, qui ne peuvent recréer leurs propres semences, mais aussi de nous

---

1. F. J. Broswimmer, *Ecocide : A Short History of the Mass Extinction of Species*, Londres, Pluto Press, 2002, p.193.

tous, urbains, par la prédation amplifiée de l'eau dans les nappes phréatiques[1]. En réalité, on peut ne voir là que la caricature d'un fait anthropologique : en un demi-siècle, la société thermo-industrielle a détruit la connaissance qu'avait le monde rural de la reproduction des plantes au niveau de sa raison d'être, l'alimentation. Toutefois, le problème vient de la nature, qui existe en dehors de nous, quoi qu'en disent les « jardiniers » du progrès[2]. Les OGM en sont encore l'exemple le plus frappant, car l'avantage des plantes transformées génétiquement ne réside pas dans leur meilleure résistance aux maladies, elles résistent... au pesticide de celui-là même qui a inventé les OGM (le Round-Up de Monsanto, et autres produits à base de glyphosate, pour citer les plus célèbres) ! Le gain est donc celui de la mécanisation à grande échelle du traitement, c'est-à-dire la mise en application du principe des économies d'échelle industrielles dans le domaine agricole, ce qui enclenche toujours le même mouvement : l'extension du royaume de la chaleur fossile. Il s'agit donc de faire de l'agriculture un macro-système technique, un réseau de pouvoir avec des centres de décision et d'innovation (de maîtrise du temps à venir par les bureaux de recherche et développement de Monsanto, Aventis, Syngenta, Dow Chemical, DuPont)[3], et des flux renforcés de marchandises (aller-retour des semences des usines et laboratoires vers les champs, et produits des champs vers les usines de transformation et marchés), entraînant une soumission totale des paysans, acteurs du système, aux décideurs extérieurs au monde

---

1. H. Kempf, *Comment les riches détruisent la planète*, Paris, Le Seuil, 2007.

2. Bernard Charbonneau parle d'ethnocide paysan et note que « le goût de la nature se répand dans la mesure où celle-ci disparaît », entre autres dans les parcs dits naturels et autres fossilisations de ce qui est radicalement autre, in *Le Jardin de Babylone*, Paris, Éd. de l'Encyclopédie des nuisances, 2002. Mais voir aussi l'autre face, celle de la résistance et du renouveau de ce monde : S. Perez-Victoria, *Les paysans sont de retour*, Arles, Actes Sud, 2005.

3. H. Kempf, *La Guerre secrète des OGM*, Paris, Le Seuil, 2003.

rural (décision délocalisée dans les centres urbains des entreprises agroalimentaires et des semenciers)[1].

La chaleur de la machine joue son rôle destructeur par la « culture » de rendement qu'elle introduit dans un milieu qui, plus que tout autre, était autrefois au courant de ce qu'il advenait de la terre lorsqu'on la maltraitait en brûlant ses entrailles. Pourtant, l'agriculture « développée » intensive ne peut être jugée seulement à partir des conséquences de l'usage des moteurs thermiques, puisque c'est aussi par l'usage massif d'engrais qu'elle est tombée dans le piège de la chaleur, en se mettant, « entre 1945 et 1975, dans une dépendance quasi totale à l'égard des produits pétroliers[2] ». Les déboires de la Corée du Nord, décrits ci-après, pourraient avoir valeur d'exemple. Dans les campagnes de l'Île-de-France, la couche de terre arable est devenue, sur une épaisseur de 50 centimètres, ou plus, un résidu de combustion. L'ignorance ou l'aveuglement sur ce plan dépassent l'entendement en matière de risques à moyen terme, car les acteurs eux-mêmes se voilent la face, ou, pour les plus gros d'entre eux (FNSEA), font semblant de ne pas voir. Pourtant, nous sommes tous coupables.

Je prendrai l'exemple des famines en Corée du Nord pour prouver que, à l'encontre de ce qui a souvent été dit dans les médias, elles ne sont pas dues directement au manque de carburant pour les machines agricoles mais à l'insuffisance de celui qui serait nécessaire pour produire les engrais. Le désastre est donc un fait de société car Kim Il Sung, communiste et productiviste forcené de l'école stalinienne, avait obligé le pays à abandonner toutes les

---

1. Le film de Erwin Wagenhofer *We Feed The World (Le Marché de la faim)*, 2007, est très instructif sur les mécanismes de la dépendance énergétique, ainsi que sur la stratégie des multinationales pour faire tomber dans le piège thermo-industriel le monde rural qui résiste encore.

2. J.-C. Debeir *et al*, *Les Servitudes de la puissance*, Paris, Flammarion, 1986, p. 229.

traditions de petite production rurale à base de rotation des cultures et de fumier animal. La terre n'est plus fertile parce que les hommes l'ont rendue stérile en faisant confiance à la chaleur fossile.

Comme le montrent les courbes de la page 69, la production en Corée du Nord s'effondre par manque d'engrais suite à l'embargo sur les produits pétroliers en 1993. On peut imaginer les conséquences d'une telle pénurie au niveau mondial en se référant au tableau suivant, qui montre la dépendance aux engrais, sans cesse croissante, dans laquelle se trouve l'agriculture mondiale. Ici aussi la métaphore de la grenouille au bain-marie garde toute sa valeur.

Le tracteur et le cheval : une comparaison

Dans tous les pays européens, l'introduction massive du tracteur dans le monde rural a accompagné, dans les années 1950, la migration des campagnes vers la ville. La chaleur fossile devient par conséquent efficace, non pas à cause de l'objet technique *tracteur*, mais en raison de l'agriculture pratiquée et du remplacement de la main-d'œuvre par la machine. Un membre de l'organisation écologique La Ligne d'horizon[1] a calculé que le rendement du tracteur, pour le travail dans les champs, se situait entre 4,2 % et 6 % (par rapport à la puissance disponible dans le réservoir), alors que celui du cheval atteignait les 20 % (par rapport à l'énergie fournie par sa nourriture). La comparaison entre les deux est encore plus favorable au cheval si l'on tient compte de la chaîne des transports

---

1. B. Dangeard, « Comparaison cheval-tracteur : consommation d'énergie et énergie récupérable », *Bulletin de La Ligne d'horizon. Les amis de François Partant*, n° 35, p. 43-46. L'auteur estime qu'un hectare de tournesol ou colza peut fournir 900 litres d'huile, moins la dépense de 200 litres pour la produire, soit un bilan énergétique positif de 700 litres. Voir aussi T. Goldsmith, « Nourrir le monde sans pétrole », *L'Écologiste*, vol. 4, n° 2, 2003.

Engrais utilisés en Corée du Nord, Japon, Corée du Sud
(en tonnes)

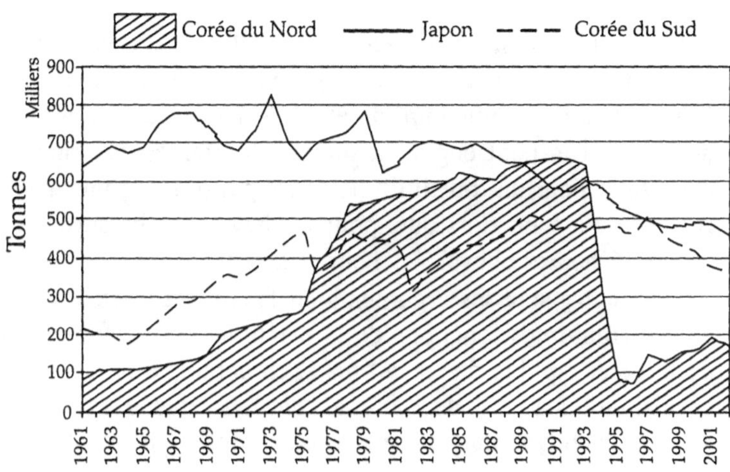

Production de céréales, de riz et de maïs en Corée du Nord
(en tonnes)

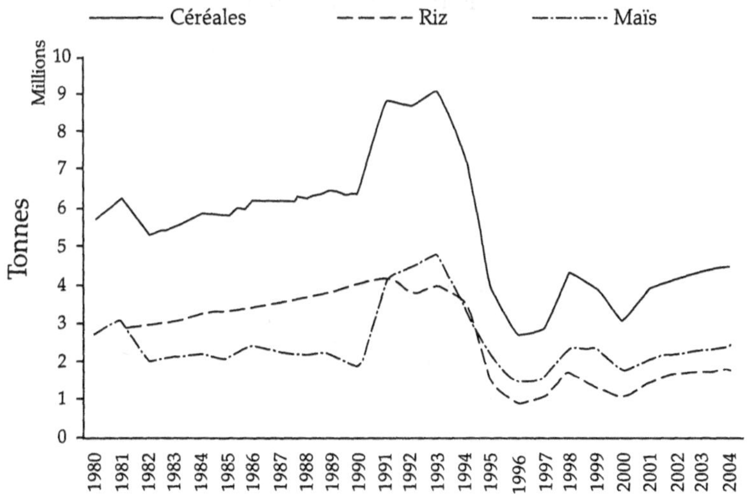

Source : C. Ibaraki, *Causes and Lessons of the North Korean Food Crisis*, version française http://wolf.readinglitho.co.uk/francais/fpages/ fagriculture.html#.

et transformations chimiques qui précède l'arrivée du carburant dans le réservoir. Le cheval se nourrit sur place d'énergie
renouvelable.

On peut aussi se demander dans quelle mesure la machine
pourrait, tout comme le cheval, utiliser une bioénergie.
L'auteur va donc plus loin, il calcule sur la base d'un tracteur
de 35 CV (un petit engin) la surface de graines oléagineuses
nécessaire pour un travail d'une heure par jour sur une année.
Il l'estime à 5 ha alors que, pour le cheval, 1,5 ha suffit avec
le ratio 5 heures cheval = 1 heure tracteur.

Nombreux sont les arguments en faveur du tracteur ou du
cheval (multiples fonctions de la machine, par exemple prise
de force et rapidité du travail mais, en contrepartie, souplesse
et adaptation au sol de l'animal, etc.). Le fait est que dans
les pays riches la question ne se pose plus. Cependant, si les
biocarburants ne peuvent donner une solution au niveau global
(il faudrait trois fois la surface agricole de la France pour
« nourrir » son parc automobile), un usage domestique et plus
modéré qu'aujourd'hui de l'huile des oléagineux dans un
moteur Diesel reste une perspective intéressante.

L'ALIMENTATION, LES CALORIES EN TROP

Je ne vais pas ici jouer au conseiller en nutrition, je me
contenterai d'évaluer les conséquences de l'usage indirect
du feu dans nos habitudes alimentaires. Par exemple,
d'après Yves Cochet, un litre de pétrole est nécessaire pour
produire un kilo de viande sur pied, d'autres estimations
donnent 10 litres pour un kilo sur la table d'un foyer américain. Une tonne de bœuf dégage plus de CO_2 qu'une tonne
d'acier ! En raison du changement de comportement alimentaire durant le dernier siècle, l'agriculture ne sert plus
aujourd'hui à rassasier les humains, mais à nourrir les ani-

maux pour notre table. Il s'agit bien plus d'une affaire de mœurs que d'une nécessité alimentaire objective.

Près d'un tiers des cultures sont destinées à l'alimentation animale. Or, les pâturages occupent déjà un cinquième des terres, soit une surface deux fois supérieure à celle des cultures[1]. Ces statistiques sont quelque peu morbides si l'on pense que ce sont des êtres vivants qui partent à l'abattoir. Elles rendent compte dans leur crudité du changement du rôle de l'animal de ferme. De compagnon de l'homme dans le travail et, secondairement, de ressource nutritive, il est devenu une forme de vie standardisée, une marchandise comme une autre ou, pis, un objet qui a du goût. Serait-ce la meilleure manière de nourrir la planète ? C'est en tout cas un bon moyen de la réchauffer.

Se nourrir concerne donc directement l'aspect culturel du réchauffement, c'est un choix de civilisation. Les habitudes de table ont une grande part d'arbitraire, elles appartiennent à la sphère des valeurs, c'est-à-dire aux habitudes, aux coutumes, aux traditions. C'est pourquoi la justification des OGM, mais aussi de beaucoup d'autres inventions agroalimentaires, est réfutable, car derrière l'excuse imparable de la nécessité de faire face à la croissance démographique se cache une réalité culturelle, multiple et compliquée.

Les modes alimentaires sont, en effet, très fluctuantes, même si un pivot central demeure. Ainsi, les restaurants japonais ont fleuri dans toutes les villes de France, transformant d'un coup l'exotisme du *sushi* en une nourriture ordinaire. Mais cela se passe hors de la maison car, à l'intérieur, les plats traditionnels résistent, et la cuisine française ne changera pas en profondeur pour adopter les plats de

---

1. L'Amazonie, le Mato Grosso au Brésil, les plaines argentines un peu partout, sont dévastés pour cultiver du soja OGM (ou au Brésil, la canne à sucre pour l'éthanol) qui va nourrir les animaux d'élevage intensif européen (de 90 % à 95 % du soja consommé en Europe vient d'Amérique du Sud). Voir l'annuaire de la production FAO.

poisson cru aux algues. Les racines du « manger » plongent ainsi dans diverses couches du social. Certaines innovations marquent un effet de mode, telle la cuisine japonaise, certaines renouvellent une tradition (les haricots qui remplacent les fèves dans le cassoulet après la découverte de l'Amérique), d'autres ouvrent sur des pratiques culinaires calquées sur l'industrie (les McDo, micro-ondes et surgelés). Les axes culturels de la cuisine changent peu mais, en surface, les habitudes évoluent parfois très vite.

Les Japonais, à ce propos, s'efforcent de réaliser des fantasmes alimentaires de gens riches à partir de leur culture d'habitants des îles. Pour satisfaire le goût des mangeurs de sushis, les pêcheurs japonais écument les fonds marins, déciment les thons rouges. Le fait est patent et connu de tous, mais nous faisons la même erreur avec la viande, dont la consommation s'étend rapidement dans les pays émergents. L'effet de la richesse nouvelle suit un modèle, celui de la voracité carnivore de l'homme moderne, qui s'accentue tout au long du XXe siècle alors que son congénère du XIXe siècle se contentait d'une alimentation fondée à 75 % sur divers grains [1]. Se porte-t-il mieux pour autant ? La possibilité d'un progrès à l'envers n'est pas à exclure, mais dépend évidemment des indicateurs que l'on utilise. Si l'on regarde les statistiques de l'obésité, la régression est, sans nul doute, incontestable.

Le passage d'une alimentation fondée sur les végétaux bouillis, souvent cuits avec la même chaleur que celle de l'âtre (soupes, légumes, racines), à la consommation de grillades, en général carnées, qui proviennent de la partie noble de la bête, a bouleversé le monde agricole. Loin des yeux des citadins, dans la semi-clandestinité des campagnes, ce changement fut peu visible. Jusqu'au XIXe siècle, les ruminants se nourrissaient à l'extérieur du cercle agri-

---

1. Ce qui n'empêche pas d'énormes festins carnés en certaines occasions. Voir J.-P. Aron, *Le Mangeur du XIXe siècle*, Paris, Payot, 1989.

cole, dans les vaines pâtures, les bordures de forêts et marécages, les landes, tandis que les porcs et volailles, non herbivores, nettoyaient la ferme de ses déchets. Les bovins et équidés servaient essentiellement au travail agricole et à la production d'engrais naturel par fumure. Avec 2,3 millions de chevaux et 7 millions de bœufs attelés en France dans les années 1860, on avait donc une double source d'énergie. Après avoir donné leur énergie motrice à la ferme, ces animaux, à l'abattage, fournissaient encore des calories en tant que nourriture.

De nos jours, le cheptel bovin français compte 20 millions de têtes, dont plus de 55 % destinés à la viande, les autres fournissant le lait de consommation humaine ou animale (pour les veaux). Mais les vaches à lait finissent aussi à l'abattoir à un âge compris entre six et quinze ans. Quant aux 16 millions de porcs, ils ne servent qu'à l'embouche et plus du tout de nettoyeurs. On pourrait citer d'autres chiffres étonnants : depuis 1800, la consommation de viande a été multipliée par 10 ; elle a pratiquement doublé depuis 1960 au niveau mondial. Et la croissance se poursuit mais concerne maintenant les pays émergents : la Chine a quadruplé sa consommation de bœuf en dix ans, entre 1991 et 2002, et l'Inde a doublé la sienne dans le même laps de temps [1]. Les différences restent néanmoins très marquées : l'Européen consomme près de 20 kilos de bœuf par an alors que l'Américain du Nord dépasse les 45 kilos (et l'Argentin les 65 kilos !). En France même, la consommation de viande en général passe de 60 kilos en 1960 à 96 kilos en 2002 : nous avons ainsi « gagné » presque un kilo par an.

Par ailleurs, je le rappelle, la production animale déséquilibre l'agriculture végétale. Si l'on obtient en moyenne

---

1. Tout ceci en tec (tonne équivalent carcasse). Chine : 1,3 million de tec en 1991, 5,6 en 2002 ; Inde : 0,8 tec en 1991, 1,4 en 2002. À l'intérieur de l'UE la consommation est restée stable : autour de 7 millions de tec. V. Chatellier *et al.*, « La consommation de viande bovine dans le monde », *Production animale, INRA*, n° 16, 2003, p. 381-391.

1 calorie animale pour 7 calories végétales (11 pour le veau), le rapport est déjà très défavorable, mais il peut l'être encore plus puisqu'une grande partie des céréales alimente les animaux d'élevage : 70 % aux États-Unis, et 60 % en Europe de la production de céréales sert à nourrir le bétail. Je ne sais si le fait de dire que la même superficie arable peut produire 250 kilos de bœuf ou 40 tonnes de pommes de terre est un élément décisif pour repenser les orientations agricoles, mais il est évident que l'évolution vers la nourriture carnée, sensible actuellement dans les pays émergents d'Asie, joue un rôle non négligeable dans le réchauffement climatique [1].

Cette chaleur induite se retrouve aussi dans les effets des gaz liés à l'usage des énergies fossiles au cours des diverses étapes de la transformation des calories végétales en calories animales. Jean-Marc Jancovici donne une estimation de ces effets : « L'agriculture intensive [...] engendre des émissions de CO_2, et émet en outre d'autres gaz à effet de serre : en se décomposant, les engrais azotés émettent du protoxyde d'azote, 300 fois plus "réchauffant" que le CO_2, et par ailleurs les ruminants émettent du méthane, un gaz 23 fois plus "réchauffant" que le CO_2, à cause de la fermentation des plantes qu'ils mangent dans leur système digestif [2]. » Il résume ses propos en un tableau étonnant que je reprends p. 75.

Sans doute nos traditions culinaires ne peuvent-elles changer brutalement, car elles reposent sur des traditions très profondément ancrées dans notre inconscient. Si la raison nous dictait un comportement écologiquement correct, elle devrait nous inciter à manger du soja, car il produit vingt fois plus de protéines que le porc. Je doute qu'en Europe on le préfère aux haricots ou aux légumes verts, une fois et demie à deux fois

---

1. A. Méry, « Quand la vache du riche affame le monde », *L'Écologiste*, n° 7, 2003, p. 58-91.

2. J.-M. Jancovici, www.manicore.com.

Émissions de gaz à effet de serre liées à la production d'un kilo de divers produits alimentaires *(en kg équivalent carbone)*

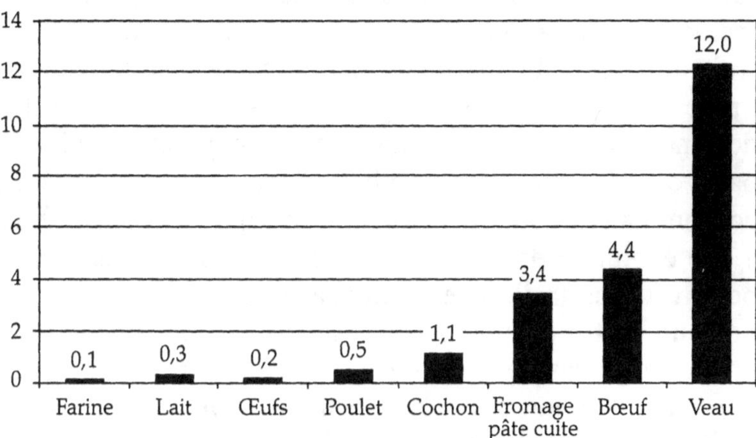

Source : http://www.manicore.com/documentation/serre/lutte_indivi-duelle.html.

moins efficaces. La question d'un retour à des pratiques plus saines et plus respectueuses de l'environnement se pose ici, d'une autre manière que pour les biens matériels durables. Sans être plus facile à modifier que dans d'autres domaines, le comportement du mangeur du XXIe siècle peut, sur certains aspects, se voir remis en cause. Cela n'entraînerait pas néces-sairement le sentiment de frustration qu'éprouverait le citadin moyen devant, par exemple, l'impossibilité brutale de se servir de sa voiture pour se déplacer, ou l'obligation de réduire son chauffage en hiver à 16 degrés.

On peut penser que l'inertie des comportements dans ce domaine est très grande, et que les variations se situent à l'intérieur d'une enveloppe réduite. Pourtant, la base de la nourriture contemporaine en France reste, malgré tout, beaucoup plus proche de celle du paysan du XIIIe siècle que des habitudes japonaises, chinoises, indiennes, africaines ou mexicaines[1]. Et ce malgré la mode de ces cuisines, et

---

1. Jean-Paul Aron (*Le Mangeur du XIXe siècle, op. cit.*) décrit savoureuse-ment les variations du goût depuis la Révolution française. Si les recettes se

la présence de restaurants dans les rues de nos villes, qui les rendent aisément accessibles. Les arts de la table jouent sur un registre réduit, ils inventent de nouvelles phrases, ils incluent des mots nouveaux (par exemple les légumes et fruits rapportés d'Amérique), tout en respectant une grammaire des goûts qui change peu. Il ne serait pas nécessaire de renoncer à un grand confort, si la soupe et des plats à base de végétaux étaient plus souvent utilisés dans la consommation quotidienne. Il est vrai qu'il existe un frein à une évolution dans ce sens : la cuisson d'une tranche de bœuf est plus facile que l'épluchage des pommes de terre pour un gratin dauphinois. De même, le plat surgelé déjà prêt n'exige pas de travail à la maison, en revanche il est le produit d'un macrosystème technique qui, pour maintenir active la chaîne du froid, modifie *ardemment* la planète. Les habitudes alimentaires modernes se branchent ainsi sur un ensemble de contraintes extérieures à la cuisine et à la table. Pour commencer à résoudre le problème de la chaleur induite par notre mode d'alimentation, il faudrait le repenser lui aussi à l'échelle globale, sans culpabiliser en premier lieu le mangeur de steak frites. Mais de petites variations pourraient entraîner de gros gains en chaleur récupérée.

Ces thèmes associés de l'agriculture et de l'alimentation peuvent sembler mineurs au regard de la question du monde incendié. Pourtant ils concernent, bien plus directement que les autres aspects du chaud, notre survie en ce monde. Derrière l'apparente futilité de la réflexion sur la qualité de la nourriture se cache un enjeu symbolique majeur, qui accompagne la réalité immédiate de notre expérience, la plus essentielle, celle du maintien de notre existence. Si la chaleur est partout à l'œuvre, dans le cas de la nourriture elle y est encore plus nécessaire, puisque les aliments transfèrent leurs

---

diversifient à l'extrême, les mets restent les mêmes. Ces variations s'organisent toujours autour d'axes culinaires que l'on peut dire centraux dans notre cuisine. Par exemple, dans les années 1840, le bourgeois mange en moyenne 25 douzaines d'huîtres par an (p.132).

calories en nous pour y maintenir la vie, tandis que le premier usage d'une autre forme de chaleur, celui de la flamme, trouve son origine dans le désir de cuire la nourriture. Mais toute exagération transforme un phénomène en son contraire, et il risque d'en être de même avec la manière dont nous usons du feu dans la chaîne alimentaire. N'oublions pas que, selon les fameux rapports Meadows du Club de Rome (1972 et 2004), les interactions entre production agricole, pollution et population provoquent, dans toutes les simulations, l'effondrement de la civilisation thermo-industrielle ; l'ajustement dans le temps se fait alors par la variable population, ce qui n'est évidemment qu'un euphémisme pour ne pas parler de famine.

Le feu moteur, les transports

Le dispositif symbolique du monde dans lequel nous vivons paraîtrait bien bizarre à un philosophe venu du passé : le confort, au lieu d'apporter le désir de vivre pleinement en un lieu donné, fait naître un immense besoin d'aller voir ce qui se passe ailleurs. Il comprendrait difficilement que l'obsession de la liberté prenne forme dans la mobilité effrénée qu'engendre le tourisme de masse. Légitimement, il pourrait y voir l'expression paradoxale d'une insatisfaction profonde de ces masses envers leurs conditions de vie.

Étrange situation aussi que celle des doctrines économiques contemporaines, selon lesquelles le temps devient le bien rare par excellence, transformant ainsi les autoroutes en entrepôts ambulants remplis de marchandises nomades, soumises au caprice des flux tendus de la gestion en zéro stock. Le feu est ici omniprésent, car ces va-et-vient incessants ne sont possibles que grâce au moteur thermique qui entretient, dans une boucle de rétroaction positive, à la fois le mouvement et la soif de mouvement.

Je reviendrai plus tard sur cette question essentielle du rôle joué par le désir obsessionnel de mobilité dans la période moderne. Je me contenterai ici de quelques remarques de fond.

C'est bien une véritable obsession que celle de courir après le temps. Les conséquences de cette consommation effrénée d'un « immatériau » sont très diverses et se remarquent dans de nombreuses dimensions de la vie liées au transport. Ayant déjà évoqué les transports de signes[1], le virtuel, je voudrais m'intéresser rapidement aux transports physiques.

Selon Jean Robert, le tiers ou le quart du budget temps serait consacré à la seule production de vitesse[2] : par exemple un salarié de statut équivalent à un contremaître, ou un cadre moyen, passe entre le quart et le tiers de sa journée à payer sa voiture ! Ce chiffre fabuleux nous fait comprendre pourquoi il est si difficile d'intervenir dans ce domaine, car il touche à l'essence même de l'homme moderne. Il n'est pas étonnant, dans cette perspective, de constater que, si les mesures d'économie d'énergie sont relativement efficaces dans le cas de la production, il n'en va pas de même pour les transports, qui comptaient en 2005 pour plus de 57 % dans la consommation de pétrole ! On peut le lire aussi dans ces chiffres : en France, en 1960, le secteur transports consommait 13 Mtep (millions de tonnes équivalent pétrole) en 2005, le chiffre était de 51 Mtep !

Et la marche « en avant » ne semble pas devoir s'arrêter. Il existe, en effet, des difficultés intrinsèques de nature technique liées au moteur à pétrole pour réduire la consommation, mais aussi des obstacles sociaux, par exemple le goût, encouragé par les constructeurs, pour les voi-

---

1. Dans ce cadre, je laisse à d'autres le soin de développer l'analyse de la maladie du « mobile » : voir F. Jauréguiberry, *Les Branchés du portable*, Paris, PUF, 2003.

2. J. Robert, *Le Temps qu'on nous vole*, Paris, Le Seuil, 1980 ; voir aussi le chapitre v du présent ouvrage.

tures lourdes, et la généralisation des véhicules routiers dans les pays dits émergents. L'accroissement de la part des transports dans la consommation énergétique globale est ainsi dû à cette mobilité générale des hommes et des marchandises. Mondialisation commerciale, empire planétaire des multinationales et tourisme de masse vont de pair avec l'expansionnisme automobile pour accélérer le tempo de cette danse folle. Comme le montre le graphique ci-après, au niveau mondial, l'incendie, presque entièrement alimenté par le pétrole, a redoublé de violence entre 1980 et 2000, alors même que la part des autres secteurs dans cet incendie planétaire augmentait faiblement.

On vérifie ici ce qui a été dit précédemment, à savoir qu'il existe un extraordinaire parallélisme entre la montée en puissance du transport de signes et celle du transport de matières sous toutes ses formes.

Consommation d'énergie primaire en Mtep

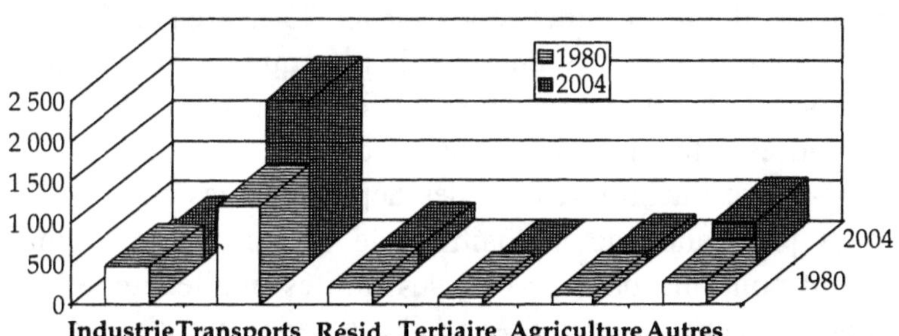

Source : Extrait d'un tableau de Guy Chauveteau. ATTAC.

Voilà qui ne manque pas de surprendre et qui confirme le fait que la mégamachine thermique fonctionne à plein régime, de nos jours, moins dans la production de biens que dans les gigantesques réseaux de flux qui irriguent la planète. Ernst Jünger avait bien vu, dès 1930, le principe même de cette évolution à long terme de la machine thermique. Il utilisait la notion de *Totalmobilmachung*,

« mobilisation totale » de la puissance, mais aussi « mobilité généralisée », pour décrire ce cercle infernal où les déplacements occupent le devant de la scène. Et dans ce cas, le microcosme renvoie au macrocosme : ce qui est vrai à l'échelle planétaire l'est aussi au niveau du cadre local. Toute action implique un transfert coûteux en énergie : les roses viennent du Zimbabwe, les haricots du Kenya, les écrans LCD de Singapour, les pinces à linge de Chine, et pour aller les acheter il faut se déplacer vers des centres commerciaux ; et si l'on a besoin de loisirs ou de repos, des centres de thalassothérapie, des plages de sable fin ou des pistes de neige damées nous attendent. Entre le désir et la réalisation se trouve toujours un intermédiaire thermo-efficace pour relier des points très éloignés les uns des autres.

Le travailleur est un consommateur mû par une frénésie chronophage : « Le charme repose sur un gigantesque ajournement des coûts : la fatigue, la perte de temps, la répartition des conséquences sont transférées à l'arrière-plan social[1]. » La fameuse loi sur les 35 heures en France, par exemple, a montré une fois de plus que l'enfer est pavé de bonnes intentions, puisque l'effet induit par la RTT sur les cadres a favorisé les vacances courtes et démultipliées, c'est-à-dire l'accroissement des déplacements.

La jouissance de la maîtrise de l'espace et du temps atteint pourtant, dans ce cas, ses limites intellectuelles ou, plus précisément, oniriques : s'il y a beaucoup d'artisans à l'œuvre dans le péril annoncé, on ne doit pas pour autant se dispenser de prendre conscience que la source se trouve en nous, qu'elle est alimentée par notre propre imaginaire. Les transports posent un véritable problème métaphysique car la mobilité généralisée n'est pas soutenable, en raison même de la qualité substantielle de son seul support

---

1. W. Sach et G. Ereva, *Des ruines du développement*, Québec, Écosociété, 1996, p. 37.

possible : le pétrole, pour lequel il n'existe aucun substitut à grande échelle dans un avenir prévisible.

Les biocarburants, les véhicules électriques ou l'hydrogène sont des substituts totalement illusoires. J'ai déjà traité du problème des biocarburants à propos de l'agriculture, les deux autres carburants étant des énergies secondaires, et même tertiaire dans le cas de l'hydrogène, puisqu'il faut de l'électricité pour le produire[1] avant que lui-même ne redonne... de l'électricité. Le problème sur le plan thermique n'est donc résolu en aucune manière. Mais sur le plan imaginaire il est aussi bien loin de trouver une solution. Le délire contemporain que Paul Virilio nomme « dromoscopie » consiste à aller chercher ailleurs son bonheur, en s'agitant toute l'année pour s'en donner les moyens. Il s'impose comme la futilité première de notre vécu quotidien, et à son paroxysme « le mouvement se suffit à lui-même[2] ».

L'imaginaire de la vitesse repose ainsi sur une infrastructure bien matérielle qui l'alimente d'une autre façon : le culte de l'urgence[3]. Ce culte, partie intégrante de la religion du progrès, constitue l'autre volet de cette dynamique des transports : les flux tendus, le zéro stock, mais aussi le courriel, le portable, l'effet Internet dans son ensemble. En outre, l'image instantanée du lointain que donne la télévision nous plonge dans un monde sans espace ni temporalité, « la parole s'inscrit dans le temps puisqu'elle a besoin de temps pour être dite. L'image est immédiate, un coup d'œil et hop ! » rappelle Jean-Luc Porquet sur les traces

---

1. Il existe, il est vrai, des dispositifs non électriques pour produire de l'hydrogène. Par exemple par catalyse, en vaporisant une solution sucrée sur un disque en céramique. La réaction est autoentretenue. Ce n'est pourtant, en l'état, qu'une expérience de plus en laboratoire. Aujourd'hui, il faut environ 5 kwh d'électricité pour produire un m³ d'hydrogène qui lui-même redonnera 1,8 kwh d'éléctricité !

2. J. Ellul, *Le Système technicien*, Paris, Calmann-Lévy, 1977.

3. N. Aubert, *Le Culte de l'urgence. La société malade du temps*, Paris, Flammarion, 2003.

de Jacques Ellul[1]. L'effet induit de l'image téléportée, que les apôtres du télétravail ou de la téléconférence ne comprennent pas bien, est ambivalent : il engendre la passivité, celle tellement raillée du *bof* affalé dans son fauteuil, mais il donne aussi le désir d'aller voir, de vérifier en quelque sorte l'information. C'est ainsi que l'avion prolonge le voyage imaginaire du petit écran. Le chapitre v montrera comment cette version actualisée du phénomène humain prend le visage d'une machine ravageuse.

LA BOUILLOIRE NUCLÉAIRE

Le nucléaire porte à son plus haut niveau le malentendu ou, selon le point de vue, l'hypocrisie, sur l'énergie électrique. On y retrouve les mêmes arguments sur le faible rejet de gaz toxiques et l'aspect propre de cette source, alors que les problèmes sont simplement déplacés, mis hors de la vue du citadin, y compris pour ce qui concerne les aspects thermiques. À l'origine de toute production électrique il y a, en effet, pollution, elle est toujours décalée par rapport au lieu d'utilisation de l'énergie, et elle revêt dans le cas présent une forme nouvelle et inconnue jusquelà : le déchet nucléaire.

L'électricité thermonucléaire nous berce pourtant de l'illusion de la non-pollution, parce que ses apôtres réduisent le problème à celui du gaz carbonique. Par exemple, un vieil écologiste comme Jeremy Rifkin, dont l'engagement a toujours été ambigu, se laisse prendre au piège en proposant une économie fondée sur l'hydrogène produit par l'électricité, elle-même fournie par la fission atomique[2]. Étrange paradoxe écologique que de transférer les risques d'un secteur à un autre.

---

1. J.-L. Porquet, *Jacques Ellul, l'homme qui avait presque tout prévu*, Paris, Le Cherche-Midi, 2003.

2. J. Rifkin, *L'Économie hydrogène. Après la fin du pétrole, la nouvelle révolution économique*, Paris, La Découverte, 2002.

Par ailleurs, la filière nucléaire est-elle réellement neutre en termes de pollution thermique ? Chacun sait fort bien maintenant que la centrale atomique ressemble à une gigantesque chaudière. Très grossièrement, le cœur primaire du réacteur chauffe les éléments liquides du secondaire, essentiellement de l'eau, qui, par la vapeur dégagée, fait tourner une turbine et un générateur électromagnétique. Pour maintenir la température constante, l'eau est pompée en permanence afin de refroidir les circuits et d'alimenter le secondaire. Quant au combustible, le minerai d'uranium utile ou *yellow cake,* les évaluations des réserves sont du même ordre que celles... du pétrole ! Nous restons, par conséquent, toujours immergés dans le monde de la chaleur par l'énergie fossile, et pas loin formellement de la machine de Watt. Étrange collision des espaces-temps qui montre que ce royaume reste celui de la puissance technicienne obtenue grâce à la chaleur. Tenter de justifier l'électricité thermonucléaire par le fait qu'elle ne contribue pas au réchauffement climatique, puisqu'elle n'émet pas de CO_2, constitue ainsi un paradoxe étonnant.

Certes, l'usine atomique ne produit pas directement de gaz carbonique, mais l'élément calorique est bien présent dans l'environnement :

– la transformation du minerai en uranium 235, et son traitement pour le rendre fissile, sont des processus très compliqués, donc très exigeants en calories. Il est pratiquement impossible d'obtenir des informations sur ce point, comme sur beaucoup d'autres, dans ce secteur où les dirigeants de tous les pays ont la manie du secret, avec une mention spéciale pour EDF, fossile stalinien d'avant-garde ;

– la structure de l'édifice central absorbe une masse énorme de matériaux transformés par des machines à énergie fossile. Jusqu'à un certain point, cela reste comparable à la construction d'une autre œuvre de génie civil, viaduc ou pont, mais la comparaison s'arrête là, car la destruction de l'ouvrage devenu obsolète exigera sans doute autant de matériaux et de travail que sa construction. Officiellement, la destruction ne devrait représenter que 20 % du prix de la construction. Personne ne sait exactement, car d'une part EDF rallonge la durée de vie de ses centrales et le démantèlement en cours de quelques-unes reste très discret[1], d'autre part tout dépend de ce qui est mis dans l'enveloppe, par exemple le traitement des déchets. En raison des déchets, la comparaison avec un pont, ou un gigantesque ouvrage d'art, n'est plus ici de mise ;

– les déchets seront retraités ou enfouis avec un luxe de précautions qui est synonyme de dépense énergétique classique ;

– le cœur du réacteur devra être surprotégé, c'est-à-dire noyé sous du béton et des substances isolantes.

Mais, d'ores et déjà, l'eau pompée dans le bassin alimenté correspond à la moitié de l'eau utilisée en France[2] ! Bien sûr, elle ressort à 93 % dans le milieu ambiant, mais avec une température supérieure en moyenne de 5 degrés à la température initiale. La flore et la faune aquatique subissent donc de plein fouet un réchauffement, certes local, mais très dangereux pour l'écosystème. Une centrale de 1 000 mégawatts (1 gigawatt) est obligée de pomper 50 mètres cubes d'eau par seconde (le débit moyen de la Garonne à Toulouse[3]) alors que la consommation domestique moyenne d'un Français est de 57 mètres cubes par an ! La production électronucléaire française étant de 451,5 gigawatts sur l'année, on imagine aisément l'impact sur l'environnement[4].

---

1. Le seul réacteur nucléaire entièrement démantelé est celui de Yankee Rowen, Massachusetts, dont le coût réel fut de 450 millions de dollars après avoir été estimé à 120 millions, c'est-à-dire pas loin du coût de construction.

2. Th. Jaccaud, « L'empreinte écologique... en litres d'eau », *L'Écologiste*, n° 19, juin 2006, p. 44 ; A.K. Chapagain et A. Y. Hoekstra, *Water Footprints of Nations*, UNESCO-IHE, Delft, 2004. En ligne : www.watefootprint.org.

3. H. Chevalier *in* http://resosol.org/Gazette/1993/127_06.html.

4. Sans être certain des chiffres, qui varient beaucoup d'une estimation à l'autre, cela voudrait dire que le nucléaire consomme quatre fois plus que l'ensemble des Français en usage domestique. L'eau irrécupérable ne représente toutefois qu'une faible partie du total, soit 7 %.

Certains chercheurs en arrivent même à soutenir la thèse selon laquelle le cycle de vie de la centrale EDF a abouti à un bilan énergétique nul ! S'il en était ainsi, le mythe de la non-pollution, du point de vue de l'effet de serre, s'effondrerait car cela voudrait dire que l'énergie « saine » (sur le plan CO_2) produite par le réacteur est compensée par une dépense de calories d'origine essentiellement fossile : machines pour l'extraction, le raffinage, transports, matériaux de construction, travail de génie civil, puis traitement des déchets et, de nouveau, traitement, transports, génie civil, etc.[1].

Le kilowattheure électronucléaire revient à environ 1 700 euros hors coût de destruction, alors que celui produit par le charbon atteint 1 300 euros, et par le gaz 500 euros. Ces chiffres donnent des indices de dépense énergétique. Soyons plus précis : le combustible uranium ne compte que pour 20 % du prix de revient de la centrale nucléaire (60 % d'investissement, 20 % d'entretien), 50 % dans le cas de la centrale thermique à charbon. Cette dernière pollue lorsqu'elle est en opération, alors que la centrale nucléaire ne produit pas, ou peu, de gaz à effet de serre lorsqu'elle fonctionne, mais avant et après sa mise en service elle brûle 30 % de plus d'énergie fossile, à coût d'entretien supposé égal lors du fonctionnement. Certes, les durées d'installation et de destruction, de mise en service, d'existence opérationnelle, de rendement, etc., sont à prendre en compte, mais le fait est là : le bilan énergétique de l'électronucléaire est probablement aussi désastreux que celui de l'électricité à base d'énergie fossile.

Sans doute la notion de bilan énergétique est-elle discutable, car le coût pour l'environnement d'un kilo de bœuf n'empêche pas d'avoir envie en toute légitimité d'un steak frites. La critique écologique ne doit pas déboucher sur un

---

1. Sur toutes ces questions, voir les *Cahiers* de Global Chance, en particulier le n° 18, et www.sortirdunucleaire.org/.

intégrisme puritain, sinon elle n'aura aucune portée sociale. Le plaisir fait partie des conditions de survie de l'homme, source du désir d'exister. Dans le cas de la centrale atomique, cette critique est non fondée puisque tout se passe au même niveau : à partir d'énergie se fabrique de l'énergie, il est donc légitime de se demander à quoi sert tout ce remue-ménage de l'environnement. Néanmoins, la question du plaisir se pose à ce propos d'une autre manière : l'effet social du nucléaire alimente aussi l'incendie du monde, par le confort que procure cette énergie sans contrepartie immédiate visible. Les appareils électroniques de diverses sortes sont devenus incontournables[1] et, comme je l'ai dit, représentent une part de plus en plus importante de la consommation. En outre, le climatiseur pose des problèmes équivalents à ceux du chauffage électrique. Cette équivalence chauffage-climatisation n'a de sens qu'en termes de calories, car la climatisation impose l'électricité, alors qu'il est possible de se chauffer autrement et mieux avec une autre énergie. Avec le nucléaire, le cercle vicieux thermo-industriel s'élargit encore, et dans son sillage les risques sont incommensurables avec ceux liés à l'usage de l'énergie fossile.

Reste de toute manière le fait massif : même dans les scénarios les plus optimistes pour l'atome, le nucléaire ne représentera jamais plus de 6 % de la consommation globale d'énergie !

L'EAU ESCLAVE DU FEU

N'oublions pas – j'y reviendrai d'ailleurs au chapitre IV – que la première machine thermique véritable fut une

---

1. D. Desjeux *et al.*, *Anthropologie de l'électricité. Les objets électriques dans la vie quotidienne en France*, Paris, L'Harmattan, 1996 ; A. Gras et C. Moricot (dir.), *Technologies de la vie quotidienne : la complainte du progrès*, Paris, Autrement, 1992 ; V. Scardigli et B. Joerges (dir.), *Sociologie des techniques de la vie quotidienne*, Paris, L'Harmattan, 2000.

pompe, la pompe de Newcomen. Ainsi fut fondée la nouvelle manière d'être au monde de cet élément liquide, sur lequel va jouer le développement technologique : l'eau devient servante du feu dans la machine à vapeur, qui sert à l'extraire elle-même des profondeurs souterraines [1].

Le cas de l'eau, élément de refroidissement, comme élément d'une réflexion sur la chaleur qui nous étouffe n'a donc rien de paradoxal ; on vient de voir combien le feu déclenché par l'atome d'uranium 235 a besoin de l'eau. Les deux principes opposés se rejoignent dans la machine à vapeur, qui les unit en elle. Examinons la manière dont l'eau elle-même participe, en contradiction avec sa nature, à l'incendie planétaire.

L'élément liquide joue un rôle de premier plan dans le nettoyage de la nature mais, comme tout phénomène en ce monde, il possède deux faces : il devient aussi agent polluant à certaines occasions. Autrefois, les tanneries en donnaient un exemple dans les villes, qui souffraient de cet artisanat mais savaient les placer au bon endroit, dans le circuit des eaux usées [2]. De nos jours, l'industrie et surtout l'agriculture jouent sur ce caractère ambigu de l'eau, mais l'ampleur du phénomène est immense, car les pompes thermiques procurent d'énormes capacités de prédation des nappes souterraines : les eaux remontent de couches très profondes.

Jusqu'à la révolution industrielle, l'eau était obtenue par gravité. Des réservoirs permettaient de la stocker en amont des rivières, ou de récupérer la pluie. En Europe du Sud, des systèmes d'irrigation très ingénieux, calqués sur le modèle mésopotamien du IIe millénaire avant J.-C., avaient

---

1. J'ai fait allusion aux sables de l'Alberta, où l'eau joue un rôle décisif. Elle nettoie la roche et entraîne le pétrole avec elle, mais le coût environnemental est gigantesque, entre 300 et 800 litres d'eau par baril de pétrole (159 litres) ; l'eau va ensuite croupir dans des bassins artificiels. Elle est en quelque sorte mise en esclavage puis assassinée.

2. A. Guillerme, *Les Temps de l'eau*, Seyssel, Champ Vallon, 1993. Voir aussi J.-P. Leguay, *La Pollution au Moyen Âge*, Paris, J.-P. Guisserot, 2001.

été développés par les Arabes en Espagne, et repris par les moines à l'époque médiévale. Le maillage d'un réseau de petits canaux permettait à chacun de bénéficier de l'élément liquide au fur et à mesure : il suffisait de boucher une intersection, avec un linge par exemple, pour que l'eau passe dans un autre circuit qui ouvrait sur une autre maille du réseau, et ainsi de suite. Une très faible déclinaison suffisait alors pour arroser une grande plaine, telle celle de Valencia en Espagne[1]. On connaît aussi les jardins de l'Alhambra, fondés sur ce principe, mais toute la France méditerranéenne utilisait cette méthode, et elle est toujours pratiquée dans de nombreux villages du Languedoc. Je reviendrai sur la noria, qui complète ce dispositif et constitue, à mon sens, l'exemple le plus parfait du respect de la nature, et la plus belle symbiose de l'ingéniosité humaine, de l'eau et de la force tellurique (la gravitation).

La pluie a longtemps suffi aux besoins de l'humanité. N'oublions pas qu'il y a à peine deux siècles une grande partie de l'eau potable à Paris venait de puits, souvent utilisés conjointement par plusieurs maisons ou immeubles. De nos jours, l'eau s'est transformée en un bien industriel, et sa gestion est dévolue à des entreprises qui ont le monopole de la distribution. Les réseaux sont indispensables en ville et sont coûteux à entretenir, car les fuites représentent au moins 30 % des flux transportés. Pourtant, ce ne sont pas les réseaux en tant que tels qui sont énergivores, mais la mécanisation, puisque l'eau consommable est « fabriquée ». La mécanisation de la production consomme une énergie considérable, dans les usines de dépollution, dans les circuits régulés par des machines, et dans l'agriculture qui, outre les pompes, utilise des engins pulvérisateurs souvent tractés.

---

1. On dit que le Cid prit la ville aux Maures en ouvrant les réservoirs et en inondant la plaine, condamnant ainsi les habitants de la ville à la famine s'ils ne se rendaient pas.

Il n'est donc pas étonnant que l'on trouve dans l'usage de l'eau les mêmes inégalités entre pays riches et pays pauvres. On parle aujourd'hui de son empreinte (sur le milieu : *water footprint*[1]) pour caractériser les diverses consommations. Cette empreinte est le résultat d'un calcul compliqué où, pour tout objet ou aliment utilisé, est évaluée la quantité d'eau nécessaire à sa production : 2 483 mètres cubes d'eau sont consommés par an et par habitant aux États-Unis, 1 857 en France, et seulement 702 en Chine. Il s'agit là d'une fiction comptable puisque ce n'est point l'eau de notre vie quotidienne qui est mesurée, mais celle utilisée pour tous les usages[2]. Cette eau est donc en grande partie celle de l'agriculture, de l'industrie et des centrales électriques. Elle joue son rôle de grand nettoyeur et d'agent d'opération au service du feu.

Par ailleurs, un nouveau et gigantesque danger, présenté souvent comme une solution miracle, se profile à l'horizon : la désalinisation de l'eau. Là encore, comme pour la climatisation, l'effet de serre, avec la raréfaction des pluies régulières qu'il entraîne, non seulement s'autoentretient, mais encore se renforce par la technique qui est censée lutter contre ses conséquences[3]. Il existe deux formes de désalinisation. Celle, traditionnelle, dite de « la bouilloire », consiste à récupérer la vapeur d'eau. On imagine

---

1. Qui accompagne la notion d' « eau virtuelle » : l'eau « contenue » dans un objet parce que utilisée au cours de son cycle de fabrication.

2. La consommation domestique de 157 litres par personne est un minimum ; si l'on ajoute les consommations collectives non industrielles, la moyenne s'établit pour un foyer de trois personnes sur une fourchette comprise entre 400 (Europe) et 800 litres d'eau (États-Unis) par jour dans les pays riches. Elle était d'une trentaine de litres par personne dans la bourgeoisie parisienne au XIXe siècle ! Sur les 5,6 milliards de m³, l'agriculture à elle seule consomme légèrement plus (43 %) que les ménages (42 %) et l'industrie à peu près autant que l'électricité nucléaire (7 à 8 %). Mais je rappellerai ce qui a été dit précédemment : cette consommation du nucléaire ne représente que la partie perdue ; en réalité, la quantité d'eau prélevée pour refroidir la centrale avant d'être rejetée, chaude, dans le cours d'eau est au moins dix fois supérieure.

3. A. Maurel, *Dessalement de l'eau de mer et des eaux saumâtres*, Paris, Lavoisier, 2006.

aisément le coût énergétique de cette technologie et il n'est pas étonnant qu'elle soit largement pratiquée dans les États du Golfe. L'eau dessalée dans cette région représente les quatre cinquièmes de celle qui est consommée dans le monde.

La seconde formule, dite d'« osmose inversée », consiste à filtrer l'eau envoyée à forte pression sur une membrane qui retient les particules de sel. Il faut plusieurs passages pour un dessalement correct. La pompe brûle aussi beaucoup de pétrole directement, ou indirectement si elle est électrique. Pour l'instant, un mètre cube d'eau exige 6 kilowattheures. Avec cette technologie réapparaît le serpent de mer qui cette fois porte bien son nom, celui des déchets : que fait-on de l'eau saumâtre ? On la rejette dans la mer ! Or le sel n'est plus seul, de nombreux produits chimiques nécessaires au traitement s'y mêlent. Quelle agression symbolique envers la mer : on lui retire l'eau et on lui redonne le sel, ce qui potentiellement la transforme en mer morte.

Sur le plan énergétique, si, comme à Malte, on dessalait un jour les deux tiers de l'eau nécessaire sur la planète, il faudrait obtenir pour ce faire 30 000 gigawatts ! Vue de l'esprit, certes, mais le désert avance partout et très vite. Quel visage aura demain le littoral méditerranéen ? L'Espagne a dès maintenant décidé de construire six usines à dessalement qui fourniront 1 % de la consommation totale. Ce n'est qu'un début.

Ajoutons à cela l'inversion du flux naturel de l'eau. Elle coule normalement de haut en bas, ici elle part du niveau de la mer pour remonter, grâce à une énorme mécanique thermique, vers des usagers en amont ! Une autre façon de marcher sur la tête.

Conclusion intermédiaire

Les courbes que l'on vient de voir marquent toutes des points forts d'inflexion, à partir du siècle dernier ou un peu avant. La courbe démographique accentue particulièrement le mouvement, qui ne correspond à aucune formule connue, même pas exponentielle. Mais cette courbe peut être tracée pour bien d'autres phénomènes, telles la capacité meurtrière des armes, la vitesse maximale atteinte, la précision dans la mesure du temps, la puissance des moteurs mesurée en chevaux, etc.

L'idée d'une rupture dans le cours de l'histoire reste quasiment inconcevable, comme je l'ai dit en introduction, et en tout cas inintelligible. Pourtant, bien peu de philosophes ou d'historiens se sont penchés sur le sens que pourrait prendre cette figure particulière d'un mouvement historique. Daniel Halévy fait exception. Au sortir de la Deuxième Guerre mondiale, il lance un concept qui fait fortune dans les médias de l'époque et qui continue aujourd'hui d'alimenter les conversations mondaines : l'« accélération de l'histoire [1] ». Pas plus que la longue durée de Fernand Braudel, cette notion ne résiste à la moindre analyse critique. Ce sont les événements tels que nous les recensons qui donnent ce sentiment d'accélération, mais l'histoire en soi n'est pas un phénomène mesurable, elle ne peut donc s'accélérer.

En revanche, la notion de « catastrophe », au sens où l'emploie le mathématicien René Thom, pourrait convenir pour décrire cette situation où nous nous trouvons : une trajectoire qui prend une allure totalement aberrante en un point singulier. Dans cette version topologique du devenir, seule la forme s'interprète. Toutefois, cette singularité peut

---

1. D. Halévy, *Essai sur l'accélération de l'histoire* [1948], Paris, Fayard, 1961.

aussi prendre du sens d'une autre manière, car la révolution industrielle a bien été vécue sur le mode de la crise permanente, à la fois comme un détachement, un dépassement du passé ou un déchirement pour certains. « La catastrophe habite toujours l'imaginaire contemporain, écrit Georges Balandier, elle y renforce sa présence, elle y multiplie ses figures et ses métamorphoses en les actualisant[1]. »

Il est fort possible que d'autres peuples en d'autres lieux ou en d'autres temps aient éprouvé le même sentiment, mais cela n'enlève rien à l'originalité de ce mouvement qui nous emmène vers l'impasse du présent. La société thermo-industrielle fait problème du point de vue anthropologique. La situer dans une période caractérisée par une prétendue accélération de l'histoire n'arrange rien, c'est au contraire une manière d'éviter d'y répondre puisque la continuité prévaut dans l'imaginaire et que seul le mouvement s'amplifie.

L'évidence du point singulier nous met face à une énigme. Si l'on accepte ce fait, alors tout est envisageable, y compris les scénarios les plus extrêmes, puisque l'évolution de notre monde nous a pris de court, et que tous les regards portés sur le passé récent, deux ou trois siècles tout au plus, témoignent du passage à une autre histoire, dans laquelle l'humanité se trouve piégée et, pis, prise au piège de son avenir déjà présent.

Penser le moment présent à l'envers, comme un instant d'ouverture à un avenir indéterminé, impose de savoir comment nous avons été pris dans la nasse. Si l'on veut sortir d'une nasse, chaque mouvement doit être pensé pour défaire les mailles. Attendre du devenir qu'il débarrasse notre histoire de son déterminisme technologique nous impose de comprendre les raisons de cette agitation impulsive qui, pour l'instant, resserre les mailles du filet. Les prochains chapitres poursuivront cet objectif, après une courte pause sur la mythologie du feu.

---

1. G. Balandier, *Le Grand Système*, Paris, Fayard, 2001, p.134.

CHAPITRE 2

Mythes des origines et représentation indo-européenne de la fin : le *Ragnarök* ou l'embrasement final

La première question qui se pose, dans tous les mythes ayant trait au feu, concerne non pas sa nature mais son origine. Et l'on constate que le feu est le plus souvent volé par un animal, un oiseau, un serpent, un fauve à un autre animal ou à un dieu qui le possède dans les cieux. La légende du dieu voleur se retrouve aussi dans le vieux fonds mythologique indo-européen, où un personnage mi-homme mi-dieu accomplit la transgression de l'interdit. Le feu reste toujours associé au pouvoir divin mais il n'est pas nécessairement le moyen du sacrifice, et le vol semble signifier que l'humanité se met en danger car elle utilise ainsi un élément qui ne lui appartient pas en propre. Cet élément anthropologique est essentiel.

D'autre part, le soleil est intimement lié à la représentation du feu, sans que nécessairement il soit identifié à un brasier. Il peut même lui être opposé, puissance du ciel contre puissance venue de la terre, par exemple dans le mythe des cinq soleils aztèques. Dans cette tradition, quatre soleils ont brillé sur le monde, mais chaque fois le principe de vie est allé trop loin (l'eau a entraîné l'inondation et le déluge, le vent a balayé la terre et la tempête détruit sa surface), et le cinquième naît du sacrifice d'un petit dieu, Nanahuatzin, qui se jette dans le brasier, à la demande des autres dieux, pour sauver le monde humain. Une fois allumé, l'astre céleste n'entre pas en mouvement, il lui faut une autre énergie pour qu'il se meuve, celle donnée par le sang des hommes. Les interprétations de cette « pensée interrompue » – une voie du devenir fermée par les conquistadores selon Jean-Marie Le Clézio[1] – sont aussi nombreuses que les dieux aztèques. Les principes philosophiques qui la guident sont pourtant simples : il ne faut pas pousser l'usage d'un élément jusqu'à son paroxysme et le soleil naît du feu, lequel est encore plus primordial que l'astre dont il est séparé par essence. Les Aztèques dévoilaient ainsi l'interdépendance entre les éléments naturels et les êtres humains : le soleil a besoin d'eux pour se mouvoir, et il leur procure ses bénéfices en retour. Le soleil et la terre sont un dans le temps.

LE FEU DES ORIGINES ET LE FEU DE L'AMOUR

Si l'on revient à la version rationnelle de l'origine du feu proposée par l'anthropologie préhistorique, la nécessité pragmatique et le désir onirique se retrouvent aux sources de l'innovation.

La première version fonctionnaliste et utilitariste de l'émergence du désir de « faire du feu » repose sur une prétendue observation naturaliste : le frottement des branches des arbres les unes sur les autres créerait dans certaines conditions un échauffement allant jusqu'à l'étincelle qui, comme on sait, met le feu à la prairie. De cette observation les hommes de la préhistoire auraient tiré l'idée de frotter deux morceaux de bois l'un contre l'autre pour reproduire

---

1. J.M.G. Le Clézio, *Le Rêve mexicain ou la Pensée interrompue*, Paris, Gallimard, 1988. Cette splendide description d'une civilisation éliminée par le glaive témoigne d'une compréhension intime de la guerre indienne, à mille lieues du film grotesque de Mel Gibson *Apocalypto*.

artificiellement la situation. Malheureusement pour les tenants de cette thèse, un tel effet du frottement des branches n'a jamais été observé et aucun mythe n'y fait allusion. Sans doute cette version a-t-elle autant de consistance que celle qui, au milieu du xxᵉ siècle, attribuait la responsabilité de nos incendies de l'été à d'humbles tessons de bouteilles ! Il fallait aussi, argument de taille toujours laissé de côté dans l'histoire du progrès, que nos ancêtres aient envie de le faire exister, tout simplement.

Une autre version, radicalement contraire, pose d'emblée le problème du désir. Elle le relie à la source des images sur la flamme et l'amour, le feu et la passion. Le rapport entre les morceaux de bois, qui partagent chacun une nature différente, paraît, en effet, semblable à celui qui unit deux êtres dans l'acte d'amour. Le langage imagé serait donc fondé sur une vérité immanente : la production du feu par va-et-vient de deux tiges de bois imiterait l'acte d'amour et serait le fruit d'un désir de l'inconscient.

Freud ne pouvait évidemment manquer de proposer une interprétation qui aille dans ce sens : « Chez les primitifs, le feu apparaissait nécessairement comme quelque chose d'analogue à la passion amoureuse – nous dirions : comme symbole de la libido. La chaleur qui irradie du feu provoque la même sensation que celle qui accompagne l'état d'excitation sexuelle, et la flamme évoque dans sa forme et ses mouvements le phallus en activité[1]. »

La vérité se trouve sans doute entre ces deux explications extrêmes, fruit d'une combinaison du désir aux résonances multiples et de l'expérimentation aléatoire. L'invention du feu partage le même sort que des innovations techniques plus récentes, peu explicables rationnellement. Pour autant, cet imaginaire n'est pas sans importance, car il impulsera certaines orientations, et l'alchimie, qui accompagne la

---

1. S. Freud, *Sur la prise de possession du feu*, 1932. www.megapsy.com/textes/freud/biblio100.htm.

mise en place du savoir scientifique, puisera dans ce fonds pour sa quête mystique[1]. D'autre part, avec la production raisonnée de la flamme, un autre élément va devenir central dans le paysage de la technologie première : l'eau, dont je viens d'évoquer le changement de statut à notre époque.

Adversaire radical, l'élément aqueux apporte une contradiction au principe igné, et pas seulement parce qu'elle annule sa puissance. L'eau est pondéreuse, le feu est volatil (« igné » au sens d'*agile*, de *agnis* en sanscrit, *ignis* en latin) ; l'eau tombe du ciel mais provient de la terre, le feu est le fils de la terre mais il provient du soleil ; elle coule vers le bas et s'arrête à la surface du monde ou bien rejoint les profondeurs souterraines, il monte et s'élève vers le ciel ; elle coule et épouse les formes sur son passage, il est mouvement imprévisible ; elle n'a pas d'odeur, il répand son parfum de brûlé.

De nombreux rituels religieux en rendent compte, certains d'une manière plus évidente que d'autres, avec des prolongements contemporains inattendus. Ainsi peut-on aujourd'hui assister à la lutte des deux principes à la Feria d'Alicante. Fête du feu par excellence, cette cérémonie païenne – comme la plupart des fêtes ibériques – y prend un tour étrange : on y brûle le dernier jour, à la Saint-Jean, d'énormes sculptures en carton dressées à tous les coins de rue. Les pompiers protègent avec leurs lances les murs alentour. Tout d'un coup, lorsque le brasier atteint son maximum d'intensité, un cri monte de la foule des spectateurs « *Volem aigua, volem aigua* », (« Nous voulons de l'eau » en catalan), et les pompiers retournent les lances d'incendie sur les spectateurs, avant de revenir à la protection des maisons. Mais le cri monte à nouveau, et des lances jaillit un nouveau déluge. Le jeu continue ainsi jusqu'à ce que la sculpture s'effondre et que les flammes s'éteignent, noyées sous l'eau. Cette mise en relation

---

1. J.-P. Bayard, *La Symbolique du feu*, Paris, Payot, 1973.

contradictoire des deux principes de vie est fréquente, mais plus souvent que combat rituel elle est juxtaposition pleine de sous-entendus[1]. En Perse musulmane, et chez les Kurdes, subsiste le rite zoroastrien du grand feu qui inaugure les festivités du nouvel an le 21 mars, le Norouz, suivi treize jours plus tard de la clôture par l'offrande de grains de blé à la rivière. Plutarque rapporte qu'à Rome la jeune épousée devait toucher l'eau et le feu avant d'entrer dans la maison nuptiale. Dans le christianisme, le cierge allumé coexiste avec l'eau lustrale. De manière plus éloquente, dans le monothéisme les flammes embrasent l'enfer, alors que l'eau coule délicatement dans les jardins du paradis !

Soulignons que, si la volonté de mise en présence de principes opposés, qui se termine par la disparition provisoire de l'un ou de l'autre, remonte aux premiers âges de l'humanité, elle a connu une résurgence inattendue à l'époque moderne avec la machine thermique. Cependant, sur le plan symbolique, cette machine rompt avec la tradition, car l'eau est réduite à l'état de vapeur, elle devient volatile et subit le joug du feu. Ce passage à l'acte du potentiel en réserve dans la flamme se réalise grâce à son contraire liquide. On peut y voir une réconciliation, un mariage des opposés qui les rend complémentaires, mais la domination de l'un sur l'autre permet de douter de cette complicité symbolique. Nous retrouverons cet aspect de la question plus loin, mais il fallait d'emblée la poser à ce niveau de l'exposé où le temps de l'interprétation, de la recherche du sens, dépasse largement celui du moment où le problème se pose lors du passage à l'acte. Aucun objet technique n'est le résultat d'une histoire immédiate, son origine se cherche aussi dans une durée de l'imaginaire qui n'est pas celle des objets eux-mêmes.

---

1. On peut faire la même remarque pour la fête des Fallas à Valencia où des centaines de sculptures sont brûlées le 19 mars. Fête de Saint-Joseph, elle se passe en plein carême ! Il s'agit évidemment du prolongement d'une vieille fête de l'équinoxe, semblable à celle du Norouz.

Précisément, cette histoire se résume pourtant selon Frazer, le grand interprète des mythes[1], en une succession précise d'événements, preuve d'un raisonnement aussi naïf, sur ce point, que celui qu'il attribue aux « primitifs ». Il distingue, en effet, trois âges dans la relation entre les hommes et l'élément igné : l'âge sans feu, l'âge du feu employé et l'âge du feu allumé ! Ce qui veut tout simplement dire que, dans l'avant-dernier cas, c'est la nature qui donnait les moyens, la foudre ou la lave par exemple, alors que dans le dernier cas c'est l'homme qui se les donne, avec des bâtons ou des silex frottés.

Si grand ethnologue soit-il, Frazer n'en reste pas moins un évolutionniste pour le moins simpliste. Cet ordre est certes logique, est-il pour autant chronologique ? On peut le supposer, mais la méthode de Frazer correspond si bien à la métaphore que l'on retrouve constamment à l'œuvre dans l'histoire des techniques qu'il faut s'en méfier. La progression technique rationnellement comprise aujourd'hui ne correspond en rien à l'ordre culturel, les phases technologiques ne sont pas des périodes socio-logiques ou bien alors les sciences sociales n'ont précisément plus rien à dire. Je m'explique : le thème du livre hilarant de Roy Lewis *Pourquoi j'ai mangé mon père* tourne autour de l'innovation qu'est le feu et des conflits sur le sens du feu pour le devenir des hominiens d'il y a 400 000 ans. Avec beaucoup d'humour, il fait apparaître l'indécision autour de ce sens et le controverse, à la différence du livre de de Rosny, *La Guerre du feu*, porté au cinéma par Jean-Jacques Annaud. Ce film accumule tous les poncifs progressistes de l'époque coloniale en soulignant, en particulier, la méchanceté, au sens strict, de ceux qui refusent le prétendu progrès[2]. La position de Roy Lewis s'accorde parfaitement,

---

1. J. Frazer, *Le Rameau d'or* [1907-1915], Paris, Robert Laffont, 1998.
2. Le metteur en scène avait pourtant comme conseiller technique Yves Coppens. R. Lewis, *Pourquoi j'ai mangé mon père*, Paris, Pocket, 2002 ; J.H. de Rosny, *La Guerre du feu* [1921], Paris, Hachette, 2002.

quant à elle, à ma critique récurrente du sens caché de l'histoire des techniques : ce qui nous apparaît comme un progrès aujourd'hui non seulement n'était pas nécessairement perçu comme tel à l'époque, mais n'était tel qu'aux yeux d'un certain groupe. La perspective historique sur le progrès technique exclut le plus souvent la vérité du moment, qui est celle de l'incertitude.

En outre, les dernières thèses sur la question repoussent la date du premier feu humain entretenu à – 750 000 ans au Moyen-Orient, alors que, jusque récemment, les estimations variaient autour de – 450 000 ans. Cela veut dire que dans tous les cas il y a eu coexistence sur plusieurs centaines de milliers d'années de tribus sans feu « allumé » au sens de Frazer et d'autres avec feu « employé ». Le feu, dès qu'il est utilisé, doit être examiné comme toute autre innovation technique, et il est de ce fait permis de penser que l'adoption fut matière à discussion, à débats, et le rejet devait sans doute fort bien pouvoir se justifier, même si à nos yeux modernes, à nous héritiers de ce choix, il est bien difficile d'en trouver les raisons.

Plus tard, à l'aube des « temps historiques », la Genèse (ainsi que le Coran, VII, 80-84) se fait l'écho de cette incertitude angoissée face au désastre possible. L'histoire de Sodome, dont « Dieu » réprouvait les mœurs homosexuelles, se termine par un déluge de soufre enflammé, sombre présage de ce que sera plus tard le bombardement de civils au nom d'une autre morale, laïque et souvent démocratique (Deuxième Guerre mondiale). Le brasier de l'enfer se dresse derrière le coupable ; en revanche, on ne le voit pas au paradis du juste.

Pourtant, dans la même perspective symbolique, lorsque le feu devient lumière il est loué comme un don de Dieu, ou bien il exprime le pouvoir divin. Les Indo-Européens en ont fait un pilier de leur foi, et les Perses sont allés encore plus loin en adoptant la religion de Zoroastre qui rend un culte au feu primordial, manifestation d'Ahura Mazda, le dieu bon. Les religions dites du salut ou, plus savamment, « sotériologiques » présentent aussi le feu purificateur comme régénérateur. Le phénix « renaît de ses cendres » comme le dieu revient du séjour des morts. Dans le christianisme, à la Pentecôte, le feu apporte le don des langues et, plus généralement, la connaissance : « Lui [le Christ], il vous baptisera du Saint-Esprit et de feu » (Matthieu III, 11 et Luc III, 16) ; or le Christ revient précisément des enfers.

LE FEU DE LA TERRE

Sacrifice et renouveau, tel est donc, ou était, la loi de l'usage de cette puissance élémentaire que l'on reconnaît en Occident, au sens large, comme appartenant à la terre autant qu'au ciel. Puisque je m'interroge ici sur les sources inconnues de la bifurcation vers la société thermo-industrielle, tentons de concevoir la toile de fond sur laquelle repose notre imaginaire.

Dans la mythologie indo-européenne (ou indo-aryenne pour Mircea Eliade), le dessin de la trame est très précis sur ce point. En effet, bien avant le monothéisme, la représentation d'un temps du monde s'affirme. Ce temps est non seulement cyclique mais souvent anhistorique, terme qui signifie que les événements de ce monde n'ont pas de sens en eux-mêmes, car ils ne sont que le décalque d'une réalité de l'autre monde qui, seule, a du sens. Pourtant, les temps des deux mondes se rejoignent dans une somptueuse catastrophe qui prend la forme d'un embrasement généralisé.

À l'intérieur de cet espace culturel, la religion germano-scandinave a décrit ce temps dans un splendide récit poétique qui porte le nom de *Ragnarök*. Elle fournit quelques archétypes de notre rapport au feu. Associé au pouvoir suprême, il joue, en effet, un rôle majeur dans le récit. Le dieu du feu Locki fait partie de la race des dieux détrônés, les Géants, nés de la Terre, qui sont l'équivalent des Titans dans le monde grec. Locki est le frère de sang d'Odin, le grand dieu qui a pour conseiller celui-là même qu'il a tué et dont il fait revivre la tête, le géant Mimir. Mais il en est séparé parce que Locki est un marginal, un personnage insaisissable, éternel errant, qui sans cesse crée des problèmes et passe d'une alliance avec les dieux à celle avec leurs ennemis, les anciennes divinités chtoniennes qui sont aussi ses compagnons d'infortune. À la suite d'une trahison, les dieux décident donc d'en finir avec lui et sa descendance ; le combat final oppose alors Odin le borgne et sa mouvance, Tor le dieu du tonnerre (feu du ciel) qui manie le marteau, Tyr le guerrier, Freja sensuelle et féconde, aux Géants, le loup Fenrir, le serpent Midgard (la *vouivre*, force tellurique) et la déesse du monde souterrain Hel, blanche sur une moitié de son corps et noire sur l'autre. Ciel et terre, ordre et désordre, lumière et obscurité, tous les aspects contradictoires de la société des humains sont mis en scène dans cette fabuleuse épopée lyrique. La prophétie de la *Voluspa* se termine par l'évocation fulgurante de ce drame ultime :

> *La terre s'enfonce dans la mer,*
> *Le soleil tourne au noir,*
> *Les brillantes étoiles sont secouées dans le ciel,*
> *Les fumées ragent, les flammes grondent,*
> *Le ciel est ravagé par le feu.*

Dans tout l'espace imaginaire européen, l'Avesta zoroastrien, la tradition orale celtique ou bien les Veda hindouistes, se retrouve cette image du feu allumé par le mal ; les Grecs parlent d'*ekpyrosis*, l'hindouisme utilise une image très proche du *Ragnarök* avec le *pralaya* qui marque la fin de chaque période historique, *kalpa*, et qui doit se produire à la fin de notre ère, le *kali yuga*. Dans tous les cas, la surface de la Terre subit l'effet d'une chaleur épouvantable, et le feu s'impose à la fin des temps comme le destructeur par excellence. S'il est aussi le purificateur et si le monde renaît dans cette vision cyclique du temps, l'image d'un danger extrême d'ordre métaphysique accompagne celle de la violence potentielle que recèle cet élément. On remarquera que, en dehors de l'hindouisme, les religions orientales, bouddhisme inclus, ne possèdent pas cette représentation d'un désastre historique qui marque profondément la culture indo-aryenne.

Le célèbre discours du chef indien Seattle, tenu lorsqu'il signait le traité de paix en janvier 1854, paraît d'autant plus étonnant dans ce contexte. On ne peut s'empêcher d'en tirer la conclusion que, face à ces pionniers qui envahissaient son territoire et le polluaient avec leur locomotive, il avait saisi le rapport ambigu qui liait à cet élément, et à ce qu'ils appelaient le progrès, les Blancs européens : « [Pour l'Indien] la terre est précieuse à ses yeux, et qui porte atteinte à la terre couvre son créateur de mépris. Les Blancs passeront, eux aussi, et peut-être avant les autres tribus. Continuez à souiller votre lit, et une belle nuit vous étoufferez dans vos propres déchets. Mais dans votre perte vous brillerez de feux éclatants, allumés par la puissance du dieu qui vous a amenés dans ce pays, et qui, dans un dessein connu de lui, vous a donné pouvoir sur cette terre et sur l'homme rouge. »

Or, dans la *Voluspa*, le feu de la fin des temps détruit certes le mal qui règne sur la terre, et en cela il la purifie, mais ce mal est clairement désigné dans le mot composé *Ragnarök* : *ragna* vient de *regin* qui signifie « les puissants » ou, par extension, les dieux, dont on peut remarquer la proximité avec la forme latine *rex* et le terme français *régner. Rök* indique un déroulement fatal, l'avènement du destin, c'est pourquoi le grand spécialiste Régis Boyer transpose l'image en une belle expression, « consommation du destin des puissances », mais il me semble qu'une traduction simplifiée pourrait être « consumation de la puissance[1] ». En clair, c'est bien l'abus de la puissance qui

---

1. En scandinave moderne, *rök* signifie fumée.

aboutit au processus de désintégration. Une seconde lecture possible souligne le lien qui unit le feu et le pouvoir, qui périt par cela même qui lui a permis d'exister.

Si l'on revient alors à l'origine, on découvre que dans les forges d'Hephaïstos-Vulcain, comme dans le monde souterrain de Locki, ce sont des nains qui sont à l'ouvrage. Les forges de Vulcain se situent dans le monde caché, et si elles permettent aux hommes de travailler les métaux, elles laissent parfois leurs flammes embraser le paysage des hommes lorsqu'elles sortent des volcans, puits de flammes supposés être les orifices des forges du dieu qui leur a donné son nom.

L'évocation des nains forgerons approfondit le symbolisme des forces telluriques et l'éclaire, car ce sont eux qui, dans la mythologie scandinave, forgent les armes des combattants, la lance d'Odin ou le marteau de Tor, et qui ont enchaîné Fenrir le loup, lequel brisera ses chaînes lors du *Ragnarök*.

Or, les nains sont des personnages chtoniens, c'est-à-dire de la Terre, à la peau sombre, ce qui indique bien l'origine de ce feu qui ne vient pas du soleil mais des entrailles de notre planète. Le lien entre feu et soleil, que j'ai évoqué, ne représente donc qu'une face de la représentation du feu, car il faut souligner que le feu vient aussi du sous-sol et que les volcans ou les geysers, le pétrole lui-même, en sont le témoignage. Les hommes ont toujours craint de déranger la terre, et ils ont attribué à des personnages ambigus le droit d'y pénétrer pour en retirer un bénéfice. Les personnages nains évoquent la face cachée de l'humanité, une ombre portée de l'inconscient. Ces nains gardent un trésor de connaissances qui est aussi un trésor spirituel, comme celui de la véritable tradition alchimique, mais précisément ils ne sont pas complètement humains et gardent pour eux le secret de la sagesse. Par un ensemble d'opérations délicates et mystérieuses, ils extraient de la pierre un liquide brûlant, le métal en fusion, et le transforment en un objet dur qui peut embellir le corps, labourer le sol mais aussi meurtrir les êtres.

C'est pourquoi, dans la plupart des traditions, les forgerons sont maintenus à l'écart : ils sont considérés comme détenteurs d'un pouvoir magique parce que leur savoir-faire si utile est aussi l'instrument de la mort. Prolongeant ou transposant en ce monde la science des divinités souterraines, ce sont eux qui fabriquent les armes des guerriers, et donnent au pouvoir ses instruments et ses ornements. Et, parmi ces derniers, il ne faut pas oublier la manière dont ce pouvoir revêt directement une forme métallique, celle de l'or. On remarquera, à ce propos, que les Indiens précolombiens, qui ne voulaient pas pénétrer dans l'enfer du monde du métal, avaient pourtant préservé l'orfèvrerie. Par un étrange coup du destin, ce fut la cause principale de leur perte, puisque les conquistadores n'avaient qu'une idée en tête : trouver *el dorado*, le pays de l'or, ce qu'ils firent en anéantissant une civilisation.

LE FEU DU CIEL

En raison du rôle que joue la Grèce dans la formation du rationalisme occidental, le mythe de Prométhée s'impose comme référence obligée, et les titres d'ouvrages qui font appel au personnage dans leur intitulé sont fort nombreux. Or, les philosophes se contentent souvent d'un commentaire du récit le plus noble à leurs yeux, celui que l'on trouve dans *Le Politique*, et se réfèrent surtout au dialogue entre Protagoras et Socrate rapporté par Platon.

Version de Protagoras selon Platon (321c-321d)

« En distribuant les qualités, il donnait à certaines races la force sans la vélocité ; d'autres, étant plus faibles étaient par lui dotées de vélocité ; il armait les unes, et, pour celles auxquelles il donnait une nature désarmée, il imaginait en vue de leur sauvegarde quelque autre qualité : aux races, en effet, qu'il habillait en petite taille, c'était une fuite ailée ou un habitat souterrain qu'il distribuait ; celles dont il avait grandi la taille, c'était par cela même aussi qu'il les sauvegardait. De même, en tout, la distribution consistait de sa part à égaliser les chances, et, dans tout ce qu'il imaginait, il prenait ses précautions pour éviter qu'aucune race ne s'éteignit [...]. Il chaussait telle race de sabots de corne, telle autre de griffes solides et dépourvues de sang.

« Il ne se rendit pas compte que, après avoir ainsi gaspillé le trésor des qualités au profit des êtres privés de raison, il lui restait encore la race humaine qui n'était point dotée ; et il était embarrassé de savoir qu'en faire.

Prométhée arrive pour contrôler la distribution, voit les autres animaux convenablement pourvus sous tous les rapports, tandis que l'homme est tout nu, pas chaussé, dénué de couvertures, désarmé.

« Alors Prométhée, en proie à l'embarras de savoir quel moyen il trouverait pour sauvegarder l'homme, dérobe à Hephaïstos et à Athéna le génie créateur des arts, en dérobant le feu (car sans le feu la connaissance des arts est inutile) ; et c'est en procédant ainsi qu'il fait à l'homme son cadeau. Voilà donc comment l'homme acquit l'intelligence qui s'applique aux besoins de la vie. »

Version d'Hésiode (Théogonie)

« Prométhée, pour tromper la sagesse de Jupiter, exposa à tous les yeux un bœuf énorme qu'il avait divisé à dessein. D'un côté, il renferma dans la peau les chairs, les intestins et les morceaux les plus gras, en les enveloppant du ventre de la victime ; de l'autre, il disposa avec une perfide adresse les os blancs qu'il recouvrit de graisse luisante. Le père des dieux et des hommes lui dit alors : "Fils de Japet, ô le plus illustre de tous les rois amis ! avec quelle inégalité tu as divisé les parts !"

« Quand Jupiter, doué d'une sagesse impérissable, lui eut adressé ce reproche, l'astucieux Prométhée répondit en souriant au fond de lui-même (car il n'avait pas oublié sa ruse ingénieuse) : "Glorieux Jupiter ! ô le plus grand des dieux immortels, choisis entre ces deux portions celle que ton cœur préfère."

« À ce discours trompeur, Jupiter, doué d'une sagesse impérissable, ne méconnut point l'artifice ; il le devina et dans son esprit forma contre les humains de sinistres projets qui devaient s'accomplir. Bientôt de ses deux mains il écarta la graisse éclatante de blancheur ; il devint furieux, et la colère s'empara de son âme tout entière quand, trompé par un art perfide, il aperçut les os blancs de l'animal [...]. Dès ce moment, se rappelant sans cesse la ruse de Prométhée, il n'accorda plus le feu inextinguible aux hommes infortunés qui vivent sur la terre. Mais le noble fils de Japet, habile à le tromper, déroba un étincelant rayon de ce feu et le cacha dans la tige d'une férule. Jupiter qui tonne dans les cieux, blessé jusqu'au fond de l'âme, conçut une nouvelle colère lorsqu'il vit parmi les hommes la lueur prolongée de la flamme, et voilà pourquoi il leur suscita soudain une grande infortune. »

La conséquence : Pandore et Épiméthée (Les Travaux et les Jours d'Hésiode)

« Après avoir achevé cette attrayante et pernicieuse merveille [Pandore], Jupiter ordonna à l'illustre meurtrier d'Argus, au rapide messager des dieux, de la conduire vers Épiméthée. Épiméthée ne se rappela point que Prométhée lui avait recommandé de ne rien recevoir de Jupiter, roi d'Olympe, mais de lui renvoyer tous ses dons de peur qu'ils ne devinssent un fléau terrible aux mortels. Il accepta le présent fatal et reconnut bientôt son imprudence.

« Auparavant, les tribus des hommes vivaient sur la terre, exemptes des tristes souffrances, du pénible travail et de ces cruelles maladies qui amènent la vieillesse, car les hommes qui souffrent vieillissent promptement.

« Pandore, tenant dans ses mains un grand vase, en souleva le couvercle, et les maux terribles qu'il renfermait se répandirent au loin. L'Espérance seule resta. Arrêtée sur les bords du vase, elle ne s'envola point, Pandore ayant remis le couvercle, par l'ordre de Jupiter qui porte l'égide et rassemble les nuages. Depuis ce jour, mille calamités entourent les hommes de toutes parts : la terre est remplie de maux, la mer en est remplie, les maladies se plaisent à tourmenter les mortels nuit et jour et leur apportent en silence toutes les douleurs, car le prudent Jupiter les a privées de la voix. Nul ne peut donc échapper à la volonté de Jupiter.

« Si tu le veux, je te ferai un autre récit plein de sagesse et d'utilité ; toi, recueille-le au fond de ta mémoire. »

Selon la version de Protagoras selon Platon, Épiméthée (celui qui voit après, l'imprévoyant) a reçu des dieux l'ordre de distribuer aux nouvelles créatures animales les qualités propres à leur survie, donnant aux uns la force, à d'autres la vélocité, mais, ayant tout distribué, il ne reste plus rien pour l'homme. Prométhée (celui qui voit avant, le prévoyant), se rendant compte de la précarité de l'état de ce dernier, va dérober le feu à Héphaïstos pour le donner aux hommes qui pourront ainsi faire usage de *tekhnê*, c'est-à-dire des arts au sens large, ou de la connaissance pour qu'elle puisse s'appliquer à la *physis*, la nature. Protagoras indique simplement que Prométhée a été ensuite puni.

Sur cette base, on en conclut à une faute d'Épiméthée [1] que compense l'acte, héroïque aux yeux des humains, de

---

1. B. Stiegler, *La Faute d'Épiméthée. La technique et le temps*, t.1, Paris, Galilée, 2001. Sur le mythe de Prométhée, voir évidemment J.-P.Vernant,

son frère, sur lequel s'exerce la vengeance inique de l'Olympe. Cette interprétation commune nous oriente, selon moi, sur une fausse piste, que l'on pourrait qualifier d'humaniste, où en fin de compte Prométhée joue le rôle d'un démiurge civilisateur, qui compense un manque existentiel. L'homme s'extériorise ici dans le monde de l'artifice, il acquiert sa pleine nature grâce à lui, et cela se produit quasiment indépendamment de sa volonté. Position optimiste lourde de conséquences de nos jours, car elle élève la technique au rang de prothèse de l'homme. Elle lui confère ainsi une qualité existentielle équivalente à celle de ce dernier, puisqu'elle devient partie intégrante de l'être humain historique. Bien plus, le monde de l'artefact obéit aussi de ce fait à une loi baptisée tendance technique, qui pose que l'objet technique se développe de manière autonome, dans le sens d'une efficacité plus grande. On assiste alors à une extériorisation *naturelle* du potentiel humain, ou « exosomatisation », par la machine, ce qui évidemment ravit les férus d'automatisation en tout genre. L'anthropologie préhistorique française, sous la houlette d'André Leroi-Gourhan, a introduit dans la préhistoire une version de ce déterminisme, mais j'ai largement critiqué les présupposés de cette perspective dans mon ouvrage précédent. Je voudrais donc simplement que le lecteur se souvienne du panneau indicateur de l'évolution, qui nous fait faire fausse route à chaque bifurcation : l'*efficacité*, un terme qui, pris dans sa généralité, n'a aucun sens. Je me réserve le droit d'y revenir à chaque occasion favorable pour en démontrer l'inanité.

L'Univers, les dieux, les hommes : récits grecs des origines, Paris, Le Seuil ; *Pandora, la première femme*, Paris, Bayard, 2006 ; « Prométhée et la fonction technique », in *Mythe & Pensée chez les Grecs*, Paris, La Découverte, 1988, p. 263-273, mais aussi un article en ligne très précieux sur l'ambiguïté du mythe de Prométhée par rapport à la technique : M. Carrier, « D'un Prométhée oublié », http://www.er.uqam.ca/nobel/mts123/carrier.html, et l'interprétation passionnante de la version d'Eschyle par U. Galimberti, *Psiche e techne. L'uomo nell'età della tecnica*, Milan, Feltrinelli, 1999.

Pour revenir à Prométhée, la version d'Hésiode dans la *Théogonie* est bien différente de celle de Platon. Il est d'abord précisé que Prométhée est un Titan, comme Locki le Géant du panthéon scandinave, et que l'affaire concerne les rivalités entre les puissances telluriques et célestes.

Lors d'un banquet, Prométhée, par ruse, fait choisir le mauvais morceau, les os, à Jupiter qui lui en veut et qui, pour le punir, *retire* le feu aux humains. L'épisode du vol intervient ensuite. Les dieux célestes doivent alors se venger à nouveau et ils conçoivent une magnifique créature, Pandore, qu'ils marient à Épiméthée, lequel apparaît enfin dans l'histoire. Ils lui font présent d'une magnifique jarre en métal fabriquée par le feu d'Hephaïstos avec interdiction de l'ouvrir. On connaît la suite : Pandore transgresse la règle et soulève le couvercle, alors les maux les plus divers se répandent sur la planète. Seule reste, une fois le couvercle refermé, l'espérance.

Les deux versions mettent en garde contre l'*hybris*, la démesure, dans l'usage des outils forgés par le feu, mais l'exégèse philosophique s'intéresse surtout à la dimension politique du récit. Ainsi, outre la mise en garde sur la puissance, on peut voir là une ruse de Platon pour justifier la légitimité de sa contestation de la démocratie dans la Cité grecque. La phrase qui clôt le récit platonicien est en effet la suivante : « Mais l'art d'administrer les Cités, il ne le posséda pas ! »

Chez Hésiode, tout comme dans la *Voluspa*, le personnage ressemble bien plus à un farceur anarchiste d'*en bas,* qui tient sa revanche sur ceux d'*en haut,* qu'à un héros. Ici, la punition est détaillée, Zeus furieux le condamne à rester attaché sur un rocher pour qu'un aigle (ou un vautour) puisse dévorer chaque jour son foie, qui repousse aussi chaque jour. Dans la tragédie d'Eschyle, au chœur qui lui demande pourquoi il a été condamné, il répond : « Parce que j'ai empêché les hommes de se voir mortels », et, le chœur l'interrogeant sur le remède qu'il a trouvé, il ajoute ironiquement : « Je leur ai donné l'espérance aveugle. » Sans conteste, Eschyle, pourtant admirateur du Titan, confirme le sens d'Hésiode. Il attribue à son acte le sens d'un danger potentiel de la démesure, mais que vient faire le vol ? Pour le comprendre, il faut replacer ce récit dans le contexte des mythes sur le feu du ciel.

FEU VOLÉ ET PRINCIPE DE PRÉCAUTION

Gaston Bachelard souligne, comme je l'ai rappelé au début de ce texte, que le feu est souvent volé : « Le complexe de Prométhée est dispersé sur tous les animaux de la création [1]. » L'acquisition du feu passe pour un forfait. « Brigandage ou larcin », remarque Freud qui ajoute : « C'est donc ici que doit se trouver le contenu essentiel de la réminiscence de l'humanité, réminiscence qui a été déformée. » La qualité existentielle de l'être au monde est donc aussi la culpabilité face à la possession de la technique. Avec cet événement crucial qu'est le vol, le récit mythique construit un formidable réservoir de manières de *penser* la technique. Le récit du feu venu du ciel semble nous dire qu'« il faut faire avec », tout en se méfiant. La connaissance qui accompagne cet élément ne nous appartient pas en propre et peut conduire à l'affirmation d'une volonté de puissance qui se trouve être le domaine des dieux.

Ce scénario de l'origine situe donc à l'aube des temps l'existence sociale d'un principe originel que l'on doit nommer sans anachronisme « principe de précaution ».

La thèse centrale pose l'univers du feu, et plus largement ses œuvres, comme consubstantiellement lié au règne humain. La thèse subsidiaire consistant à dire que l'extension des artefacts remplit un manque existentiel, en permettant à l'homme d'asservir la nature pour la rendre utile, se

---

1. G. Bachelard, *Psychanalyse du feu*, Paris, Gallimard, 1986, p. 69.

révèle totalement fallacieuse. Le monde artificiel ne prolonge pas, ni ne s'oppose au monde humain dans les circonstances normales, il l'*accompagne* tout simplement. Les arts sont aussi bien du côté du chaman que de l'ingénieur, ils sont avec l'homme pour le faire rire, jouer, méditer autant que pour l'aider à composer avec la nature ou les autres êtres. La technique du feu est du côté du social.

La crainte du feu et de ses effets par son association avec la puissance en ce monde me semble ainsi bien établie, au moins dans l'espace occidental, dont les représentations reposent sur un vieux fonds que le christianisme n'a fait que repeindre, en partie avec les couleurs ensoleillées venues du Proche-Orient. La dualité du feu est d'une qualité différente de celle des autres phénomènes de ce bas monde. Force tellurique autant que solaire, son image ne peut être saisie qu'en relation avec les autres éléments. Le feu est insaisissable, physiquement et même symboliquement. Si les autres éléments peuvent faire le mal, ce n'est qu'exceptionnellement, lorsque la terre s'appauvrit, que l'eau nous inonde, que l'air devient vent et tempête. Le feu éclaire, cuit, adoucit le froid, mais on ne peut le toucher. Lorsqu'on veut le garder en réserve, il s'échappe en faisant rayonner sa puissance autour de lui. Son origine est encore plus mystérieuse qu'il n'y paraît, mais son lien avec la technique a toujours été perçu : tous les grands récits fondateurs du monde nous disent qu'il ne faut pas libérer l'appétit de puissance d'une techno-logique du feu. Car dans l'arrière-plan de cette lumière venue du ciel se profile la fin terrestre dans les flammes du brasier destructeur. Les dieux antiques avaient établi un pacte avec les humains, et nous avaient pourtant prévenus que rompre avec ce pacte, c'était allumer l'incendie.

DEUXIÈME PARTIE

LES ORIGINES IMPRÉVUES OU LA CHALEUR INCERTAINE

CHAPITRE 3

La noria et la machine de Marly, les limites naturelles de la puissance

Le seul recours aux énergies naturelles exige la soumission à un ordre situé hors du politique. Les énergies naturelles imposent, en effet, des limites, elles contraignent à la prise en compte d'éléments extérieurs à la volonté de l'homme : le vent parce qu'il est instable, le bois parce qu'il se reproduit lentement, l'eau parce qu'elle délivre sa force sur des lieux précis. Le feu de l'énergie fossile débloque ce verrouillage, et il convient, par conséquent, de s'interroger sur les origines de ce déverrouillage, sans idée préconçue sur sa nécessité.

Le déterminisme technologique, pour sa part, ne pose pas cette question, parce qu'il se fonde sur un modèle parfois explicite, mais souvent implicite, qui n'est autre que le modèle darwinien le plus classique. Dans ce modèle, le moteur du changement fonctionne grâce à trois principes : la sélection dite naturelle, l'adaptation et l'accroissement de la complexité, identifiée au progrès. La sélection et l'adaptation sont deux variables complémentaires tandis que le progrès donne un supplément d'âme, c'est-à-dire un sens, à cette histoire.

Ce terme d'adaptation est central dans le monde moderne car il évoque un axe du développement autour duquel se transforment les êtres vivants pour Darwin, les sociétés pour l'évolutionnisme social. Très utilisée aujourd'hui dans

les discours politiques pour justifier n'importe quel choix,
la notion d'adaptation est inséparable de la modernité
récente. Mais elle a fait fortune dès le début des sciences
sociales, car n'oublions pas que c'est Herbert Spencer qui
a introduit dès 1851 le principe de *survival of the fittest*,
« survie du plus adapté ». Sur cette base théorique, Darwin
inventa le modèle de la sélection naturelle. On notera l'importance de la représentation du temps orienté dans cette
pensée ; de fait, dans la seconde moitié du XIXe siècle, Spencer classait minutieusement les sociétés archaïques sur un
seul axe du temps, Tylor évaluait l'ordre de priorité des
religions et des mythes, Morgan étudiait les liens entre pri-
mitivité et idée de possession ; il fournissait ainsi la matière
à Engels pour son ouvrage *L'Origine de la propriété privée, de la famille et de l'État*. Cette représentation, renforcée en France par la thèse des trois états d'Auguste Comte,
domine toute la pensée anthropologique de l'époque, et
Durkheim lui-même en offre une description éclairante :
« Tous les individus sont le développement les uns des
autres et dérivent tous d'un type primordial unique. La
nécessité de l'adaptation au milieu suscite dans l'organisme
de l'être d'heureuses modifications qui le perfectionnent.
La sélection supprime ou relègue les êtres qui n'ont pas
subi ces modifications. L'hérédité les fixe et en fait un attribut de l'espèce[1]. »

Cette manière de penser ne proclame plus sa vérité avec
autant d'assurance mais, en revanche, de manière insi-
dieuse, elle s'est installée au cœur de notre espace mental.
De nos jours, dans tous les domaines, résonne l'écho de ce
darwinisme béat : « Il faut s'adapter à la mondialisation, à
l'innovation technique, à la flexibilité du travail, à la remise
en cause de soi », à tout et donc à rien. La phrase est devenue une sorte de mantra de la modernité, que les thurifé-
raires de la croissance à tout prix répètent à l'envi. Il serait

---

1. *Cours de philosophie*, leçon XXII.

bon de citer à ce propos la remarque cinglante de Wittgenstein : « À supposer que je change sans cesse, et ce qui m'entoure aussi : reste-t-il encore quelque continuité ? Je veux dire : est-ce que cela continue à être moi ou mon environnement qui changeons ? »

Mais revenons à ma dénonciation de cette vision effrayante d'un avenir qui ne nous appartient plus. Puisqu'un modèle biologique, le darwinien, sous-tend la vision commune de l'anthropologie des techniques, je voudrais, pour la contester, proposer une autre perspective théorique qui formera la trame de l'exposé des prochaines thèses du livre. Cette perspective se situe dans la cohérence d'un travail critique : puisque dans le social les thèses darwiniennes ne sont qu'une métaphore et pourtant fonctionnent efficacement comme instrument de légitimation, je partirai de la critique radicale de ces thèses à l'intérieur même de la biologie pour proposer un autre modèle de l'évolution technologique.

DE LA BIOLOGIE À L'ANTHROPOLOGIE : ÉQUILIBRES PONCTUÉS ET CONSTRUCTION SOCIALE DE LA TECHNOLOGIE

En effet, une théorie critique de l'évolution des êtres vivants occupe aujourd'hui une large place dans le débat scientifique[1]. Elle met en avant l'incertitude du devenir, en soutenant la thèse dite des « équilibres ponctués », ou *ponctuated equilibria*. L'un de ses fondateurs les plus critiques et les plus iconoclastes, le paléontologue Stephen J. Gould, auteur de nombreux ouvrages de référence, a connu un succès public grâce à un essai au titre évocateur : *Quand les poules auront des dents*[2]. Cette théorie repose

---

1. J. Chaline, *Quoi de neuf depuis Darwin ? La théorie de l'évolution des espèces dans tous ses états*, Paris, Ellipses, 2006, et J. Gayon, *Darwin et l'après-Darwin*, Paris, Kimé, 1991.

2. S. J. Gould, *Quand les poules auront des dents*, Paris, Le Seuil, 1991. Pour une perspective globale, voir, du même auteur, *La Structure de la théorie de l'évolution*, Paris, Gallimard, 2006.

sur une constatation première, vérifiée par des datations indiscutables : les séries historiques observées dans le monde fossile combinent, dans la transformation des espèces, des périodes de stagnation avec d'autres qui sont soumises à de brusques accélérations. Or, il est avéré que l'on manque de formes intermédiaires connues entre une espèce et une autre (le fameux chaînon manquant). Elle fait donc l'hypothèse que, sur des durées plus ou moins longues, une espèce peut donner l'impression de disparaître alors qu'elle survit. Elle se protège pour cela dans un milieu rare, en restant isolée dans une niche de l'écosystème. Si les conditions favorables externes du milieu (c'est-à-dire indépendantes de l'espèce), climatiques, géologiques ou autres, changent, une espèce qui a gardé des traits apparemment archaïques a des chances de se retrouver plus adaptée que les concurrentes, et tout particulièrement plus que celle qui était dominante dans les anciennes conditions. En outre, elle montrera alors un dynamisme évolutif d'autant plus grand que l'espèce se sera endurcie dans la phase de récession. On peut interpréter ainsi le renouveau qui a suivi l'extinction quasi totale des espèces au permien il y a 250 millions d'années, et la disparition plus connue des dinosaures il y a 60 millions d'années[1].

L'amusante image de poules avec des dents recouvre une thèse dérangeante : dans un milieu où les conditions externes auraient évolué on ne sait comment, il est possible qu'une espèce de volatile se retrouve plus habile que ses congénères parce qu'elle a gardé des moignons de dents pour la mastication, et qu'ainsi les oiseaux retrouvent cet attribut perdu il y a 80 millions d'années[2] !

---

1. En fait, l'affaire est très compliquée car il y eut encore une extinction, des reptiles et amphibiens principalement, au trias, il y a 208 millions d'années. Les futurs dinosaures en auraient, semble-t-il, profité. Mais les chercheurs sont en conflit sur les origines et les conséquences.

2. Des chercheurs français ont montré que les oiseaux ont gardé la mémoire génétique des dents et qu'ils peuvent recréer des germes dentaires, *Proceedings of the National Academy of Science*, 27 mai 2003, p. 6541-6545.

L'histoire des êtres vivants repose donc sur une série de discontinuités (*ponctuations* pour Elredge et Gould) et non sur des mutations continues, dues à une pression sélective constante. Je simplifie ce modèle de manière sans doute outrancière, mais il m'importe d'en donner la substance anthropologique, afin d'éclairer son usage dans un domaine autre que le biologique. Cette théorie renouvelle le darwinisme, en évacuant la notion de temps orienté dans l'évolution biologique, puisque personne ne peut savoir quel changement, demain, modifiera le statut de ce qui semble aujourd'hui adapté. Il est vrai que, par certains aspects, elle met en péril le darwinisme, comme certains créationnistes l'ont compris, mais je laisse la question ouverte, dans un domaine qui n'est pas le mien[1]. En outre, la notion de tendance dans ce cadre rejoint la forme évolutive que j'appelle trajectoire : l'évolution d'un être/objet se situe dans un temps discontinu et le changement orienté est *ponctué* mais aussi *ponctuel*, c'est-à-dire limité dans le temps, avec une origine et une fin. Elle ouvre ainsi vers une théorie positive du rôle des catastrophes dans l'histoire, et, pour ce qui nous concerne, place au centre du débat la question de la techno-diversité. De plus, elle remet fondamentalement en cause la représentation de l'obsolescence technologique.

Avec ce modèle des équilibres ponctués, la prévision sur la longue durée devient de fait impossible. Durant une période, dont la durée peut varier grandement si on la mesure en années solaires, une espèce semble l'emporter puis, brusquement, c'est une autre, dont l'existence était cachée et qui avait gardé un potentiel multiple, qui refait surface, et ainsi de suite. Il n'y a pas de gagnant, sinon provisoire, au grand jeu de la vie. Et la notion d'élimination du plus faible par le plus fort perd tout son sens. Le faible, en effet, s'il sait se cacher et se protéger dans une niche

---

1. Voir la réponse de S. Gould in *Et Dieu dit : « Que Darwin soit ! »*, Paris, Le Seuil, 2000.

Deux manières de penser l'évolution

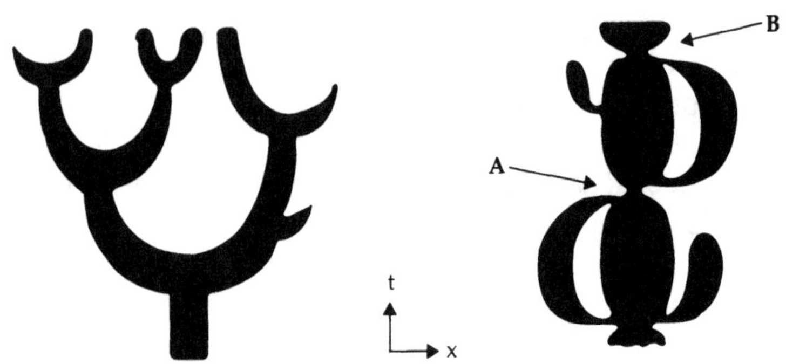

Source : Schéma traduit adapté par l'auteur. Document original http://www.id.ucsb.edu/.Dessins T. Lombry.

Dans le cas de gauche les espèces évoluent à partir d'un tronc unique, elles sont gagnantes avec le temps, dans le cas de droite une espèce « évolue » durant une certaine période puis s'effondre. Une autre la remplace alors, mais on ne peut savoir laquelle parmi celles qui coexistent dans leurs milieux protégés, figurés ici par des branches collatérales.

écologique, ressortira tout fringant lorsque le « fort » s'étouffera dans son appétit de puissance.

L'exemple pourrait être appliqué à la technologie. Reprenons le cas le plus simple, celui de l'automobile. Lorsque le pétrole était abondant et bon marché, le moteur à essence (c'est-à-dire à gaz liquide) était considéré comme bien supérieur à celui à huile lourde d'hydrocarbure, le diesel. Mais quand le prix du baril devient dissuasif, alors le pétrole moins raffiné, l'huile, retrouve son intérêt ; et si l'« huile de roche » vient à manquer, alors le diesel, ou diester, l'emporte sur tous ses concurrents – au moins pour des usages restreints – grâce à l'huile végétale, de colza, maïs, betterave, tournesol, et autres. Le moteur à essence n'aura ouvert qu'une parenthèse dans l'histoire du moteur à explosion et le diester la fermera peut-être ! Je me place ici volontairement, pour simplifier l'illustration, dans un mode de vie relativement inchangé où la puissance de la chaleur garde sa place. Mais il ne s'agit ici que d'une trajectoire thermique... Nul ne sait qui sera le prochain gagnant de la loterie ni si l'on pourra encore jouer à cette loterie (je viens de montrer, dans la première partie, la véritable infamie que représente le carburant vert s'il est utilisé pour ne pas changer de mode de vie).

L'éveil de la puissance du feu endormi sous la terre et engrangé dans des roches (dont l'uranium, qui lui aussi sera épuisé dans quelques dizaines d'années) a bouleversé l'échiquier planétaire, mais est-ce là l'aboutissement d'un long processus de maturation comme on veut nous le faire croire, ou bien une longue parenthèse dans laquelle nous sommes enfermés ?

Cette théorie des équilibres ponctués prend, dans le domaine technique, un autre aspect qui fait apparaître plus clairement sa dimension de métaphore. En effet, Gould et Elredge, je le rappelle, se maintiennent dans le cadre du darwinisme orthodoxe sur un plan : le changement des conditions externes est responsable du nouveau déroulement des événements. Dans le domaine de la technologie, et du social en général, il est évident que la manière dont les êtres humains perçoivent ce changement constitue une condition, interne cette fois, qui « évolue » au gré des interprétations du changement en cours.

C'est pourquoi cette thèse débouche – intellectuellement – sur une autre théorie critique, qu'il est convenu d'appeler la « construction sociale de la technologie », développée dans le monde anglo-saxon [1], et défendue en

---

1. W.E. Bijker *et al.* (dir.), *The Social Constructions of Technological Systems*, Cambridge, MIT Press, 1987. Voir aussi la critique qu'en fait Langdon Winner pour son absence d'engagement sur la question de la technique comme fait moral et symbolique, « Social constructivism : opening the black box and finding it empty », *Science as Culture*, vol. 3, n° 16, p. 427-452. De même, je suis en désaccord complet avec la perspective de l'« exosomatisation » issue de l'anthropologie d'André Leroi-Gourhan, et auparavant d'Ernst Kapp, selon

France par Bruno Latour, sur un mode qui lui est propre et largement appliqué à la science. En parallèle avec la thèse biologique, ce modèle accorde une importante très grande au milieu, mais cette fois le milieu est humain et la niche est sociale. Je ne développerai pas ici les idées de ce courant, mais je voulais signaler son importance parce qu'il aboutit au même constat que Gould et Elredge : la bifurcation vers une voie technique mêle, au moment du choix d'avenir, des êtres humains et des artefacts. La supposée rationalité de ce choix mêle les désirs, les intérêts, les pulsions, tandis que les objets gardent leur déterminisme propre, lequel n'est en aucun cas décisif[1]. Latour parle avec un peu d'emphase du « parlement des choses » et d'hybrides ; je me contenterai de dire que l'évolution technologique (à ne pas confondre avec la croissance) procède par rupture de sens. Si l'on revient à l'exemple de l'automobile : bien malin celui qui pourra donner la solution au problème de l'automobile en ville. Dans l'hypothèse où elle survit dans cette niche dangereuse, elle gardera les traits qui la caractérisent (déterminisme technologique), mais le genre de propulsion sera le résultat d'un immense combat. La rationalité jouera son rôle, mais dans une arène où les protagonistes utiliseront bien d'autres armes que l'efficacité technique pour l'emporter. Et l'on peut s'amuser à faire la même expérience pour tout ce qui engage l'avenir lorsqu'il met en scène une crise. Après coup, l'incertitude disparaît pour laisser la place au récit du cheminement d'un long fleuve tranquille : c'est cela aussi la mystification évolutionniste en matière technologique.

La bifurcation vers un univers entièrement fondé sur le pouvoir de la chaleur n'est donc pas une banalité anthropo-

---

laquelle le dispositif technique prolonge le corps humain. Je m'en explique dans *Fragilité de la puissance, op. cit.* Voir aussi F. Vandenberghe, *Complexité du post-humanisme. Trois essais dialectiques sur la sociologie de B. Latour,* Paris, L'Harmattan, 2006.

1. B. Latour, *Politiques de la nature*, Paris, La Découverte, 1999.

logique qui serait le résultat d'une nécessité inscrite dès l'aube de l'humanité dans la « nature humaine ». Elle ne demande pas à être expliquée, car on ne peut concevoir le radicalement neuf qu'est la *création* dans un temps linéaire. La série est trompeuse ; le temps linéaire n'est pas le temps de la vie, mais celui inventé par Newton pour les besoins de sa mécanique céleste. Revenons donc à l'aube du machinisme industriel pour interroger ce temps.

NORIA, MACHINE DE MARLY ET TURBINE AU FIL DE L'EAU. UNE BIFURCATION IMPOSSIBLE ?

Si l'on compare, dans l'histoire des idées, les relations qu'ont entretenues les hommes avec les divers éléments, on note immédiatement que la différence entre le feu et ses partenaires est très grande. Alors que la terre, l'air, l'eau ont très tôt fait l'objet de mesures et d'expérimentations accompagnées de connaissances rudimentaires de leurs propriétés, il en va tout autrement du feu. Le terme même d'agriculture (*ager* = champ) exprime une *connaissance* (une culture) de la manière dont on peut jouer avec la terre et sa fécondité [1], de même que les machines qui empruntent leur force à l'eau et au vent exigent bien une compétence à la fois théorique et pratique autant qu'une connaissance intellectuelle. La simplicité avec laquelle la noria, grâce à ses godets, élève l'eau jusqu'à vingt et un mètres à Hama en Syrie (le diamètre de la roue) en utilisant le courant du fleuve ou de la rivière, ou bien l'extraordinaire virtuosité des ingénieurs romains, qui obtenaient sur leurs aqueducs une pente rectiligne de un millimètre par mètre sur des distances supérieures à cent kilomètres, sont des exemples d'usage pacifique de l'énergie. Ils démontrent une connaissance réelle, intime, des forces de la nature qui permet de les récupérer sans les nier dans leur essence. La noria, de

---

1. *Cf.* première partie.

ce point de vue, représente un paradigme écologique. C'est un exemple parfait de système ouvert. Parce qu'elle restitue à la planète l'énergie utilisée, la noria devrait obtenir la palme d'or au festival de la technologie pacifiée.

Le modèle de la noria

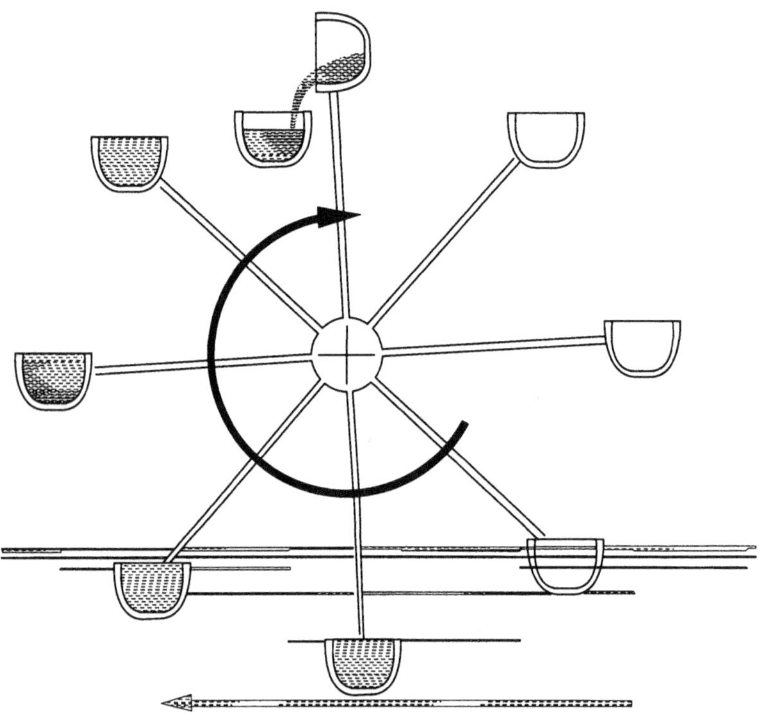

On peut constater, en tout cas, la qualité du savoir antique. Les ingénieurs de Louis XIV, dont Vauban, seront incapables de terminer l'aqueduc qui devait récupérer l'eau des étangs de la Bièvre et de l'Eure pour les fastes de Versailles [1]. Cette période nous intéresse pourtant, parce qu'elle vit surgir une sorte de folie des grandeurs dans la maîtrise de l'eau. Elle témoigne à la fois

---

1. On peut en voir un morceau dans les Yvelines près de Buc-sur-Yvette.

de la vanité de la volonté de domination des forces naturelles et d'une créativité délirante dans la tentative de captation de ces forces. Je veux parler de la machine de Marly, qui alimentait les jets d'eau du Roi-Soleil. Cette gigantesque pompe, imaginée par un autodidacte de Liège, Rennequin Sualem, et le chevalier Arnold de Ville, lui aussi liégeois, faisait remonter l'eau de la Seine de 165 mètres sur 1 200 mètres jusqu'au point de départ de l'aqueduc qui la conduisait, après 634 mètres, au réservoir de Louveciennes, puis, par un canal souterrain de 6 kilomètres, vers d'autres réservoirs. Pour atteindre le haut de la colline de Marly, trois relais puisards étaient nécessaires. Les pompes étaient actionnées par une partie de l'eau qui retombait. De même, les quatorze grandes roues, dont les aubes faisaient 12 mètres de diamètre, étaient mues par le courant de la Seine et une chute artificielle. Un fabuleux dispositif composé de tringles, de bielles et de manivelles transformait la rotation en un mouvement alternatif complexe, qui agissait sur les pompes. Au dire des voisins de l'époque, dans les plaines alentour le bruit était épouvantable ; il signifiait aussi la grandeur du règne. Notons que la Seine n'était pas obstruée car un large bras ouvert permettait la navigation et le passage de la faune aquatique. À la différence des barrages d'aujourd'hui, l'ensemble mécanique fonctionnait au fil de l'eau.

Il est maintenant bien connu que les jets d'eau ne fonctionnaient pas en permanence, même durant la promenade du roi. Les vannes, situées à 37 mètres en contrebas du bout de l'aqueduc, étaient ouvertes à l'arrivée du monarque avec ses invités, et refermées ensuite, pour que l'eau puisse jaillir au fur et à mesure de la progression du cortège royal. Le rendement était donc très faible et il avait sans doute fallu un grain de folie et beaucoup de naïveté à Sualem pour croire à ce projet. L'étanchéité des pompes laissait à désirer, car l'alésage était loin d'être un travail de préci-

Perspective simplifiée de la machine de Marly
dans son environnement

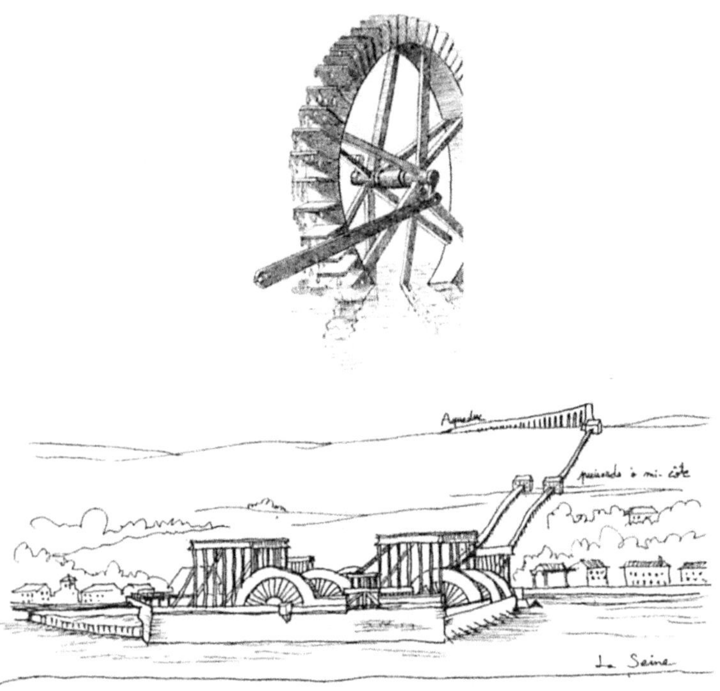

Le dessin, réalisé sur la base de gravures d'époque, simplifie la machine (6 roues au lieu de 14). La représentation de la roue laisse entrevoir le départ du mouvement de va-et-vient de la tringlerie, qui actionne les pompes du dernier puisard en haut de la colline, et cela à partir de la seule énergie fournie par le courant de la Seine.

sion, le bois jouait, le fer aussi selon la température, les peaux en cuir avaient du mal à résister à la pression, et les innombrables engrenages étaient la cause de pannes récurrentes. Malgré tout, la machine de Marly était censée fournir 6 000 mètres cubes d'eau par jour à la cour (mais en général deux fois et parfois dix fois moins, en été surtout) et elle a fonctionné tant bien que mal jusqu'en 1817, soit 133 ans, pour alimenter aussi la population alentour. Sous une forme améliorée, elle fut remise en service sous le Second Empire, et fonctionna jusqu'en 1963 [1] !

Cet engin compliqué et pourtant très simple dans son principe procédait à la récupération de l'énergie naturelle de la gravitation pour lutter contre cette même gravitation. Admirable principe que la mégalomanie d'un roi mit en application dans un objet technique d'une ampleur inouïe pour l'époque. Malheureusement, la notoriété de la machine de Marly ne suffit pas à mettre en place une réflexion sur les possibilités d'une telle technologie. Même renouvelé par le savoir scientifique naissant, l'usage de ce type de machine fut peu à peu écarté au profit des pompes thermiques. Elle n'ouvrit aucune trajectoire, et représente ainsi l'échec d'une pensée plus que celui d'une technique.

À l'époque du Roi-Soleil se profilait à l'horizon la machine de Newcomen. Un siècle plus tard, la pompe de Watt fermait cette bifurcation hydraulique possible au profit de la puissance nouvelle, tirée de l'énergie fossile. La machine de Marly, dans son principe énergétique, continue donc la noria (qui n'est pas une pompe), mais de manière monstrueuse. On retrouvera tout de même le principe de l'usage de la force hydraulique dans les moulins de la révolution industrielle au XVIIIe siècle et de la turbine au XIXe, mais la pompe mue par l'énergie gravitationnelle sera abandonnée. Elle subsiste seulement dans la technique modeste du bélier hydraulique. À l'approche du XXe siècle, la trajectoire des énergies renouvelables, dans ce domaine, atteint son point ultime, au moins jusqu'à nos jours, même si des éoliennes profiteront du vent pour pomper l'eau dans

---

1. En 1820, on voulut la transformer en pompe à vapeur, mais le coût d'exploitation était tel qu'on décida de l'arrêter. Modifiée et améliorée sous le Second Empire par l'ingénieur Dufrayer, elle fut remise en service en tant que machine hydraulique, avec un débit trois fois supérieur. On lui adjoignit ensuite un moteur électrique pour le pompage. Elle fut définitivement arrêtée en 1963. Georges Pompidou fit détruire cette merveille en 1968.

quelques lieux privilégiés, d'où elles seront graduellement expulsées. Ainsi, dans la plaine d'Ibiza, des pales inertes et des structures rouillées témoignent-elles tristement d'un passé d'autonomie des fermes, maintenant branchées sur un réseau communal alimenté par une pompe centrale, évidemment thermique.

SYSTÈMES BLOQUÉS ET BIFURCATION : RENCONTRE DU HASARD ET DE LA NÉCESSITÉ

La machine de Marly illustre le paroxysme d'une volonté de puissance inscrite dans une voie technologique qui, en réalité, ne pouvait pas réaliser pleinement son objectif. Les usages de l'eau comme ceux du feu, et des autres éléments, ne peuvent se comprendre qu'à l'intérieur de ce monde humain où le désir prend de multiples formes, et certainement pas celle de l'utilité en premier.

Bertrand Gilles, pourtant le plus curieux des historiens des techniques en France, parlait ainsi de « systèmes bloqués » en faisant allusion à la Chine, au monde musulman et aux Amérindiens [1]. « Le titre de ce chapitre [Systèmes bloqués], écrit-il, est, à la vérité, ambigu. D'autant plus ambigu qu'il s'applique à trois civilisations éloignées les unes des autres, l'Amérique précolombienne, la Chine et le monde musulman. En fait, nous avons connu déjà des systèmes bloqués : celui des Égyptiens, et l'on a dit la même chose du système technique des Grecs. Et que penser de certaines populations dites primitives ? » Dans le temps passé, si l'on suit Gilles, le « blocage » était général et, dans l'espace-temps de la révolution industrielle, cette situation concernait plus des trois quarts des peuples de la planète !

---

1. B. Gilles (dir.), *Histoire des techniques*, Paris, Gallimard, coll. « Encyclopédie de la Pléiade », 1978, p. 440-507.

Gilles se rend compte de l'absurdité de cette formulation du problème. Il ajoute : « L'Occident européen, et lui seul, connaît des mutations successives de son système technique [...], c'est là plutôt que se situe le vrai problème. » Oui, bien sûr, il faut prendre le problème à l'envers car, posé à la manière de Gilles dans le titre de son chapitre, la conclusion s'impose d'un « devoir être » du progrès, d'une nécessité intrinsèque.

Prendre le problème à l'envers, cela veut dire d'une part s'interroger sur la manière dont les « Occidentaux » ont rompu l'ancien pacte avec la nature, d'autre part tenter de percer l'énigme de la domination absolue qu'un seul élément – le feu – va exercer sur le fait technique. En réalité, depuis l'aube de ce monde humain, les êtres jouent avec la nature et ses éléments. La *tekhnê* de la Grèce antique est d'abord un art, et les astuces que permet la *metis*, la ruse, aident les hommes à fabriquer des *arte-facts* pour reproduire la vie, en captant des ressources dispersées dans un environnement qui n'est pas hostile, mais simplement présent dans sa différence. Nulle idée de domination dans l'art premier de la *tekhnê*, mais une mise en relation. Les philosophes parlent à ce propos d'une médiation symbolique, ce qui peut s'interpréter comme une manière de donner une place à la nature dans l'univers du sens. Celle-ci parle et on l'écoute. Je ne veux pas, par cette image, peindre un tableau idyllique d'un temps oublié, mais rappeler simplement que la volonté de domination des forces de la nature est un fait historique, c'est-à-dire provisoire, qu'elle se révèle au fil des siècles comme une bifurcation de grande ampleur, dont le feu sera le moyen principal mais pas unique.

Venue d'en haut, la chaleur-lumière du soleil se trouve captée de diverses façons, et d'abord par les végétaux, mais aussi emprisonnée dans les fossiles ; une part de cette puissance solaire se trouve enfouie sous la terre. Une autre chaleur, venue des profondeurs, appartient à la Terre, elle n'est pour l'instant que peu utilisée dans la géothermie. Elle se récupère aussi grâce à la transformation très sophistiquée d'un de ses produits minéraux, l'uranium, dont la décomposition sert à réchauffer la bouilloire de la centrale atomique. Ce ne sont pas les mêmes forces naturelles qui agissent, mais les atomes d'hydrocarbures se désagrègent également pour faire tourner le moteur thermique.

Ces deux usages sont récents mais tous deux font naître la puissance mécanique d'un désordre organisé et récupéré, grâce à un feu virtuel. Alors que les autres éléments se perçoivent dans la durée et la continuité, le feu est discontinu, il est produit, entretenu, et se montre à nous sous forme de flamme et de chaleur.

Ainsi le feu a-t-il été allumé, si l'on reprend la terminologie de Frazer, depuis fort longtemps sans que l'on en connaisse la nature, ni la cause première. Sans doute cette obscurité du sens, qui accompagne son effet lumineux, a-t-elle participé à sa sacralisation religieuse puisqu'elle ouvre sur l'ineffable d'une autre réalité. La chaleur, la flamme, ouvrent la porte de l'imaginaire, elles débouchent directement sur le symbolique et sur le mythe, mais elles procurent aussi une sensation immédiate : la transformation de la substance sous leur effet. Avant la machine à vapeur, l'utilité de cet effet se restreignait au chauffage domestique et à la cuisson, qui donnait une nouvelle texture à la matière : essentiellement les aliments, l'eau, le bois, les pierres (calcaire), la terre (argile, grès pour la poterie). Depuis la nuit des temps, le phénomène est universel. Plus récemment s'y sont ajoutés les métaux, même si ces derniers n'ont pas été travaillés sur l'ensemble de la planète.

On peut bien sûr considérer que cet usage est un marqueur de civilisation si l'on considère, à l'instar du structuralisme de Claude Lévi-Strauss, que l'opposition entre le cru et le cuit représente symboliquement celle entre le désordre sauvage et l'ordre social. Mais dans la mesure où cette opposition fait sens, ce qui est contesté par l'anthropologie contemporaine, ce serait accorder un degré de généralité bien trop grand à la notion de civilisation, pour y trouver le lieu unique de la fondation du social[1]. Un acte de civilisation est étymologiquement création d'un espace artificiel, la cité-*civitas,* donc affirmation d'une différence positive par rapport à l'habitat sauvage-*selvaticu*s (des bois). Pourtant, les hommes ont connu le social bien avant la ville, et même avant le feu. Le social ne se laisse pas enfermer dans un espace technique, au contraire le technique fait partie de l'espace social, c'est pourquoi la distinction de Lévi-Strauss n'est qu'une rationalisation de plus, qui pose encore une fois la technique comme extérieure à la société. Pour être clair : les hommes ont pu vouloir manger cru et rester des hommes malgré tout. Mais la critique du structuralisme n'étant pas l'objet de cet ouvrage, disons simplement que la technique ne peut être retenue comme élément déterminant du social. Chauffer ou non les aliments a toujours été l'enjeu d'un débat, les végétaliens sont là pour nous le rappeler aujourd'hui, et ils ne sont pourtant pas barbares ! De même, on peut considérer que le bois ne doit pas servir au chauffage de la maison tout en l'utilisant pour la lumière, comme le font les Esquimaux, qui sont aussi, comme on sait, amateurs de viande crue.

Pour ce qui concerne strictement le feu, au réchauffement des aliments et des hommes s'ajoutait donc une autre transformation de première importance, celle qui permettait d'éclairer la nuit, froide, et de la rapprocher du jour, plus chaud, pour la rendre moins hostile. Néanmoins, cette efficience propre de la combustion, pour évidente qu'elle soit, n'engage pas sa puissance, à la différence des trois autres éléments naturels. Pour ces derniers, les effets sont perceptibles en tant que données immédiates de la conscience : le

---

1. G. Balandier, *Civilisés, dit-on*, Paris, PUF, 2003. Pour une critique récente mais mitigée de la distinction nature-culture, voir P. Descola, *Par-delà nature et culture*, Paris, Gallimard, 2005.

vent pousse, l'eau entraîne, la terre fait croître la plante. Le pouvoir du feu passe par sa capacité à réduire en cendres, c'est-à-dire à faire retourner au néant ce qui existait sous forme de substance.

Le feu revêt de ce fait un aspect qui prend toute sa signification aujourd'hui lorsqu'on oppose énergie renouvelable et non renouvelable. Il est, en effet, par essence insaisissable, sinon lorsqu'il agit sur une substance intermédiaire qui est bien souvent l'eau, le principe opposé. Le vent non plus ne peut se garder mais il peut se retenir dans les voiles, les ailes des moulins, et son constituant de base, l'air, s'emprisonne aisément. Ce n'est donc sans doute pas un hasard si la technologie thermique a évolué vers des formes mécaniques, de moins en moins compréhensibles dans leur action.

Par conséquent, et c'est là ma première thèse, les sociétés non européennes – et même européennes jusqu'à une certaine époque – ont pensé la technique comme un fait social en l'insérant dans un ensemble de contraintes et de règles de conduite, autorisant seulement une sorte de « développement limité ». Elles respectaient un principe de précaution global.

Anciennes technologies oubliées et trajectoires fermées :
le cas de la marine

Prenons l'exemple de la marine à voile, qui, avec la crise de l'énergie qui s'annonce, va certainement revivre[1].

L'évolution de la technique au XVe siècle, époque charnière, passe par l'élargissement des coques des bateaux et des caravelles, nous dit-on. Au début de ce siècle, les navires sont en termes de marine « à phares carrés » uniquement, c'est-à-dire gréés avec des voiles carrées qui ne permettent pas de remon-

---

1. Mick Hamer, « The new age of sail », *New Scientist*, n° 2488, 2005 (article en ligne).

ter au vent (les nefs n'avaient qu'un seul mât). Le long du Maroc, vers les Canaries et les îles du Cap-Vert, cela ne pose pas de problème avec les alizés à condition de bien choisir la saison ; mais au niveau de l'Équateur, en arrivant au golfe du Bénin, les vents deviennent contraires. L'invention de la caravelle, une grosse barque avec un seul pont, va modifier les conditions de la navigation. Ce bateau emprunte en effet à la tradition méditerranéenne la voile triangulaire (Henri le Navigateur, 1395-1460, en fut le promoteur au Portugal). On l'appelle aussi « voile latine », sans doute pour en garder la propriété, alors que les Romains étaient de bien piètres architectes marins, qui avaient perdu le savoir-faire des Grecs et des Phéniciens.

Or, le Proche-Orient utilisait depuis longtemps cette voile et l'avait rendue encore plus efficace sur la felouque égyptienne, dont la voilure emprunte à la latine et à celle dite Marconi (qui s'arrondit et fait turbine). Après les voyages de Christophe Colomb, la technologie marine s'inscrit dans une nouvelle trajectoire, qui associe voiles carrées et triangulaires. L'accroissement de la taille des navires et de leurs capacités est considérable. On pourrait parler de gigantisme jusqu'au XIXe siècle, où apparaissent les fins « clippers », chant du cygne avant la victoire des navires en acier et à vapeur. Mais peut-on voir en cette évolution une linéarité quelconque, un dessin qui se précise à partir d'un modèle embryonnaire ? Évidemment non.

En dehors de la taille, les navires aujourd'hui n'ont presque rien de commun avec ceux de Napoléon ou de Nelson, pas plus que ces derniers n'en avaient avec la felouque. Le gouvernail d'étambot, toutefois, est toujours présenté comme une invention remarquable, qui rassemble tous ces grands navires au sein de la marine moderne. Mais il ne s'agit que d'une adaptation sur des bateaux de grande taille d'une pratique ancienne utilisant la rame, la pagaie ou la planche qui faisaient office de gouvernail sur les petites embarcations, alors que la jonque chinoise possédait déjà un gouvernail des siècles avant notre ère.

Peut-on trouver une continuité de l'évolution dans ce domaine ? Certainement pas, car si les « phares carrés » ont disparu, les felouques, elles, continuent à servir sur le Nil, et les équivalents goélettes/felouques à voile Marconi sont toujours utilisées par les pêcheurs et caboteurs de la Méditerranée ou de la mer Rouge, tandis que les jonques chinoises sont toujours actives. La dérive ou la quille sont aussi présentées comme des inventions créatrices, alors même qu'elles étaient déjà connues. Mais on leur préférait la stabilité des felouques, des drakkars, ou même des caravelles. La technique du fond plat a en effet bien des avantages : le bateau trouve aisément un abri, et peut même s'échouer sur la plage.

Bien plus, la technologie des catamarans, qui a renouvelé la navigation sportive, vient de peuples souvent présentés comme « arriérés » dans l'idéologie progressiste, les Mélanésiens et Polynésiens, qui les utilisent toujours pour la pêche. La technologie des catamarans modernes n'est qu'une extension de leur savoir-faire, alors qu'ils subissent souvent le mépris pour leur « retard ». Cook rapporte qu'aux îles Fidji un multicoque de 30 mètres, le *Drua*, assurait le transport de 100 personnes avec leurs animaux en filant à 20 nœuds, la taille normale des bateaux de pêche dans cette région de l'océan Pacifique se situant autour de 16 mètres. L'efficacité de la redécouverte moderne du multicoque est discutable, car on ne voit guère les catamarans, devenus trimarans, ailleurs que dans des courses extrêmement bien ciblées et formatées dans un esprit de compétition qui a pour premier objectif la vitesse. En outre, ce sont les équipements de bord et les matériaux synthétiques qui font la différence entre les catamarans des Polynésiens et ceux du Vendée Globe, non le principe de construction navale.

CHAPITRE 4

La chaleur, le travail et l'automate : la rupture de l'équilibre entre les éléments naturels

La notion de progrès naît au XVIIe siècle et se renforce au XVIIIe. Dès le début, elle associe l'aspect technique à la dimension morale[1], mais au XIXe siècle elle se laisse peu à peu entièrement enfermer dans l'espace technique. À l'époque contemporaine, la notion de progrès ne se conçoit plus qu'avec la machine, expression ultime de la démonstration de l'efficience de la loi, en même temps que de celle du pouvoir de la raison. Au temps des Lumières, l'*Encyclopédie*, qui annonce les temps nouveaux, ne fait certes pas état de l'invention de machines thermiques (alors que la pompe de Newcomen existait depuis longtemps), mais elle met en scène un univers où l'intelligence humaine s'illustre par sa capacité technicienne.

La grande figure de Diderot nous annonce que liberté et technologie se marient grâce à la science, qu'elles vont de pair dans un rapport avec l'environnement qui fait de la nature une *res nullius*, c'est-à-dire une chose sans propriétaire que l'on peut et doit s'approprier à notre guise. De ce point de vue, la machine a pour finalité de capter à notre profit les forces en action dans l'univers tout entier, ces

---

1. P.-A. Taguieff, *Le Sens du progrès : une approche historique et philosophique*, Paris, Flammarion, 2004.

forces que Newton a identifiées dans la gravitation universelle. Heidegger proposera une belle image de cette nouvelle orientation des échanges entre l'homme et son environnement, celle du barrage sur le Rhin qui l'« arraisonne » et le somme de livrer sa puissance. Cette image illustre bien les nouveaux objectifs pratiques qui sous-tendent le progrès de la science au cours du XIXe siècle, objectifs potentiellement déjà présents dans la technologie non thermique du XVIIIe.

Manipuler, exploiter, maîtriser la nature, assimilée par Descartes à la matière, sont des idées qui vont de pair avec le désenchantement du monde que la science met en place. Bien sûr, Jean-Jacques Rousseau s'oppose radicalement à ce courant de pensée. Il s'emporte par exemple contre l'expérimentation scientifique qui broie, détruit, décortique les plantes, les minéraux. Il s'en prend même à ceux qui traitent les animaux avec cruauté pour les besoins d'une connaissance sans morale. Cela sonne éminemment « écolo ». Bien plus, voulant nier la valeur du progrès, il soutient, dans le *Discours sur le fondement de l'inégalité parmi les hommes,* que nous ne sommes pas plus productifs que la nature, en utilisant des arguments fondés sur ce que l'on nommerait aujourd'hui l'analyse du cycle de vie. « Ce sont le fer et le blé qui ont civilisé les hommes et perdu le genre humain », écrit-il, car ils ont exigé – exprimé en termes actuels – un investissement énergétique que seul le travail forcé pouvait produire. Le résultat (ou le « retour sur investissement énergétique ») n'était donc pas un mieux-être mais une production plus grande, qui, en réalité, ne donnait pas plus que la nature à l'état sauvage, puisque la dépense calorique de l'homme au travail absorbait la différence. Étonnant promeneur solitaire dans le paysage du siècle des Lumières. Il vint jeter le trouble chez les progressistes avec des propos qui sont plus que jamais d'actualité. Rousseau s'exprime à un moment décisif, où l'embranchement vers la thermo-industrie va bientôt être pris. Il nous semble aujourd'hui que tout était joué, bien que le succès de ses écrits à l'époque témoigne de l'incertitude de ses contemporains sur le chemin à suivre. Chaque fois, la vision des vaincus, celle des Amérindiens comme celle de Rousseau, est posée comme illégitime parce qu'elle n'a pas gagné ! Du côté des vainqueurs, il y avait, il est vrai, non seulement les philosophes ennemis de Rousseau, mais tous les disciples de Galilée et de Leibniz, qui mettaient en coupe bien réglée l'univers des choses, en les rapportant au nouveau monde de la production en train de naître.

Naissance du feu comme concept

Il nous faut donc revenir aux conditions qui ont permis l'émergence du feu comme concept scientifique, séparé de l'action pratique qu'il avait grâce à la chaleur sur la matière. La réflexion sur le phénomène *feu* est directement issue du travail des alchimistes [1]. Ces derniers restaient très actifs à la veille de Révolution française mais, dès le siècle précédent, à l'époque classique, la vision rationaliste du monde était venue simplement doubler l'alchimie, plutôt que la combattre de front. La cible de l'interrogation sur le rôle du feu change simplement de nature avec le rationalisme. Alors que le « Grand Œuvre » met l'accent sur la transformation spirituelle que permet le principe igné, la position rationaliste met au centre du débat le pouvoir calorifique de la flamme. Toutefois, faut-il le souligner, cette interrogation ne concerne absolument pas un effet de puissance mécanique éventuel.

Au xviie siècle avait émergé le thèse du phlogistique (du grec *phlogiston,* terre inflammable), selon laquelle le feu proviendrait d'un substrat appartenant à la matière et se décomposerait durant le procès de combustion. La mise en rapport de cette problématique avec la calcination des

---

1. G. Bachelard, *Psychanalyse du feu, op. cit.*

métaux, dans le Grand Œuvre, est intellectuellement facile. Cette thèse eut un vif succès du XVIIe à la fin du XVIIIe siècle, quand les travaux de Lavoisier y mirent un terme. Du point de vue de l'histoire des sciences, il est d'ailleurs intéressant de noter que cette théorie impliquait une perte de poids de l'objet qui avait été calciné, alors que brûler des métaux augmente leur poids en raison de l'oxydation. Le fait fut constaté très tôt, mais de nombreuses hypothèses *ad hoc* permirent à la théorie du phlogistique de survivre. Ce qui montre une fois de plus que, contrairement à ce qu'affirme le grand philosophe des sciences Karl Popper, et à l'inverse de ce que nous laissent croire les manuels scolaires, une expérimentation négative ne suffit pas à invalider une théorie qui se veut scientifique. On peut toujours invoquer des raisons de circonstance (hypothèses *ad hoc*).

Lavoisier vint à bout de la théorie du phlogistique en développant la thèse du « calorique », un fluide lié à l'oxygène (dont il fit la découverte) qui produit à la fois chaleur et lumière[1]. Il paraît quelque peu étonnant que la science se soit occupée si tardivement de ce phénomène. On en comprendra plus aisément les raisons en s'interrogeant sur la connaissance immédiate que nous en avons. La première image du feu qui vient à l'esprit est celle de la flamme, souvent associée à la bougie ou au bois : « Dans une flamme le monde n'est-il pas vivant ? N'a-t-elle pas une vie ? N'est-elle pas le signe visible d'un être intime, le signe d'une puissance secrète ? » se demande Bachelard[2]. Or, ce phénomène fascinant n'apparaît pas spontanément, il est le résultat d'une action. Les fameux bouts de bois que l'on frotte l'un contre l'autre en donnent un exemple, la flamme n'advient que lorsqu'une substance a été chauffée. La bûche de la cheminée s'allume avec du papier ou de l'herbe sèche, qui a elle-même été enflammée par un autre

---

1. B. Bensaude-Vincent, *Lavoisier*, Paris, Flammarion, 1993.
2. G. Bachelard, *La Flamme d'une chandelle*, Paris, PUF, 1962, p.20.

corps qui brûle déjà, tâche dévolue à l'allumette ou au briquet aujourd'hui. La combustion se nourrit de la destruction d'une matière, et répand sa chaleur, à partir du moment où une chaleur provenant d'un autre élément a provoqué la combustion. Autrefois, la flamme était entretenue pour qu'elle puisse servir à amorcer d'autres combustions. Le feu sacré des anciens, celui des Perses de Zoroastre aussi bien que celui des Romains gardé par les Vestales, symbolise non seulement le fait que la matière ignée nous met en rapport avec une autre réalité, le Ciel qui nous l'a donné, mais aussi sa nature à la fois instable, fragile et éphémère.

Plus prosaïquement, on a coutume dans le milieu de la pyrochimie d'utiliser l'expression « triangle du feu » pour désigner la potentialité de l'embrasement. Trois éléments doivent, en effet, être réunis : un comburant, un combustible et une énergie. L'absence de l'un de ces éléments rend impossible la combustion. On notera que l'énergie est toujours nécessaire pour amorcer le processus. Par exemple, d'une manière bien différente de celle de la braise dans l'âtre, la bougie électrique, comparable à la foudre, joue ce

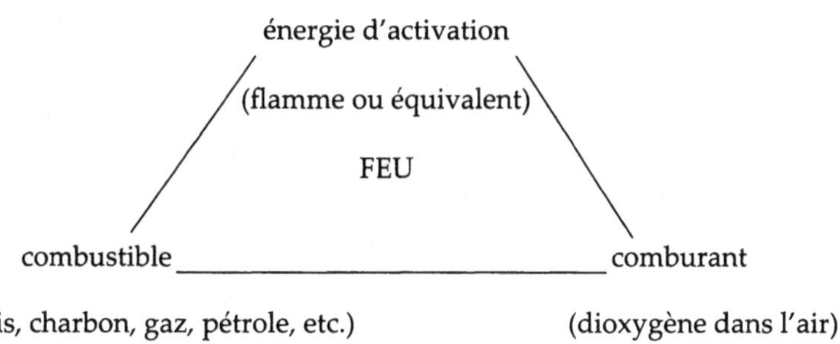

Le dioxygène, $2O_2$, se combine toujours avec des atomes de carbone. Quelle que soit la formule chimique, il y a toujours du C (carbone) : l'essence C_7H_{16}, le kérosène $C_{10}H_{22}$ à $C_{14}H_{30}$, le méthane CH_4, et du CO_2 à la fin du processus de combustion. Le bois, contrairement à ce que l'on entend parfois, produit aussi du gaz carbonique quand il brûle, mais l'arbre, en poussant, en absorbe ; le bilan de pollution est donc nul... à condition de ne pas réduire la taille des forêts.

rôle dans le moteur à explosion. Elle enflamme instantanément le gaz liquide, essence qui, en se détendant, entraîne le mouvement du vilebrequin. Le moteur à réaction est bien plus simple de ce point de vue, la poussée se faisant par expulsion des gaz brûlés lors de la déflagration du kérosène. L'avion à réaction est véritablement un cracheur de feu, ce qui en fait un cas très singulier à la fois dans l'imaginaire et dans l'ensemble concret des machines modernes.

En tout état de cause, le triangle du feu est donc aussi un mouvement autoentretenu : de la chaleur vient la chaleur.

LA MESURE DE TOUTE CHOSE

Au XIXe siècle, pour la science naissante du feu, le premier problème, une fois la théorie du phlogistique éliminée, consistait à rendre compte de l'intimité du phénomène en le mesurant.

Depuis Galilée, en effet, la mesure a été instituée comme moyen privilégié de la connaissance (bien qu'elle ne rende compte que d'une certaine forme du réel). Or, la flamme ne se prête guère à ce jeu. Et s'il est vrai que la raison scientifique se bat contre les apparences (posture que Bachelard a baptisée « rupture épistémologique », c'est-à-dire rupture d'avec le sens commun), elle trouve dans ce cas précis une illustration de choix. Cette substance que le feu dévore paraît, à nos yeux, retourner en partie au néant. L'évidence première du réchauffement, et aussi de la lumière, accompagne ce constat. Pour répondre à cette évidence, Lavoisier, avec sa théorie du calorique, fait alors de la chaleur une *substance* fluidique. Il souligne cet aspect en démontrant que les corps peuvent revêtir trois formes : solide, liquide et gazeux.

Si j'insiste sur le nom de Lavoisier, c'est par souci de simplification. J'aurais aussi bien pu utiliser les noms de Cavendish, Priestley, Rumford, Stahl et bien d'autres savants de la même époque qui, sur ce plan de l'« imaginaire du monde » matériel, vont dans le même sens. Cette prise de conscience de l'équivalence entre une action et une sensation est un énorme saut intellectuel, un gigantesque pas en avant, nous dit l'histoire des sciences.

L'effort de ces savants va donc porter sur la mesure. Lavoisier, le premier, va chercher dans la chaleur une grandeur intermédiaire. Bien avant Joule, il est l'artisan du premier principe de la thermodynamique qui sera définitivement énoncé bien plus tard (en 1840) : l'équivalence entre chaleur et travail. Dans les années 1780, les savants se contentaient, en effet, de prolonger la thèse newtonienne : « Rien ne se crée, ni dans les opérations de l'art, ni dans celles de la nature. » Cette thèse du droit canon médiéval (*Ex nihilo nihil fit*) s'était retrouvée propulsée au cœur du premier principe de la thermodynamique, dans une formule reprise au philosophe présocratique Anaxagore : « Rien ne se perd, rien ne se crée, tout se transforme. » Elle exprime une opération neutre, mais de quel point de vue ? Ici, *la chaleur devient autre chose* qui incorpore l'œuvre du feu. Dans la nouvelle théorie, cette autre chose s'appellera désormais travail. Or, le travail ne se conçoit pas comme un *état* mais comme une *transformation,* il faut donc qu'une quantité se conserve, ce sera l'énergie. En réalité, Joule et Helmholtz ne donneront que bien plus tard, dans les années 1840, son statut scientifique à la quantité conservée en définissant avec précision le concept d'énergie, mais l'idée est déjà présente à la fin du XVIII\ siècle. La quantité de chaleur disponible ne doit pas être, pour autant, considérée comme un état stable, mais comme une *possibilité opérationnelle* : de même que pour actionner les aubes des moulins la puissance de l'eau dépend de la hauteur de la chute, celle du feu se mesure par la chaleur en tant que force de travail potentiel. La « hauteur » du thermomètre correspond en quelque sorte à la dénivellation.

Pour simplifier, cette reconstruction de la nature correspond à la mise en place généralisée par la connaissance scientifique de relations d'équivalences, qui servent à mesurer les caractéristiques des choses. Par exemple, la pomme de Newton ne se décrit plus à partir de sa saveur ni de sa couleur, mais de sa masse. La force totale d'attraction, synonyme d'énergie potentielle ici, est le produit de la masse par la gravitation, c'est-à-dire[1] :

$$F = m.g$$

La grande nouveauté des sciences physiques consiste, à ce moment, à retrouver, par d'autres moyens et avec la mesure en plus, la représentation magique de l'univers composé de forces et de vibrations. La formule extrêmement simple indiquée ci-dessus fait du seul aspect concret, la masse, un intermédiaire entre deux puissances abstraites et mystérieuses. Souvenons-nous que Newton était un initié occultiste. Dans sa dernière œuvre, il préféra décrypter l'Apocalypse de Jean comme livre prophétique et disserter sur le chiffre de la Bête plutôt que d'approfondir la mécanique céleste !

Dans le cas du feu, l'originalité vient du nom *travail* donné à l'effet du processus de dégradation de la chaleur. On s'éloigne ainsi de l'occultisme alchimique et de sa spiritualité, pour aborder les rivages bien concrets du socio-économique. Comme le souligne Jean-François Vatin, nous rencontrons ici le cas d'un concept qui a d'abord acquis ses lettres de noblesse dans le domaine des sciences sociales et économiques, avant d'obtenir son statut scientifique. En effet, Adam Smith, Ricardo puis Marx et d'autres économistes et ingénieurs, moins célèbres, de la période charnière XVIIIe-XIXe avaient déjà installé la *force de travail*

---

1. L'attraction entre deux corps physiques est, en réalité, exprimée par la formule $F = (m_1.m_2/d^2).g$, *d* étant la distance qui sépare les deux corps.

dans la pensée économique [1]. C'est bien évidemment la réalité industrielle du capitalisme, le travail standardisé, l'évaluation de la valeur de l'ouvrier par le temps passé à l'usine, qui ont servi de modèle au rationalisme appliqué de la thermodynamique naissante.

LE TRAVAIL PAR LA CHALEUR

À ce moment-là, une autre réalité s'ouvre à nous, un monde technoscientifique nouveau où l'abstraction des mots ordinaires prend valeur de connaissance première. Le travail d'un mineur et celui procuré par un kilo de charbon parlent-ils du même phénomène ? Oui et non à la fois. Comme le remarque la philosophe des sciences Isabelle Stengers, cinq hommes qui transportent sur un plan incliné durant une journée un sac de 10 kilos, ce n'est pas la même chose qu'un homme qui, seul, fait le travail avec un sac de 50 kilos [2] ! Pourtant, la nouvelle vision de la mécanique propose une équivalence entre les solutions. Et, pour être honnête, cela n'indique pas une perversion morale du savant qui favoriserait une nouvelle forme d'esclavage, mais simplement une relation entre grandeurs abstraites. Il vaudrait mieux dire que cinq machines qui traitent 10 kilos de cette manière équivalent à une machine qui traite 50 kilos. Tout de même, cette insertion de la notion de travail dans la pensée scientifique rend de plus en plus abstrait le monde des « arts et métiers », car il supporte la mise en place d'un système d'organisation où ces principes mécaniques vont aussi régir les êtres humains. Fayol, Taylor et les Temps modernes se profilent à l'horizon.

Par conséquent, revenons à la question de la transformation de la chaleur en travail. Depuis Newton, la notion de

---

1. J.-F. Vatin, *Le Travail : économie et physique, 1780-1830*, Paris, PUF, 1993 ; S. Latouche, *L'Invention de l'économie*, Paris, Albin Michel, 2005 ; C. Larrère, *L'Invention de l'économie au XVIIIe siècle*, Paris, PUF, 1992.
2. I. Stengers, *Cosmopolitiques*, vol. 1, Paris, La Découverte, 2003.

force existait légitimement dans le vocabulaire de la nouvelle science, mais la force motrice d'une machine restait une idée floue. Ainsi, la manière dont la chaleur agissait sur le piston, par l'intermédiaire de la vapeur d'eau, était comprise seulement de manière empirique et simpliste, puisque la vapeur est une substance identifiable. En revanche, une autre énigme avait surgi en sens inverse : le frottement produisait de la chaleur, par exemple en forant un canon. Il était admis qu'alors s'échappait un fluide, le « calorique », délivré de la prison du métal. Mais on avait noté qu'avec une lame mal affûtée la température montait aussi, sans contrepartie en métal perdu. Ceci se passait dans la deuxième moitié du XVIIIe siècle, alors même que la pompe de Newcomen était déjà entrée en action depuis longtemps, que la locomotive de Trevithick avait roulé sur quinze kilomètres en 1803 et que Stephenson était entré en scène en 1814 avec sa *Blücher* (nommée d'après le général prussien vainqueur de Waterloo, dont l'arrivée rapide sur les lieux de la bataille scella le sort des Français).

N'est-il pas surprenant de constater qu'à ce moment-là on ne sait toujours pas qu'il y a une relation mesurable entre effets de chaleur et force motrice ? Pourtant, en 1824, Sadi Carnot publie son opuscule *Réflexions sur la puissance motrice du feu et sur les machines propres à développer cette puissance*[1]. Il démontre qu'une source chaude est nécessaire pour obtenir un effet moteur et que cet effet provient du retour à un équilibre vers le froid. L'inverse n'est pas possible. Au-delà du principe mathématique, on peut lire dans le titre la manière dont la science instaure la relation entre la combustion et la puissance, la machine étant l'outil qui dessinera la trajectoire du devenir de la seconde

---

1. P. Redondi, *L'Accueil des idées de Sadi Carnot et la technologie française de 1820 à 1860. De la légende à l'histoire*, Paris, Vrin, 2000 ; V. Brodiansky, *Sadi Carnot, 1786-1832 : réflexions sur sa vie et la portée de son œuvre*, Perpignan, PUP, 2006.

révolution industrielle. Le projet thermo-industriel se concrétise enfin intellectuellement.

En fait, Sadi Carnot exprime en termes scientifiques un constat de sens commun que les inventeurs du feu avaient déjà fait : de la même manière que l'eau du fleuve ne remonte pas à sa source, la flamme de la bûche ne redevient pas bois. Ce principe de Carnot, dit d'entropie ou second principe, peu remarqué à l'époque, ne sera vraiment discuté qu'une décennie plus tard et gravé définitivement dans le marbre de la science par Clausius en 1862. Le premier principe de la thermodynamique, déjà évoqué, nous disait que rien ne se crée, rien ne se perd dans l'univers, mais le second ajoute « pas vraiment », car cette égalité est illusoire, l'univers perd son ordre. Notons simplement que les deux énoncés sont pratiquement concomitants.

En tout état de cause, la perspective catastrophiste de la nouvelle société en marche est déjà énoncée clairement : la transformation de la chaleur en action mécanique est irréversible et la dégradation thermique irrécupérable. Il faudra attendre longtemps avant que cette mise en garde soit prise au sérieux, et encore par un économiste, Nicholas Georgescu-Roegen, qui en fait l'axe central de son argumentation sur la décroissance. Nous le verrons plus loin. Reconnaissons l'extraordinaire prescience sociale de cette science physique dont ni les penseurs, ni encore moins les ingénieurs, n'ont su voir l'énorme portée philosophique, en dehors du petit cercle des thermodynamiciens. L'inconscience s'explique, car la substance charbon offre sa puissance à qui veut la ramasser, sous les champs et dans les montagnes. Nous entrons dans ce temps que l'historien iconoclaste des techniques Lewis Mumford nomme l'ère carbonifère (à tort puisque ce nom est celui de l'époque géologique durant laquelle s'est minéralisé le charbon ; il vaudrait mieux la nommer l'ère carboniphage) pour décrire l'alliance du charbon et du fer (extrait grâce au feu) qui va caractériser la technologie lourde du XIX⁰ siècle.

Il ne faut pas pour autant passer sous silence la grande expansion que le feu avait déjà connue au cours du XVIIIᵉ siècle. En effet, la multiplication des tuileries et des briquetteries soulage les forêts en diminuant l'importance de la construction en bois, mais absorbe beaucoup de combustible fossile, en particulier pour la calcination en métallurgie. Il en va de même pour d'autres industries grosses consommatrices de chaleur, qui connaissent un développement rapide au XVIIIᵉ siècle : céramiques et porcelaine, teinture, distillation, etc. Si le bois est utilisé sans discernement, l'avantage écologique, dû à son caractère renouvelable, est perdu.

Néanmoins, le bois concentre un pouvoir calorifique plus faible que celui du charbon sauf quand il est transformé en charbon de bois, lequel a même un pouvoir légèrement supérieur à celui de la houille, comme le montre le tableau de la page 147. Or, le charbon de bois, très vieille invention (néolithique sans doute), pouvait fort bien continuer à assumer sa fonction pour les hautes températures, à condition bien sûr que la demande ne soit pas trop forte sur les forêts. La bifurcation qui oriente la technologie vers l'énergie fossile commencera bien, en réalité, non pas avec le chauffage industriel ou domestique, mais avec l'installation dans le paysage industriel de la « machine qui marche toute seule », grâce à la chaleur extraite d'un minerai et récupérée par un moteur adéquat. Cette innovation n'était pas prévisible, elle ne prolonge pas une histoire des techniques, elle ne se trouvait pas en germe dans le silex taillé. Elle s'appréhende comme le *point de départ* d'une trajectoire technologique qui va construire un temps propre, le nôtre, et modifier radicalement l'anthropologie de l'homme technicien.

Pouvoir calorifique des agents énergétiques
(en millions de joules = MJ)

Bois	
Bûches séchées à l'air	15 MJ/kg
Bois déchiqueté	11,6 MJ/kg
Charbon de bois	28,261 MJ/kg
Charbon	
Houille	28,1 MJ/kg
Lignite	20,1 MJ/kg
Produits pétroliers	
Pétrole brut	43,2 MJ/kg
Gaz liquide, autres	46 MJ/kg
Essence	42,5 MJ/kg
Carburant diesel	42,8 MJ/kg
Carburant d'aviation	43 MJ/kg
Gaz naturel	
En moyenne, Norm m^3 : 0 °C, 1 013 mbar	
Pouvoir calorifique sup.	40,3 MJ/m^3
Pouvoir calorifique inf.	36,3 MJ/m^3
Déchets	
Usines d'incinération	
des ordures	11,9 MJ/kg

Source : Suisse énergie.

On notera que les hydrocarbures ont un pouvoir calorifique très élevé, mais que le charbon de bois fait jeu égal avec la houille. Voir aussi le tableau p. 235.

Ce départ, c'est-à-dire cette dynamique nouvelle, se trouve au confluent de phénoménologies diverses : l'une concerne l'histoire des techniques, mais les autres se déroulent sur d'autres plans, théologiques, philosophiques, ludiques, scientifiques, politiques, économiques, et la liste n'est pas exhaustive. Notre connaissance analytique nous oblige à découper la réalité en tranches. Elle réduit ainsi la compréhension d'une innovation radicale, qui concerne tous les niveaux de cette réalité, à une simple suite d'événements situés sur le seul plan, le premier, le techno-logique. Le résultat semble ainsi naturel, au sens d'un développement nécessaire de la connaissance qui, ici, s'appelle connaissance appliquée. Montrons qu'il n'en est rien et que ce résultat aurait pu ne jamais advenir si l'un des ingrédients du mouvement historique avait manqué, ou si le dosage en avait été mauvais. Dans tous les cas, cela *aurait* donc *pu* ne pas se passer, le point de départ *aurait pu* ne rester qu'un point. Ainsi nous faut-il pénétrer un peu mieux l'imaginaire du moment pour comprendre la singularité de la situation.

LA MÉCANIQUE DE LA CRÉATION

Beaucoup d'auteurs ont souligné, tout spécialement l'un des plus grand sociologues du XIXe siècle, Robert K. Merton, le fait que cet enrôlement de la nature dans la volonté de puissance humaine ne peut à lui seul expliquer la vague déferlante de la technologie au XVIIIe siècle, notamment en Angleterre et en Écosse[1]. Le puritanisme joua aussi un rôle clé en faisant de la Grande-Bretagne le lieu d'accueil d'une théologie tout entière vouée à la transformation de la matière en ce monde, afin de continuer l'œuvre de Dieu. En ce « huitième jour de la création », l'élu puritain doit réaliser ici-bas « le seul et vrai paradis[2] ». L'agir humain passe au premier plan, avant même la connaissance, d'où cette énorme distance tout au long du siècle entre la théorie et la pratique. Une véritable obsession de la machine va transformer profondément la production manufacturée, en particulier celle des textiles en Angleterre. Une obsession qui repose certes sur la soif de profit, mais dont

---

1. R. K. Merton, « The normative structure of science » [1942], in N.W. Storer (dir.), *The Sociology of Science*, Chicago, University of Chicago Press, 1973, p. 267-278.

2. C. Lasch, *Le Seul et Vrai Paradis : une histoire de l'idéologie du progrès et de ses critiques*, Paris, Climats, 2002 ; D. Noble, *The Religion of Technology*, New York, Knopf, 1997 ; J. Neirynck, *Le Huitième Jour de la création : un mode d'emploi pour la technique*, Lausanne, Presses polytechniques et universitaires romandes, 2005.

l'origine est à chercher dans cette volonté démiurgique nouvelle à laquelle le protestantisme intégriste donne un sens métaphysique. Ce combat spirituel va donner aux puritains que sont tous les artisans de la machine thermique, Newcomen, Boulton, Watt, et d'autres contemporains tels Jonathan Hornblower – rival traîné en justice par Watt pour non-respect du droit de patente –, une raison première de libérer l'usage du feu de tout interdit social. L'utopie millénariste[1] soutient le nouveau monde *techno*-logique qui prend ainsi une valeur *théo*-logique. On peut d'ailleurs penser que cette utopie, si elle s'est sans doute laïcisée, continue de nos jours à rallier les indécis, en se cachant sous le masque du progrès comme obligation morale.

Le puritanisme n'était pourtant qu'un morceau du puzzle. Il est évident que les nouvelles connaissances appartenaient à toute l'Europe, la théorie du vide et de la pression atmosphérique étaient nécessaires pour que le piston soit plus qu'un refouloir, comme dans la machine de Marly, et, dans le cas présent, dans la compréhension que la vapeur était autre chose que de l'air chaud. Mais un autre débat autour d'un objet technique agitait aussi les esprits éclairés de l'Europe entière.

LE TRAVAIL DE L'AUTOMATE

En effet, le fait « scientifique » de l'univers mesurable et ordonné par des lois, qui n'est alors qu'une hypothèse métaphilosophique indémontrable, va croiser une question qui agite les salons du XVIIIe siècle : la question de l'automate. J'ai évoqué dans mon précédent ouvrage les thèses

---

1. Dans l'Apocalypse de Jean, après la bataille d'Armageddon gagnée par les bons, une période de paix de mille ans s'installe sur la terre avant le Jugement dernier. Cette utopie est devenue une véritable obsession dans de nombreux mouvements chrétiens que l'on qualifierait aujourd'hui d'intégristes. En effet, la bataille finale est toujours annoncée comme étant enfin venue et justifie tous les excès.

du philosophe Jean-Claude Beaune et l'intérêt que suscita à cette époque le *Canard* de Vaucanson ou le *Joueur d'échecs* de Maelzel (dont Edgar Poe tira une belle et énigmatique nouvelle). Ces « créatures artificielles[1] » ou bien composent un univers d'illusions en restant de purs simulacres, ou bien au contraire suggèrent un lieu d'où, l'*anima* étant exclue, il ne reste plus qu'à agir, à mettre en marche. Comme le dit Beaune, on trouve en eux « la pierre de touche d'une vision globale du savoir et des pouvoirs[2] ».

Le projet automatique propose de substituer l'action non réfléchie à l'action intentionnelle. Ce projet deviendra réalité grâce à la machine qui marche toute seule. Toutefois, ce projet n'est pas seulement technicien, il est aussi anthropologique car il comporte un autre volet que celui concernant l'artefact inanimé : il vise en effet à transformer le sens du travail humain, afin de le rapprocher de celui de l'automate. Cette astuce est identique à celle des prophètes de l'*intelligence artificielle* ou des robots industriels aujourd'hui : on prétend imiter l'humain mais, en réalité, l'humain est forcé à se comporter comme l'exigent les procédures, et à se mécaniser, à se soumettre à des règles formelles. Par exemple, il est affirmé dans un premier temps que les ordinateurs fonctionnent comme le cerveau humain et, une fois la chose admise sous la pression de savants patentés, prophètes de l'homme neuronal, il est proclamé que le cerveau fonctionne comme un ordinateur. La référence est inversée. Il en alla de même dans les manufactures, où l'ouvrage quotidien devint peu à peu un travail « forcé » par des contraintes de temps et de décomposition des tâches qui les privaient de sens.

---

1. P. Breton, *À l'image de l'homme. Du golem aux créatures virtuelles*, Paris, Le Seuil, 1998.

2. J.-C. Beaune, *La Technologie introuvable*, Paris, Vrin, 1980, p.11. Voir aussi, du même auteur, *L'Automate et ses mobiles*, Paris, Flammarion, 1992, et *Philosophie des milieux techniques. La matière, l'instrument, l'automate*, Seyssel, Champ Vallon, 1999.

Mais qu'est-ce donc que le travail en son essence ? Marx, en bon élève de la philosophie allemande, répond dans sa thèse sur l'évolution que l'on appelle matérialisme historique : il s'agit d'une action de l'homme sur la nature qui lui permet de se reproduire matériellement. Donc, l'Indien d'Amazonie travaille quand il chasse, mais pas quand il fabrique une maraca ou un masque pour danser. À cette vision simpliste Hannah Arendt opposera la distinction entre travail et œuvre. L'homme trouve toujours un sens à son action, celle-ci se situant sur le plan symbolique et pas uniquement matériel. La définition de Marx n'est acceptable qu'au plus bas niveau de signification, celui de la plus grande généralité : on agit pour survivre physiquement seulement dans les situations les plus extrêmes ; telle sans doute celle du prolétariat anglais au XIXe siècle. Sinon, survivre en tant qu'être humain implique à la fois l'esprit, le corps, la sensualité et les émotions.

Dans la réalité ordinaire, il n'y a *jamais* reproduction biologique simple. Le chasseur amérindien prend plaisir à sa chasse, il « œuvre » en même temps qu'il reproduit. Si l'homme agit sur la nature pour se reproduire – ou *avec* elle si l'on suit Rousseau –, il faut prendre soin de distinguer entre les diverses formes d'action de ce type. Le fait de transformer la matière en tant qu'artisan médiéval n'a rien à voir, par exemple, avec la manière dont un travailleur à la chaîne le fait dans l'industrie. En revanche, il existe une similitude de ce point de vue entre l'ouvrier dans un *mill* anglais en 1750 et celui d'une usine de Shanghai en 2007. L'artisan médiéval, « *homo faber* » selon Hannah Arendt, qui reprend ce terme à la fois à l'anthropologie et à Marx mais en détourne le sens, est intéressé par son œuvre, il s'incarne personnellement en elle, en quelque sorte. La vision puritaine de l'homme va tout changer : c'est l'humanité tout entière qui doit continuer l'œuvre de Dieu. Dans ce renouveau de la création, peu importe le sens de l'acte pour le sujet, le plaisir ne se trouvant pas dans la jouissance de l'originalité mais dans celle de la conformité au plan divin. Accroître la présence de l'homme dans ce monde par l'extension du domaine de ses œuvres, c'est élever les objets techniques au statut d'artefacts divins. Ce que Marx décrit chez les pseudo-primitifs, c'est le travail tel que le libéralisme de son époque essaie de le constituer culturellement, en le réduisant à un effort purement mécanique.

Dans cette nouvelle version du travail au jour le jour, l'homme se transforme, selon le mot d'Hannah Arendt, en « *animal laborans* » (ce qu'est l'esclave chez Aristote). Il utilise sa force pour produire une chose extérieure à lui, dans laquelle il ne se retrouve pas en tant que personne, et son statut ressemble à celui de l'animal de trait.

Ces aspects de la vie sociale qui, pour Marx, signifiaient l'aliénation du travailleur industriel sont connus, mais j'insiste sur le fait que ce n'est pas la machine qui va déterminer le passage à l'*animal laborans*, c'est la nouvelle idéologie du travail qui s'est mise en place dans les *mills* anglais, ou les manufactures françaises, bien avant le règne de la machine thermique. Néanmoins, l'équivalence homme-machine trouve avec la capacité d'action du moteur thermique un substrat métaphysique, qui fait réapparaître sur la scène l'esclave antique : une force à utiliser au prix d'une bouche à nourrir.

En effet, le principe naturel de ce « fonctionnement » est simple : pour reproduire la force de travail humain, il existe un seuil à ne pas dépasser vers le bas, sinon l'esclave meurt et ce capital est perdu. Sur ce plan, il n'y a rien à ajouter aux analyses, cette fois lumineuses, de Marx, ni rien de nouveau dans l'exploitation de l'homme par l'homme. La nouveauté anthropologique du rapport du travailleur avec la nouvelle machine à feu se trouve ailleurs, elle repose sur le fait que la machine doit aussi se nourrir. Son aliment s'appelle combustible et, plus précisément, charbon, à l'époque de la seconde révolution industrielle, sa digestion, combustion interne. La différence d'avec les autres machines du type « moulin » n'est donc pas seulement de détail, elle opère sur une différ-*a*-nce, écrirait Jacques Derrida. Autrement dit, la différence ouvre sur un nouvel univers de sens.

Le moulin *est agi* par les forces naturelles, tandis que la machine à vapeur *agit* grâce à une alimentation appropriée qui peut être stockée comme du grain dans un silo. De ce fait, le temps du stockage devient un élément de la puissance de la machine, un fait qui sera capital à tous les sens du mot pour l'avenir de la civilisation qui va se brancher sur elle.

Mais il existe encore un autre aspect de la nouveauté anthropologique peu remarqué dans l'histoire des techniques, un fait que j'ai déjà souligné : le travail de l'automate thermique se réalise grâce à la transformation radicale d'une chose en un rien. La substance combustible s'évanouit en fumée et se réduit en cendres. La sentence *Ex nihilo nihil fit* que la science de Lavoisier and Co. reprend à son compte devient, dans la réalité quotidienne de la technologie, *Ex materiae nihil fit* : de la matière sort le néant. Que l'on me permette une petite digression théologique sur ce point. Il y a dans ce nouvel usage du feu une sorte de sacrilège, car dire que du néant ne sort que le néant, comme le fait la théologie médiévale, c'est maintenir le diable (figure du néant) à l'écart ; il reste hors jeu. En revanche, transformer le monde en affirmant continuer l'œuvre de Dieu et pour cela réduire un existant créé en *rien*, revient à donner au diable (le « *nihil* ») ce qui appartenait à Dieu !

Il ne faut pas confondre cet anéantissement avec la « part maudite » de Georges Bataille. Pour ce dernier, l'œuvre de destruction des biens, le *potlatch* en ethnologie, éventuellement par l'œuvre du feu, donc par consumation, est créatrice de lien social. Dans ce qu'il nomme l'« économie générale », l'excédent est régulièrement sacrifié et la dissipation du luxe, du superflu, par les riches représente un don qui implique une réciprocité sur un autre plan. Cette thèse dérivée de celle de Marcel Mauss ne convient pas pour décrire le nouvel usage du feu.

La disparition du bien « énergie fossile » dans la machine n'est pas un don mais, au contraire, une appropriation privée et utilitaire d'une ressource qui devrait appartenir à tous. On peut certes objecter qu'il en allait de même pour le combustible lorsque l'on se chauffait ou s'éclairait, mais on sait avec quelles précautions les mythes parlent de ces usages, en évaluant les risques à l'origine du feu. Lesdits sauvages ont intégré dans leurs mythologies la valeur symbolique des phénomènes naturels. Bien avant notre « société du risque[1] » contemporaine, ils firent valoir dans leur conception du monde le risque inhérent à la manipulation du feu et à son appropriation. Ils savaient en tirer les conséquences éthiques (par exemple ne pas creuser dans les entrailles de la Terre mère pour les Amérindiens), alors que les religions des monothéistes – qui se disent civilisés – ne s'en préoccupent pas. Où sont les « primitifs » ?

LES FLUX ET LES QUATRE ÉLÉMENTS

Mais revenons à la veille de la grande transformation[2], lorsque la situation paraît claire pour l'histoire traditionnelle. La voie semble toute tracée, pour des raisons que je vais tenter de comprendre. Certes, dans le Yorkshire le charbon, non seulement au XVIe mais encore au XVIIIe siècle, était vécu comme porteur d'une odeur pestilentielle et d'une épouvantable saleté. Pourtant, à la fin du siècle, l'expansion économique qui entraîne la nécessité de son usage va faire taire les réticences et les « résistants » seront alors qualifiés de rétrogrades ou de romantiques utopistes. En fait, l'industrialisation par les moulins, que l'on peut considérer

---

1. U. Beck, *La Société du risque*, Paris, Aubier, 2001.

2. K. Polanyi, *La Grande Transformation. Aux origines politiques et économiques de notre temps*, Paris, Gallimard, 1983.

comme une première révolution industrielle ou une proto-industrialisation, avait entraîné un grand besoin de produits à haute valeur ajoutée où la chaleur était le maître d'œuvre : fonte, métaux et forges très grosses consommatrices, soufflerie, verrerie, etc. Le bois était de plus en plus recherché et utilisé, directement ou bien sous sa forme de charbon de bois, pour son pouvoir calorifique dans les hauts-fourneaux. La déforestation s'étendait et le renouvellement n'était plus assuré. Toutefois, la navigation côtière et le flottage assuraient l'approvisionnement (le bois du Morvan parvenait ainsi à Paris jusqu'en 1923). Les grands bateaux à voiles allaient aussi charger toutes sortes de matériaux et en particulier des minerais, par exemple l'excellent minerai du nord de la Suède (Kiruna) ou de Russie, qui donnaient le meilleur acier. On constate à cette époque une très grande amplitude des échanges qui unissent dans un gigantesque ballet, animé par Éole, des pays très éloignés les uns des autres en termes de temps de transport.

Le décollage anglais, terme qu'affectionnent les économistes, fut sans doute rendu possible par le charbon – une fois levé le dégoût pour la substance –, grâce à sa relative facilité d'extraction, sa proximité des centres industriels et donc son faible coût par rapport au bois. La France subit un grand « retard » de ce point de vue, car les zones de charbonnage étaient éloignées des utilisateurs, à la différence des Midlands.

Il reste que les quatre éléments (terre, eau, vent, feu) étaient encore sollicités à parts relativement égales.

La terre : l'approvisionnement en matériaux passait par l'usage des êtres vivants, humains et animaux, qui tiraient eux-mêmes leur énergie des végétaux. Dans le secteur industriel, Jean-Paul Deléage[1] nous rappelle que le métier Cartwright, une des grandes innovations dans le secteur des

---

1. J.-P. Deléage *et al.*, *Les Servitudes de la puissance : une histoire de l'énergie*, Paris, Flammarion, 1986.

métiers à tisser, utilisait des chevaux en 1785. La nouvelle machine servant à séparer la graine de la fibre de coton, un moulin à bras, le *cotton gin* d'Eli Whitney, était mue par des femmes esclaves dans les plantations du Sud des États-Unis. Or, la main-d'œuvre était abondante en Europe mais de manière inégale. L'Angleterre, « grâce » aux *enclosures* qui avaient chassé les paysans de leurs terres et urbanisé le pays bien avant ses concurrents du continent européen, disposait d'une force de travail plus abondante que les autres pays d'Europe. Les bras des hommes et des femmes, aussi bien que la puissance animale, restaient ainsi le principal transformateur de la chaleur venue du soleil, le moteur alimenté par la terre, essentiellement sous forme de végétaux. Dans le secteur des transports terrestres, la puissance animale constituait quasiment l'unique ressource, et la première place était tenue par les chevaux en ville, par les bœufs à la campagne.

L'eau : les moulins à eau représentaient une part très importante de la force motrice des machines. L'amélioration des roues et la multiplication des chutes captées en Europe avaient multiplié presque par trois la puissance installée (de 75 millions de chevaux à la fin du XVIe siècle à 187 millions à la fin du XVIIIe).

Le vent : il jouait un rôle capital pour la marine à voiles. Le tonnage des marchandises transportées s'est trouvé multiplié par trois en deux siècles, avec un net avantage à l'Angleterre, qui disposait par habitant de dix fois plus de moyens de transport que la France. Les moulins à vent, quant à eux, intervenaient surtout dans la meunerie pour broyer le blé. Ce qui nous conduit à une question subsidiaire : peut-on imaginer une histoire où l'on serait passé directement des machines traditionnelles à des machines sophistiquées – pour trouver un mot caractérisant une trajectoire de certaines connaissances techniques – sans l'étape intermédiaire du feu ? Par exemple, des moulins à vent et éoliennes de pompage aux éoliennes électriques actuelles ? Pour moi, la réponse, positive, ne fait pas de doute. Il y a eu blocage dans un sens bien différent de celui que donnait Bertrand Gilles à ce mot.

Par conséquent, ma deuxième thèse est la suivante : la prise en considération du feu comme moyen de puissance fut un saut intellectuel dans l'inconnu, l'occasion à la fois d'une rupture avec un pacte implicite d'agression mesurée de l'environnement et de la fermeture d'autres voies technologiques non thermiques.

CHAPITRE 5

La machine thermique au cœur du réseau.
Émergence de l'individu branché

L'affinité entre la machine thermique et la modernité industrielle va au-delà de l'efficience supposée. L'énergie qui permet à cette modernité de se développer est transmise, transportée, de son lieu d'extraction vers l'engin qui la consomme. Elle induit une géographie des flux par son existence même, et elle s'accompagne nécessairement d'une organisation de ces flux. La délocalisation de la puissance, que rend possible cette machine, porte en elle la création d'un territoire nouveau, celui que la raison saura gérer sur un espace où la mobilité s'impose comme principe fondamental. La mobilité de l'énergie rend nécessaire le réseau comme support du développement, que le chemin de fer inscrit dans l'espace.

Pourtant, avant d'incarner cette nouvelle vision du monde dans la locomotive, la machine thermique ne correspondait pas à une attente formulée de l'avenir. En réalité, le doute sur la force motrice de la chaleur régnait au début du XIXe siècle, même s'il est bien caché dans les grands récits sur la mécanisation. La thèse de la thermo-industrialisation comme processus inéluctable repose, en effet, sur une hypothèse forte, celle d'un être rationnel qui aurait comme souci premier l'efficacité en termes économiques.

Or, l'efficacité, même dans ce sens limité, n'a aucun caractère objectif. À l'époque des grands progrès des métiers à tisser, à la fin du XVIIIe siècle, était-il plus efficace de multiplier la production de tissus de coton par dix en créant une classe de misérables qui serait un fardeau pour la société, y compris pour les riches, ou bien de laisser évoluer le tissage artisanal à petits cadres ? Il n'y a pas de réponse parce qu'il n'y a pas de question légitime. L'efficacité est une représentation purement idéologique qui correspond à la mode du moment, ou plus précisément aux intérêts des puissants du moment. Ceci est vrai pour un objet comme l'avion, pour une production comme celle de l'agriculture, pour un élément naturel comme l'eau devenue, de nos jours, artefact parce qu'on doit de plus en plus la purifier de ses souillures industrielles. En termes contemporains, ce sont les lobbies qui définissent l'efficacité. Cette critique de fond était nécessaire car, tout au long du XIXe siècle et après les hésitations du XVIIIe, toute la pensée technicienne va précisément « s'enchaîner » à la chaleur et dans la chaleur.

La thèse classique, on l'a vu, place l'installation de la machine à vapeur dans le paysage comme le résultat d'une *tendance technique*. La thermo-industrie amplifie, de ce point de vue – celui d'Ernst Kapp, d'André Leroi-Gourhan, de Teilhard de Chardin et, aujourd'hui, des transhumanistes –, le mouvement d'exosomatisation. Dans cette perspective, le monde artificiel prolonge les organes du corps humain. Le projet transhumaniste du surhomme, ou du cyborg, fabriqué par une biotechnologie quelconque fait partie de cet univers mental, évoqué dans la première partie de l'ouvrage.

Revenir à la question du métier à tisser peut donc paraître bien prosaïque et éloigné du sujet. Pourtant, le rôle de cette industrie est considéré comme décisif parce que, redisons-le, d'une part elle a permis l'expérimentation de nouvelles formes de travail et, d'autre part, elle a diffusé un nouveau mode de consommation en faisant baisser les prix très rapidement et de manière inattendue. L'innovation technique a accru de manière brutale la productivité, et a ainsi ouvert à de plus larges couches de la population la voie vers un comportement d'achat inédit. On peut voir là un embryon de société de consommation de masse, obsédée par la croissance qui dépend entièrement de l'existence de cette manière compulsive d'acheter. Cet embryon ne doit pas pour autant être considéré comme une cause, il renforce un mouvement vers un possible destin où le pseudo-besoin sera roi.

Le tableau ci-dessous résume ce « progrès » ; on peut voir que le coton joua un rôle considérable dans cette expansion de la consommation, grâce non seulement à la productivité améliorée, mais aussi à l'apport venu des Indes et du sud des États-Unis. Or, dans ces pays, la productivité améliorée repose sur l'usage de la trieuse *cotton gin,* et sur une mise en coupe réglée de la main-d'œuvre servile comme source d'énergie dans les conditions que l'on sait. Par conséquent, rendons à la technique ce qui lui revient, mais donnons au sociopolitique la place à laquelle il a droit.

Indices de production de diverses industries anglaises (1841=100)

	1770	1815		1770	1815
Coton	0,8	19	Métal	7	20
Laine	46	65	Aliments	47	69
Lin	47	75	Papier	17	47
Soie	28	40	Minerai	15	46
Vêtements	20	43	Construction	26	50
Cuir	41	61	Autres	15-50	40-60

Source : Robert M. Adams, *Paths of Fire : An Anthropologist's Inquiry into Western Technology*, Princeton, Princeton University Press, 1996, p. 121.

Sans aucun doute les inventions de James Hargreaves[1], Richard Arkwright et Samuel Crompton[2] ouvrent-elles la voie au métier à tisser industriel d'Edmund Cartwright. Avant ce dernier inventeur, ces métiers étaient fondés sur un savoir-faire des ouvriers dans l'usage du cadre, mais avec la Cartwright la machine à tisser devient semi-automatique, utilisant comme puissance motrice l'eau, les chevaux ou la vapeur. C'est à Manchester que l'inventeur développe son industrie, et commence en 1791 à utiliser de manière expérimentale la machine à vapeur.

Pourtant la machine était bien rudimentaire, et hydraulique par destination, puisque c'est l'eau de la pompe qui remontait l'eau et faisait tourner les aubes. L'expansion de cette technologie fut donc bien lente : en dehors des pompes, il n'y avait que quelques centaines de machines installées au début des années 1800. Elles servaient surtout dans les hauts-fourneaux pour entraîner les marteaux des forges par un mouvement simple. La première de ces machines autre qu'une pompe aurait été celle de Wilkinson en 1783. On en trouve aussi une au Creusot en 1785, mais il semble qu'elle n'ait jamais vraiment fonctionné[3], et James Watt, de passage dans cette ville en 1786, ne s'y serait même pas intéressé. Malgré la modestie de l'usage fondé sur une articulation bielle-engrenage et le double effet de Watt, cette machine restait au stade de l'invention, sans aucune certitude sur son avenir.

La machine marchait enfin d'elle-même, mais l'aventure intellectuelle qui mena à cette compréhension fut lente. En vérité, il fallait adhérer à une nouvelle croyance et son éclosion dura plus d'un siècle. En outre, cet automate pas très ludique,

---

1. James Hargreaves inventa en 1760 un métier à petit cadre destiné au filage, donc aux femmes, auquel il donna le nom de sa femme, « Spinning Jenny », qui devint par la suite l'appellation générique désignant les métiers à filer et à tisser.

2. Samuel Crompton, inventeur en 1769 du « mule-jenny », grand cadre entraîné par le moulin hydraulique.

3. J. Payen, *Capital et machine à vapeur au XVIIIᵉ siècle. Les frères Périer et l'introduction en France de la machine à vapeur de Watt*, Paris, EHESS, 1969.

mais austère et productif, ne modifiait pas pour autant le paysage industriel de la fin du XVIIIᵉ siècle. On ne le voyait guère, et sans doute son efficacité pour le pompage des mines n'était-elle pas si flagrante. Deux mille pompes seulement étaient installées, mais pas nécessairement opérationnelles, dans les mines d'étain ou de charbon à la fin du XVIIIᵉ siècle en Grande-Bretagne, et il existait moins de cinq cents pompes d'une autre conception que celles de Watt[1].

Une autre histoire, moins simplificatrice, construit un autre panorama du XVIIIᵉ siècle et distingue la gestation d'un nouveau système en mettant en avant des inventeurs tels Denis Papin ou Cugnot et son fardier (1770), et aussi des objets opérationnels : les bateaux à vapeur de Hulls (1736) en Amérique, de Jouffroy d'Abbans sur la Saône (1782), ou la voiture-locomotive de Trevithick (1796-1803). Toutes ces inventions étaient, il est vrai, des expérimentations de procédés nouveaux et n'aboutissaient pas nécessairement à un engin réellement utile. Mais elles auraient pu ne déboucher sur aucune trajectoire technologique et, dans cet autre monde qui *aurait pu* advenir, elles n'auraient figuré qu'à titre de gentils monstres, de « curiosités » mi-esthétiques, mi-techniques créées par l'art et le génie des hommes, comme il en fut des trouvailles de Léonard de Vinci. Il paraît extrêmement osé de penser, à l'instar de Bertrand Gilles[2], que la trilogie « fer, houille, vapeur » ait servi de socle dès cette époque, au XVIIIᵉ siècle, au nouveau système qui sera celui du XIXᵉ[3]. Le fait est que la vapeur n'était alors que bien peu entrée en scène et restait presque totalement inconnue comme force motrice dans les milieux scientifiques.

Rappelons que Lazare Carnot, grand général et père de l'auteur du second principe de la thermodynamique[4], écrit, en 1783,

---

1. Sur cette question de l'inexistence de la machine à vapeur au XIXᵉ siècle, voir R. M. Adams, *Paths of Fire, op. cit.*

2. B. Gilles, *Histoire des techniques, op. cit.*

3. *Cf.* ma conclusion sur les conséquences de cette vision commune, et pourtant erronée.

4. Artisan de la victoire des armées républicaines, mais pacifiste, opposé à la Terreur bien que régicide, exilé par la Restauration à Magdeburg où il

un traité sur le rendement des machines où il ne parle aucunement des machines à vapeur, alors que la pompe de Newcomen fonctionne déjà depuis plus de soixante ans. Son essai *Sur les machines en général* anticipe pourtant la loi de conservation de l'énergie. Vingt ans plus tard, dans *Géométrie de position*, il mentionne la vapeur entre autres « principes moteurs » : « Les modernes ont découvert plusieurs de ces principes moteurs ou plutôt ils les ont créés : car quoique leurs éléments soient nécessairement préexistants dans la nature, leur dissémination les rend nuls sous ce rapport et ils n'acquièrent la qualité de forces mouvantes que par des moyens artificiels ; telles sont les poudres fulgurantes et particulièrement la poudre à canon ; telle est la force expansive de l'eau réunie en vapeur, telle est la force ascensionnelle qui lance l'aérostat dans les airs par la légèreté relative du gaz hydrogène qu'il contient. »

Certes, d'autres éléments agissent aussi dans le sens du progrès technique tel qu'il est conçu à l'époque sous l'égide du fer et du charbon. Pourtant, l'orientation des recherches ne va pas vers la vapeur mais plutôt vers la force hydraulique[1]. Les recherches sur les turbines sont ainsi couronnées de succès dans la première moitié du XIXe siècle. Le rendement est augmenté par les conduites forcées qui utilisent de hautes chutes d'eau. Elles sont rendues possibles par l'amélioration des produits de la sidérurgie, la production élargie d'acier et de fonte, l'avancement des connaissances en matière de mécanique des fluides. L'industrialisation des États-Unis s'appuiera en grande partie sur cette énergie au cours de ce siècle.

Les rendements des turbines sont excellents et atteignent parfois 87 % de la puissance virtuelle de la chute – dans le Doubs, par exemple, où elles actionnent des laminoirs. En Forêt-Noire, au milieu du XVIIIe siècle, des chutes de 108 et

---

mourra. C'est son fils, Sadi, qui est célèbre pour son ouvrage sur les machines thermiques. Son petit-fils, qui porte aussi le prénom de Sadi, fut président de la République de 1887 à 1894.

1. N. von Tunzelmann, *Steam Power and British Industrialization up to 1860*, New York, Oxford University Press, 1978.

114 mètres sont captées, et à Augsburg des filatures profitent de la puissance de turbines qui atteignent 220 chevaux. Les moulins anglais eux-mêmes ont augmenté considérablement leur capacité énergétique grâce à de nouvelles roues dites de Fairbairn. À la Catrine Cotton Works, dans l'Ayrshire, sur la rivière Ayr, deux roues de 30 mètres de diamètre développent une puissance de 200 chevaux[1].

Si l'on cherche des machines à vapeur fonctionnant dans le paysage, non pas du XIXe finissant mais de la première moitié du XIXe siècle, on ne trouve donc pas grand-chose ou quasiment rien : des pompes à usage très spécialisé, des métiers à tisser en Angleterre essentiellement, des petits moteurs, surtout à titre expérimental (destinés à des prix d'écoles d'arts et métiers), ou encore des machines agricoles dites « locomobiles » qui apparaissent en Europe seulement vers 1850 et se déplacent lentement (6 à 8 kilomètres-heure) de ferme en ferme. Mais elles sont aussi très rares. Aux États-Unis, c'est paradoxalement dans le Sud rural et esclavagiste que l'on voit naître des machines fixes thermiques : scieries, moulins à blé ou à canne à sucre, machines à filer[2]. Leur importance reste tout de même très faible. Selon Daumas, adepte enthousiaste de la religion du progrès, il n'y en avait que cinq cent quatre-vingt-cinq en 1838 dans ces mêmes États-Unis qui étaient à l'époque, comme on peut en juger, très peu gaspilleurs.

Ce n'est que dans la seconde moitié du XIXe siècle que vont se multiplier les engins moteurs qui utiliseront

---

1. *Ibid.*

2. Ce cas sudiste permet d'invalider par les faits la stupide explication de l'absence de progrès technique dans l'Antiquité gréco-romaine par l'abondance de la main-d'œuvre servile. Stupide parce qu'elle n'accorde pas à la pensée grecque le droit d'avoir réfléchi contre l'expansion technique. Stupide aussi parce qu'elle part du principe implicite que le progrès est un fait de nature, ou encore – ce qui revient au même – parce qu'elle ne comprend pas que l'esclavage antique (et en général celui d'avant la modernité productiviste) se conçoit d'abord comme un fait politique et éthique de domination sociale ; il est économique seulement en second lieu.

directement et plus souvent indirectement le charbon. Toutefois, si le rendement de ces engins n'était pas garanti, pas plus que la fiabilité technique, en revanche une main-d'œuvre non qualifiée pouvait travailler dans ces usines et produire trois à quatre fois plus qu'un ouvrier spécialisé. Au milieu du XVIIIe siècle, l'organisation quasi militaire des *mills* avait assuré un accroissement de la productivité. À l'aube du XIXe siècle, une machine permettait d'aller encore plus loin dans cette volonté d'enrégimenter une main-d'œuvre, que l'on pouvait choisir de moins en moins qualifiée, donc plus abondante et plus soumise[1].

LA MACHINE THERMIQUE DANS LA PERSPECTIVE ANTHROPOLOGIQUE

La machine thermique n'est pas un objet isolé – aucun objet ne l'est – mais un ensemble sociotechnique, symbolique autant que matériel, que la société européenne a inventé peu à peu au cours du XIXe siècle. La structure en réseaux d'échanges, d'abord celui du marché des textiles, a transformé le milieu pour accueillir les petites machines, non l'inverse. C'est donc une totalité qui se met en marche au sens que Marcel Mauss donnait à ce terme : un phénomène social total se déroule et s'interprète à « tous les niveaux », il traverse toutes les catégories que la pensée qui se dit rationnelle utilise pour décrire le monde : l'économique, le religieux, le politique, le juridique, etc.[2]. L'anthropologie se doit de reconstituer le puzzle pour comprendre et donner du sens à cette réalité

---

1. E. P. Thompson, *La Formation de la classe ouvrière anglaise*, Paris, Gallimard, 1988.

2. B. Karsenti, *Marcel Mauss : le fait social total*, Paris, PUF, 1994 et *L'Homme total*, Paris, PUF, 1997 ; mais il existe bien d'autres ouvrages sur Mauss, dont ceux de Marcel Fournier, Maurice Godelier, Claude Taro, etc. ; et bien sûr la préface de C. Levi-Strauss au recueil de M. Mauss, *Sociologie et anthropologie*, Paris, PUF, 1950. MAUSS est aussi le titre d'une remarquable revue critique, *Mouvement anti-utilitariste en sciences sociales*.

décharnée que croit nous procurer la connaissance analytique, en expliquant la série des événements par une causalité chronologique. Cette forme de connaissance découpe en morceaux le monde, qui ne ressemble plus en rien à notre monde alentour. Pour comprendre, et non expliquer, un phénomène dans son développement historique, il est bon d'échapper à l'analyse implacable des causes et de rassembler ce qui, dans l'expérience que nous faisons chaque jour du monde, est uni.

Le capitalisme qui éclôt dans les « moulins » et se déploie commercialement grâce au marché libre aurait fort bien pu avorter s'il n'avait pas trouvé quelque part les moyens de renouveler sa puissance sur l'homme et la nature. Car cette puissance était limitée par la dispersion plus que par la rareté de la principale force motrice du moment, l'eau ; par la nécessité de trouver les travailleurs, lesquels se déplaçaient à pied ; par les distances à faire parcourir aux matières premières et aux marchandises, le plus souvent transportées sur les grandes distances grâce au vent qui gonflait les voiles des navires.

Le coup de baguette magique du destin ne fut pas la machine de Watt, pourtant proposée comme la référence absolue de l'innovation radicale. L'inventeur écossais occupe à tort, dans les manuels, la place d'un grand ancêtre qui a pensé en acte notre civilisation libérale, capitaliste, industrielle, alors qu'en fait le « système technique » thermo-industriel était loin d'être en place. L'impact socio-économique de la machine de Newcomen dans le processus historique fut en réalité négligeable. Dans le milieu des inventeurs, il est vrai que Watt prolongea, par sa machine dite à double effet, la trajectoire technologique initiée au début du siècle. Mais du bricolage mécanique on était, du coup, passé à l'ébauche d'un nouveau sens donné au feu, avant l'énoncé d'un nouveau principe : la chaleur dans certaines conditions se transforme en mouvement mécanique et ce mouvement se reproduit tout seul, il est automatique à condition d'alimenter la chaudière.

Quelques données sur l'évolution de la situation sociotechnique, 1700-1850

Taux de croissance moyen du PIB en Grande-Bretagne

Années	PIB
1710	de 1,74 à 2,79
1730	de 0,26 à 0,46
1750	de -0,11 à 0,48
1770	de 0,41 à 0,58
1800	de 1,70 à 1,74
1830	de 3,33 à 3,55
1850	de 2,83 à 3,27

Source : P. Verley, *La Première Révolution industrielle*, Paris, Armand Colin, p. 84.

Puissance installée des moulins à eau en Europe

	Nombre de moulins	Puissance moyenne des roues en CV	Puissance totale en CV
Fin XVIe	300 000	2	600 000
Fin XVIIIe	750 000	3	2 250 000

Fin XVIIIe, le nombre de machines à vapeur (pompes essentiellement) construites durant tout le siècle se situe entre 2 000 et 2 500 (estimation haute selon P. Mathias, *The First Industrial Nation : An Economic History of Britain*, New York, Routledge, 1993, p. 123). Entre la fin du XVIe et la fin du XVIIIe siècle, la population européenne concernée passe de 75 millions à 187 millions ; la puissance installée par habitant n'augmente pas considérablement.

Puissance installée au milieu du XIXe siècle en France

hydraulique	150 000 CV
machines à vapeur	60 000 CV

La machine à vapeur l'emporte en Europe occidentale sur l'hydraulique dans les années 1880 et sur l'ensemble des autres énergies peu avant 1900.
Sources : J.-C. Debeir *et al.*, *Les Servitudes de la puissance, op. cit.*, p. 152 et 169 ; Robert M. Adams, *Paths of Fire, op. cit.*, p. 99 ; N. von Tunzelmann, *Technology and Industrial Progress*, E.E. Pub., 1995 ; P. Mathias, *The First Industrial Nation, op. cit.* ; K. Bruntland, *Notre avenir à tous*, Rapport de l'ONU, New York, 1987.

Pourtant, que les réseaux existent – mais les réseaux d'échanges avaient toujours existé –, que le désir de vitesse devienne une composante de l'espace mental de l'époque, que les transports s'imposent au sein de ce système proto-industriel, que l'utilitarisme libéral s'appuie sur le socle de l'éthique puritaine en Grande-Bretagne, que Carnot montre que la chaleur se transforme en énergie motrice, que les prolétaires se pressent dans les villes, que les luddites soient écrasés après avoir tenté de casser les métiers à tisser automatiques dans les Midlands en 1812, tout cela ne décidait en rien de l'avenir de ce monde et, pour ce qui nous intéresse, de son avenir technologique. La science vivait dans l'ombre des laboratoires artisanaux aussi bien que des académies étatiques, mais pour devenir réalité sociale il lui fallait le soutien d'une croyance dans le progrès technique et la démonstration de sa puissance. Elle ne l'avait pas encore faite.

LE GAZ ET L'ÉLECTRICITÉ : FORCE CAPTÉE, COMBUSTION CAMOUFLÉE

La mise en place d'une niche, c'est-à-dire d'un écosystème accueillant pour la machine thermique va suivre aussi des voies détournées grâce à des innovations parallèles, le gaz et l'électricité. Une infrastructure à la fois conceptuelle (en France avec Saint-Simon) et physique des réseaux va se mettre en place. Elle formera la base d'un nouveau système technique, dont le chemin de fer en sera aussi l'illustration. Ainsi va peu à peu se construire un environnement favorable. Cet environnement évolue au sein d'une dynamique complexe : la croissance économique accompagne l'urbanisation qui crée de nouveaux besoins en termes de confort, mais aussi de nouveaux problèmes liés à la densité de la population. Il faudra d'une certaine manière camoufler les effets désastreux de l'usage du charbon.

En effet, le premier usage du charbon en dehors du chauffage (des maisons et des fours) n'est autre que l'obtention de gaz par transformation de la houille en coke. C'est alors que le gaz de ville se généralise, comme moyen d'éclairer l'espace urbain mais aussi, dès les années 1830, comme force motrice, grâce à une invention promise à un bel avenir, celle du moteur à combustion interne qui ne sera vraiment mis au point, par Lenoir, que dans les années 1860. Le gaz, sous-produit du charbon, après avoir servi seulement pour l'éclairage, est alors requis comme carburant pour livrer sa force brute. Ce gaz filtré et épuré par l'eau est composé de méthane et d'hydrogène. On le stocke dans des gazomètres, énormes cloches en tôle d'acier qui s'enfoncent dans l'eau et se soulèvent selon leur taux de remplissage.

En parallèle, mais avec cinquante ans de retard, l'électricité commence à se répandre grâce au développement des moteurs bi- puis triphasés dont la progression suit, en décalage, celle de l'usage du gaz. Il s'agit essentiellement d'électricité produite par des générateurs qui permettent, la nuit, sur les grands chantiers, de ne pas interrompre les travaux grâce à la forte luminescence produite par le phénomène de l'arc électrique. On notera qu'ainsi, même dans un milieu technique où le feu n'apparaît plus sous sa forme originelle, il revêt toujours les deux modes de présence dans le monde que sont la lumière et la chaleur.

Dans tous les cas, la facilité d'usage que procurent le gaz et l'électricité repose sur une double occultation : le rôle primordial du charbon et l'éloignement de ses effets néfastes du lieu d'exercice de la puissance.

En effet, les gazomètres sont d'abord situés au milieu des villes mais, rapidement, en raison de la pollution (les odeurs sont nauséabondes et dessèchent l'atmosphère) et des risques (ce sont de véritables bombes), ils se retrouvent à la périphérie, proches des banlieues déshéritées, où l'on pouvait encore les voir en France à la fin de la Deuxième

Guerre mondiale. L'amélioration des conduites et de la géographie des réseaux permet cet éloignement mais, du coup, l'objet technique « lampe », dans le cas du réverbère, devient un simple élément d'un système technique dont il est un composant premier.

Il faut bien comprendre que la lampe domestique et le réverbère sont des objets radicalement nouveaux. Ils annoncent le futur car, derrière eux, en toile de fond (*web*), se dessine le réseau qui leur donne vie (*network*).

Il en ira de même cinquante ans plus tard : le génie d'Edison ne consistera pas à inventer l'utilisation d'un filament de platine incandescent sous vide dans l'ampoule, mais d'abord à considérer cette ampoule comme faisant partie du système sociotechnique « éclairage ». Il réalisera ce système dans ses ateliers de Menlo Park en 1878, puis réussira un magistral coup de publicité à Manhattan en 1882. Le sorcier de Menlo Park, comme on l'appelle désormais, installé à Pearl Street, dans le quartier de la finance, alimentera 1 200 lampes grâce à deux générateurs de 125 chevaux. J'ai souligné dans un ouvrage précédent le caractère ultramoderne du modèle d'Edison : il substitue au gaz, dont les effets négatifs sont visibles sur les murs d'un intérieur bourgeois, l'électricité qui, elle, est apparemment vierge de toute nuisance.

En contrepartie, les scories de cinq tonnes de coke sont rejetées chaque jour dans l'Hudson River à quelques kilomètres de là. Le succès de l'éclairage électrique vient d'abord de cette astuce, dont l'efficacité ne s'est pas démentie depuis lors. Remarquons le dynamisme de cette fabrique d'illusions : aujourd'hui, même la voiture électrique ou à hydrogène laisse croire à la possibilité d'un moteur non polluant, alors qu'il pollue ailleurs. La reproduction des fictions thermo-industrielles conserve un stupéfiant dynamisme, et, dans un domaine plus large que celui de la production d'électricité, sans doute sommes-nous constamment confrontés, depuis Edison, à une nouvelle forme d'hypocrisie sociale, celle du camouflage des effets pervers du développement technologique.

De ce fait, le modèle Edison devrait être reconnu comme le paradigme de la modernité électrique, et la France célébrée comme son meilleur héraut ! Les centrales nucléaires poussent, en effet, à son paroxysme la contradiction entre les deux faces de la médaille du progrès technique : l'absolue propreté et l'extrême facilité d'obtention de sa part de puissance par l'usager – le porte-à-porte, ou l'atome chez soi – d'une part, et la violence inouïe contre ces mêmes usagers que recèle potentiellement le lieu de production – Tchernobyl à portée de main – d'autre part. Le gigantesque danger, qui va bien au-delà du risque, puisque le feu de l'atome peut ravager la planète entière, nous met hors de tout calcul rationnel. L'affaire de l'électricité nucléaire n'est pas une question technique, elle renferme un problème métaphysique semblable à celui que se posait le Moyen Âge à propos de la réalité monstrueuse du mal, incarnée dans le Diable. Le danger atomique est circonscrit au XXIe siècle par le discours des spécialistes comme l'était l'œuvre du Malin au Moyen Âge par les inquisiteurs – une affaire qui ne nous regarde pas ! Une affaire à traiter directement avec Dieu, par spécialistes interposés, théologiens autrefois, experts scientifiques aujourd'hui. On peut mesurer ainsi l'impact symbolique des choix techniques. La mise en réseau, que réalisent le gaz et l'électricité dans l'espace élargi, bâtit une nouvelle manière d'être au monde de l'objet technique. La nouvelle machine se nourrit du feu central redistribué à volonté sur les divers points du territoire, elle innove par l'installation d'un grand système technique, supporté par une infrastructure d'un type nouveau : des réseaux, des centres de régulation, un contrôle permanent des flux. Grâce à la construction d'un haut mur, d'une barrière de protection intellectuelle, les experts seuls sont habilités à pénétrer sur ce territoire.

À l'évidence, les forces motrices nouvelles ouvrent au capitalisme libéral un champ inédit qui lui permet de s'étendre géographiquement, de délocaliser la production énergétique et d'occulter l'essentiel des conséquences négatives, que l'on rassemble aujourd'hui sous le terme de pollution. La mise en réseau de l'objet autrefois plus ou moins autonome, l'exigence d'une alimentation de cet objet assurée à distance, l'apparition de risques inconnus en contrepoint du confort dans l'usage du feu et, parmi ces risques, tout spécialement l'invisibilité des nuisances liées à la combustion : ces lignes de force apparaissent très tôt.

Par ailleurs, la circulation des marchandises n'est pas une chose nouvelle, et le bois lui-même est un matériau qui voyage loin, transporté des forêts vers les villes. La gloutonnerie des puissants de ce monde à l'égard de ce produit végétal fut parfois démesurée. Déjà, au IIe millénaire avant notre ère, le Moyen-Orient avait beaucoup souffert de l'appétit des dynasties mésopotamiennes pour certaines essences. Mais le circuit des échanges ne se constituait pas en réseau, parce que la demande était souvent ponctuelle et localisée. Ce n'est qu'au XVIIIe siècle qu'au Royaume-Uni les forêts subirent de plein fouet les assauts de l'industrie naissante afin d'alimenter les forges, les hauts-fourneaux, le chauffage urbain et la marine. L'Irlande fut la première à supporter les conséquences d'une déforestation sauvage. Bien avant, toutefois, le Brésil avait vu disparaître en moins d'un siècle, depuis sa découverte officielle le 1er avril 1500 par Pedro Alvares Cabral, toute la forêt de *pau Brasil* qui couvrait son littoral sur trois mille kilomètres. Ce bois était en effet très apprécié pour la teinturerie, car il donnait une couleur « de braise », c'est-à-dire un rouge très à la mode à cette époque.

On pourrait donc penser que cet exemple d'exploitation du bois constitua un modèle pour celle du pétrole. Mais la distribution du bois ne s'est pas organisée en un ensemble de lignes autour de nœuds, de rayons, de mailles ; les flux étaient parallèles et partaient d'Amérique pour Dieppe et les ports de la côte de la mer du Nord, tout comme l'or des Espagnols allait essentiellement à Séville avant de se diffuser dans l'Europe entière.

Le phénomène du bois n'est donc pas comparable avec la gourmandise que va montrer l'ensemble techno-industriel fondé sur la machine thermique au XIXe siècle : la production mondiale de charbon (ouest-européenne et américaine du Nord) est multipliée par quatre entre 1800 et 1840, par trois entre 1840 et 1860, par dix entre 1860 et 1910. Pourtant, ces chiffres sont relatifs. La valeur absolue donne une image plus saisissante : 10 millions de tonnes de charbon en 1800, 1 235 millions de tonnes en 1913. Le charbon a fourni durant un siècle la quasi-totalité de l'énergie non renouvelable.

LA MISE EN PLACE TARDIVE DE LA CHAUDIÈRE AU CŒUR DU SYSTÈME

Pour qui considère l'expansion industrielle comme une nécessité interne à la société, ces chiffres sont sans aucun doute l'expression du progrès en cours. Toutefois, la nécessité économique est une contrainte que la société se crée, par exemple sous la forme capitaliste de la propriété des biens de production. De même, les marchandises bon marché, qui commencent à envahir les étals des magasins vont entraîner un désir croissant de consommation et de confort – qui, ne l'oublions pas, va de pair avec des conditions de travail abominables. Je n'entends pas par là vilipender le progrès qui est aussi social, mais constater un fait : l'accélération fulgurante de ce qu'il est convenu d'appeler la croissance économique est profondément liée à l'émergence du feu comme premier pourvoyeur de biens socio-économiques. Je reviens sur les chiffres : en 1840, alors que le machinisme thermique est, comme je l'ai démontré, balbutiant, on ne consomme dans le monde

Structure par produit de la production mondiale d'énergie primaire au XIXe siècle *(en millions de tonnes équivalent charbon et en pourcentage du total)*

Millions de tec	Charbon	Pétrole	Gaz	Électricité	Total
1800	10,6	–	–	–	10,6
1840	45,8	–	–	–	45,8
1860	125,6	0,1	–	–	125,7
1890	478,2	14,8	8,1	–	501,1
1913	1 235,7	76,1	20,5	1,7	1 334
1938	1 202,9	397,6	93,5	21,7	1 715,7
1950	1 445	757,2	237,2	40,9	2 480,3
1970	2 170	3 309,4	1 284,2	151,5	6 915,1
1985	2 948,6	3 876,8	2 046,6	365,6	9 237,6
1990	3 316,5	4 551,5	2 493,7	513,8	10 875,5
En % du total					
1800	100	–	–	–	100
1840	99,5	–	–	–	100
1860	99,8	0,1	–	–	100
1890	95,4	2,9	1,6	–	100
1913	92,6	5,7	1,5	0,1	100
1938	69,8	23,1	5,4	1,3	100
1950	57,9	30,3	9,5	1,6	100
1970	31,3	47,7	18,5	2,2	100
1985	31,7	41,7	22	3,9	100
1990	30,5	41,9	22,9	4,7	100

Source : P. Bauby *et al.* (dir.), *Énergie et société*, UNESCO, Publisud, 1995, p. 262.

entier que 45 millions de tonnes de charbon ; cinquante ans plus tard, on en consomme 478 millions, et 1 200 millions vingt ans plus tard. Nous passons d'une société fondée sur la demande à une autre, fondée sur l'offre et sur la démesure potentielle de l'imaginaire des besoins.

La démographie joue un rôle négligeable dans cette histoire. Entre le début et la fin du XIXe siècle, la population européenne ne fait qu'un peu plus que doubler : elle passe de 180 millions à 400 millions d'habitants, et la croissance est la plus faible du monde : de moins de 1 milliard à 1,5 milliard. Mais il y a plus étrange encore : les 10 millions de tonnes de charbon consommées par le monde en 1800 le sont presque entièrement en Grande-Bretagne. On peut donc considérer que ce pays était déjà le centre d'une mondialisation rampante, alors même que la deuxième grande vague de colonisation n'avait pas encore déferlé sur la terre entière et que ce centre du monde en gestation, la Grande-Bretagne, ne comptait que 9 millions habitants. Mieux encore, les inventeurs de l'amélioration de la productivité par la mécanisation, de l'organisation rationnelle du travail (ou plutôt de militarisation de la manufacture) puis de l'énergie thermique cités plus haut (Arkwright, Hargreaves, Crompton, Watt, Trevithick, Stephenson, etc.), sont tous des protestants puritains originaires des Midlands ou d'Écossse. Ainsi, c'est un territoire minuscule par rapport à la surface de la planète et à sa population qui va engendrer la bifurcation de l'histoire des techniques vers la machine à feu.

Si les États-Unis sont certes aux avant-postes de l'esprit du capitalisme, comme l'a montré Max Weber, ils n'ont joué aucun rôle à ce niveau de bifurcation. Dans le pays de Benjamin Franklin, auteur du fameux aphorisme « *Time is money* » et d'un véritable traité sur l'art de faire fortune, le *Poor Richard's Almanach* suivi du *Chemin de la richesse* (1785), l'industrie thermique est bien peu recherchée. On consommera en Amérique du Nord, au milieu du XIXe siècle, moins de 3 millions de tonnes de charbon par an. Il est vrai que l'on y trouve beaucoup de ressources hydrauliques et que la course à la modernisation va s'engager brutalement. Le virage va être pris dans la deuxième moitié du siècle, à partir des années 1860. Au début du siècle suivant, l'Europe, en 1913, brûle 672 millions de tonnes de charbon, mais les États-Unis et le Canada la rattrapent avec 594 millions de tonnes, alors qu'en 1860 les chiffres respectifs étaient de 107,3 pour l'Europe et 18 seulement pour les États-Unis ; autrement dit, l'Amérique du Nord accroît sa demande d'énergie primaire de plus de trente fois en cinquante ans ! C'est sans doute ce qui va se passer avec la Chine dans les prochaines années, mais la différence vient du fait que ce pays suit un modèle préexistant, alors que les États-Unis le créent en emboîtant le pas à l'Europe, qu'ils ne vont pas tarder à surpasser.

En effet, un événement majeur, extérieur à l'histoire des techniques, la Grande Guerre, va permettre l'essor de l'industrie américaine qui, depuis 1859, a découvert une nouvelle énergie fossile, le pétrole. Elle a introduit ce nouveau carburant dans les mœurs, d'abord très modestement avec la lampe d'éclairage, puis brutalement avec le moteur « à explosion ». Ce moteur sortira grand vainqueur du premier conflit mondial grâce aux camions et aux avions, qui vont faire la démonstration de l'efficience tactique de leur mobilité. La chaleur de l'« explosion » remplacera ainsi, peu à peu, celle de la vapeur dans toutes les directions technologiques[1].

Mais revenons au début de l'histoire. Je crois avoir largement démontré que la machine à vapeur n'était pas à l'ordre du jour dans le monde de l'entreprise au début des années 1800. L'historien Bertrand Gilles succombe, dans le tableau ci-dessous, à l'idéologie évolutionniste lorsqu'il met au centre du système technique cette machine qui n'était pourtant pas encore née socialement. De manière évidente, il s'agit d'une illusion d'optique, car le jugement sur le poids social de cet objet technique est fondé sur une réalité qui lui est postérieure. La réussite de l'insertion qui

---

1. Voir sur ce sujet le récent et accablant CD audio de Edwin Black, *Internal Combustion : How Corporations and Governments Addicted the World to Oil and Derailed the Alternatives*, Tantor Media, 2006.

se produisit au XIXe siècle, se trouve ici mise en scène comme une nécessité déjà présente un siècle plus tôt.

Le système technique du XVIIIe siècle vu par Bertrand Gilles

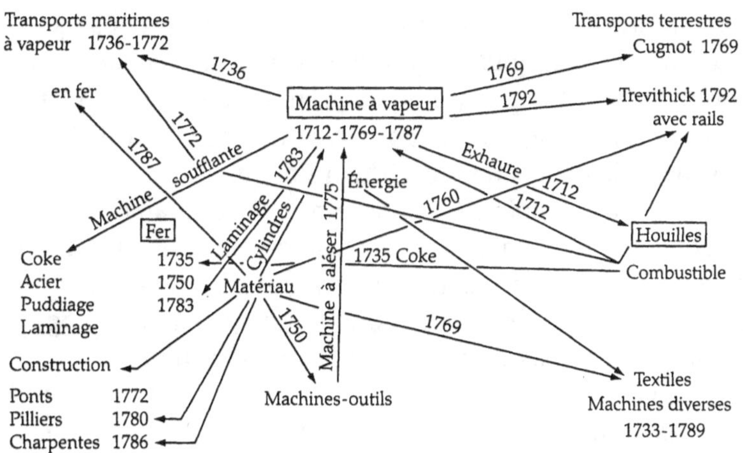

Source : B. Gilles, *Histoire des techniques, op. cit.*, p. 706.

La lecture est rétrospective, comme toute reconstruction du passé, mais elle se donne ici, à un degré infiniment supérieur aux autres discours, comme possédant un caractère objectif. Car, même en ne s'en tenant qu'au pays le plus « développé », on ne trouve aucune trace de thermo-industrie au XVIIIe siècle. Nul doute que l'Angleterre était de ce point de vue en avance dans une phase d'invention technicienne ou d'expérimentation, mais d'une part ce pays représentait une entité politique dont l'évolution restait inconnaissable, d'autre part, même dans cette région, ce n'est qu'après la révolte luddite que la machine va s'installer, c'est-à-dire dans les années 1820. Ce schéma apporte la preuve de l'omniprésence d'une métaphysique déterministe, même chez les penseurs les plus lucides de l'histoire des techniques.

Par exemple, on est en droit de se demander comment le critique virulent du capitalisme qu'est Lewis Mumford peut soutenir que « la révolution industrielle moderne se serait produite et aurait continué régulièrement, même si l'on n'avait pas extrait une tonne de charbon en Angleterre et si aucune mine de fer n'avait été ouverte [1] ». Le capitalisme des moulins et de l'eau n'aurait pas eu grand-chose à voir avec celui de la puissance obtenue par la chaleur sous sa forme directement mécanique et, plus tard, par la chaleur sous sa forme électrique, en particulier parce qu'il n'aurait pas bénéficié du concours du train qui lui apporta, à un degré inouï, la mobilité des hommes et des matériaux. Sans le concours de l'énergie fossile, le capitalisme aurait peut-être survécu mais sous des traits différents de celui d'aujourd'hui et, reconnaissons-le, la question écologique ne se poserait pas du tout avec la même acuité.

Une autre manière de camoufler l'idéologie évolutionniste consiste à mettre en avant la dialectique sociétale du « *technological pull/economical push* », ou l'inverse. Ce qui veut dire – au-delà de la traduction littérale – « progrès » *tiré par la technique* ou bien *poussé par l'économique*. Les chercheurs tiennent à savoir si la révolution industrielle fut le produit de l'un ou de l'autre. Ainsi a-t-il été longuement question du rôle de la consommation des textiles, liée à l'usage des métiers à tisser à grand cadre, dans le premier mouvement vers la modernité au XVIIIe siècle. La consommation est accrue parce que les prix baissent et que la demande augmente [2]. Les salaires chutent (dans les Midlands, de 21 à 9 shillings). Du coup, la machine hydraulique ouvre la voie à la machine à vapeur qui renforce le pouvoir du capital, voie qu'on affublera définitivement du titre de progrès. Mais cela n'allait pas de soi. Sans pouvoir politique pour maintenir l'ordre, les travailleurs auraient pu résister – je vais y revenir.

---

1. L. Mumford, *Technique et civilisation*, Paris, Le Seuil, 2001, p. 113.

2. D. Landes, *L'Europe technicienne : révolution technique et libre essor industriel en Europe occidentale de 1750 à nos jours*, Paris, Gallimard, 1975.

Par conséquent, le choix technique n'est pas plus économique qu'autonome.

Cette question que se posent les chercheurs conserve sans doute un peu de sens dans la prospective à court terme, mais elle paraît totalement dénuée d'intérêt à long terme. Il n'y a ni *pull* ni *push*, à partir du moment où l'on part de l'idée que dans un phénomène social tout est lié. La technique comme l'économie participent à un mouvement sans en être les moteurs. Ils en construisent le sens avec les autres facteurs mais ils n'en donnent pas le sens.

Or, les préjugés contemporains se retrouvent dans cette alternative « *pull/push* » projetée sur le passé. De nos jours, il est en effet évident que l'innovation technoscientifique a pour but de maintenir les profits des entreprises ; il est donc vrai qu'économie et technique sont inextricablement liées dans le monde néolibéral, mais cette vérité est historique, donc relative et provisoire [1]. La fameuse R & D, les travaux novateurs de nos chercheurs transformés en compétiteurs sur le marché, sont censés maintenir la croissance et les bénéfices des entreprises, ceci étant la vérité du monde contemporain pour la technoscience. La quête de la vérité, objectif proclamé autrefois, n'est plus que souci de rentabilité, or nous gardons l'impression que le dynamisme de ce monde suit malgré tout une rationalité technicienne d'efficacité.

RÉSISTANCES ET AUTRES VOIES

Cette impression, sans doute fausse même à notre époque, l'est totalement lorsqu'on la projette rétrospectivement sur des situations non contemporaines, par exemple au début du XIXe siècle. C'est dans cet abus d'interprétation de l'histoire déterministe que la pompe de Watt se transforme « naturellement » en machine à vapeur universelle.

---

1. F. Caron, *Les Deux Révolutions industrielles du XXe siècle*, Paris, Albin Michel, 1997, p. 13.

Quant à savoir si c'est l'évolution des techniques ou celle de l'économie qui est déterminante, cela a autant de sens que de savoir si c'est l'architecture des baies vitrées qui est facteur de climatisation, ou la possibilité de climatiser qui induit ce type d'habitat. On se souvient que c'est seulement dans les années 1810 que les métiers à tisser à grand cadre et à cartons perforés commencèrent à être réellement mus par la vapeur, ce furent les *powerlooms*. Cette arrivée de la vapeur se traduisit par un brusque mouvement de rejet de la part de la population des Midlands, composée d'artisans et d'ouvriers fiers de leur savoir-faire. C'est dans cet usage social, de contrôle et de déqualification, de la machine à vapeur qu'il faut voir le facteur déclencheur de la grande révolte luddite de 1812, la première grande protestation contre les conditions sociales imposées par le progrès technique.

Je rappelle brièvement les faits, maintenant mieux connus[1]. En 1805, des ouvriers du textile réclamèrent un salaire minimum, mais la municipalité de Manchester envoya la troupe. Les soldats tirèrent, il y eut un mort et plusieurs blessés graves. Quelques années plus tard, en 1811, des artisans se regroupèrent et, au nom d'un héros mythique premier casseur de machine, Ned Ludd, ils se mirent à briser les mule-jennys à vapeur : 1 100 en trois mois ! Il fallut l'envoi de la troupe et le renforcement de la milice pour que les insurgés fussent maîtrisés. Puis, dans le Yorkshire, un soldat ou un policier opérationnel pour soixante-dix habitants fut alors nécessaire. Cette région de l'Angleterre connut ainsi un déploiement sécuritaire plus important que celui des pires dictatures contemporaines, et

---

1. N. Chevassus-au-Louis, *Les Briseurs de machines. De Ned Ludd à José Bové*, Paris, Le Seuil, 2006 ; F. Bourdeau, F. Jarrige et J. Vincent, *Les Luddites : bris de machine, économie et histoire*, Maisons-Alfort, Ère, 2006. C'est Kirkpatrick Sale, néoluddite américain contemporain, qui a relancé le débat dans *La Révolte luddite : briseurs de machines à l'ère de l'industrialisation*, Paris, L'Échappée, 2006. Le fameux Unabomber se revendique dans la mouvance de ce courant.

cela pour protéger la machine, le progrès, le développement. Il y avait là rassemblés plus de soldats que dans l'armée de Wellington qui alla combattre Napoléon sur la péninsule Ibérique. Une loi, dénoncée comme scélérate par Lord Byron, assimila le bris de machine à un meurtre, et le tribunal de Sa Très Gracieuse Majesté condamna à mort trente-quatre luddites ; dix-sept furent finalement pendus, dont leur leader John Knight ; les autres furent bannis, avec plusieurs centaines de compagnons d'infortune, en Australie.

Des événements de ce type se sont certainement passés en France aussi, et dans d'autres pays aujourd'hui industriels. L'histoire officielle répugne à en parler, et décrit les émeutiers comme des artisans conservateurs, préoccupés de leur intérêt matériel immédiat, tels les canuts dont la révolte, selon les manuels de l'école Jules-Ferry, était seulement due à la baisse de leur rémunération. Des travaux en cours vont sans doute modifier cette vision réductrice, mais dans l'ensemble les perdants ont toujours tort, et leur résistance est considérée comme celle d'antiprogressistes irrationnels ou inconscients [1].

La valeur symbolique de cette protestation contre les nouvelles formes d'oppression moderne se voit ainsi niée depuis « toujours », c'est-à-dire depuis la naissance de la philosophie de l'histoire du monde moderne. Les contestataires luddites de l'époque – qui étaient loin d'être des prolétaires miséreux – voulaient garder un sens à leur travail. À la limite, la mise en cause de leurs revenus n'était qu'un prétexte pour affirmer, avec la force du désespoir, qu'ils « valaient » quelque chose en ce monde (comme le fait la violence de beaucoup de « racailles » ou de « terroristes » de nos jours).

La contestation de la machine à énergie fossile ne vient donc pas seulement des romantiques, accrochés comme

---

1. F. Jarrige, « Retour sur une histoire ignorée : la résistance ouvrière au "progrès technique" », *L'Écologiste*, n° 12, avril-mai-juin 2004.

Chateaubriand ou Joseph de Maistre à leur passé de hobereaux. Les ouvriers, les petits bourgeois même, lorsqu'ils sont artisans comme John Knight, ont conscience des risques que comporte la nouveauté. Risques qui ne sont pas seulement économiques, qui sont en réalité les signes d'un danger plus sournois, celui d'un grand basculement[1] qui va se produire dans les années 1820 en Angleterre, date à laquelle les métiers à vapeur l'emportent enfin tandis que le coton devient roi dans l'habillement.

La productivité des nouveaux métiers s'accompagne d'une absence d'exigence de compétence de l'ouvrier, il est donc évident que la résistance passe par la contestation des salaires, mais pourquoi cette contestation n'accompagnerait-elle pas le refus plus global de ce monde en train de naître ? Avant même l'arrivée de la machine à vapeur, le charbon avait noirci la ville anglaise, et le grand poète William Blake s'emportait déjà contre cette affreuse Jérusalem nouvelle construite au milieu de ces noires usines diaboliques (*satanic mills*)[2].

L'énergie fossile associée à la nouvelle mécanisation détruit un mode de vie, rend le travailleur dépendant parce que le savoir-faire passe du côté de l'ingénieur, et fait vivre l'ensemble, riches et pauvres, dans l'illusion de la misère nécessaire pour voir venir des jours meilleurs. Michel Beaud rapporte que, « discutant les idées de Destutt de Tracy, Marx admettait que "dans les nations pauvres les gens sont à leur aise", alors que dans les nations riches "ils sont généralement pauvres"[3] ». Marx a fort bien décrit ce paradoxe du progrès dans les pages du *Capital*, mais Alexis de Tocqueville,

---

1. M. Beaud, *Le Grand Basculement*, Paris, La Découverte, 1997.

2. « And did the Countenance Divine-Shine forth upon our clouded hills / And was Jerusalem builded here / Among these dark Satanic Mills », *in* L. Marx, *The Machine in the Garden*, New York, Oxford University Press, 1964, p. 19.

3. M. Beaud, *Le Grand Basculement, op. cit.*, p. 171. Il cite en fait M. Sahlins, *Âge de pierre, âge d'abondance. L'économie des sociétés primitives*, Paris, Gallimard, 1976.

conservateur sur le plan politique, se montre encore plus lucide à propos du monde nouveau. Voyageant en Angleterre, il décrit, environ cinquante ans après Willim Blake, les conséquences de la nouvelle technologie sur l'environnement à Manchester, et ce avec bien plus d'acuité anthropologique que le fondateur du communisme, (voir encadré p. 189-190). Et Tocqueville d'ironiser, non sans ambiguïté, sur les miracles de cette civilisation en train de naître :

« Trente ou quarante manufactures s'élèvent au sommet des collines que je viens de décrire. Leurs six étages montent dans les airs, leur immense enceinte annonce au loin la centralisation de l'industrie.

« Levez la tête, et tout autour de cette place vous verrez s'élever les immenses palais de l'industrie. Vous entendez le bruit des fourneaux, les sifflements de la vapeur. Ces vastes demeures empêchent l'air et la lumière de pénétrer dans les demeures humaines qu'elles dominent ; elles les enveloppent d'un perpétuel brouillard ; ici est l'esclave, là est le maître ; là, les richesses de quelques-uns ; ici, la misère du plus grand nombre ; là, les forces organisées d'une multitude produisent, au profit d'un seul, ce que la société n'avait pas encore su donner ; ici, la faiblesse individuelle se montre plus débile et plus dépourvue encore qu'au milieu des déserts ; ici les effets, là les causes.

« Une épaisse et noire fumée couvre la cité. Le soleil paraît au travers comme un disque sans rayons. C'est au milieu de ce jour incomplet que s'agitent sans cesse 300 000 créatures humaines. [...]

« C'est au milieu de ce cloaque infect que le plus grand fleuve de l'industrie humaine prend sa source et va féconder l'univers. De cet égout immonde, l'or pur s'écoule. C'est là que l'esprit humain se perfectionne et s'abrutit ; que la civilisation produit ses merveilles et que l'homme civilisé redevient presque sauvage [1]. »

---

1. A. de Tocqueville, *Œuvres complètes : Voyages en Angleterre, Irlande, Suisse et Algérie*, éd. par J.-P.Mayer, Paris, Gallimard, p. 78-80.

La question du progrès au moyen de la machine à énergie fossile se trouve donc bien posée dès le début. Les résistances morales, l'agression physique par le bris de machine ne sont pas négligeables, et il serait facile de citer maints autres cas où une sorte de conscience du mauvais choix se dit dans des mots et des actes violents.

Le mouvement que l'on a appelé socialisme utopique en est directement issu mais, venu après la victoire de la vapeur, il abandonne la contestation de la machine et ouvre la voie à la représentation de la neutralité de la technique, que Lénine portera au plus haut point d'aveuglement par son slogan : « Le communisme c'est l'électricité plus les soviets. » Le communisme restera marqué par les stigmates du productivisme et de l'évolutionnisme que Marx, dans la théorie des trois modes de production, décrira comme un fait techno-économique : le mode de production antique où l'esclave fournit l'énergie, le mode de production féodal dans lequel le moulin est accaparé par le seigneur, et celui, capitaliste, qui voit le bien de production collectif, la technologie industrielle en particulier, devenir un bien privé.

Fresque historique tissée sur une carcasse bien cabossée, elle ne reçut pas de critiques pour son usage vraiment très libre de la chronologie et de l'espace. Ce monde, en effet, est bien étriqué : il est européen, limité aux grandes « civilisations » antiques, et l'échelle de durée paraît bien élastique, quelques milliers d'années pour le premier mode de production, puis quelques centaines d'années pour le deuxième, et enfin quelques dizaines pour le mode capitaliste. Du reste, le marxiste dissident Karl Wittfogel se sentit obligé de venir à la rescousse, en ajoutant à l'épure dans les années 1930 le mode de production asiatique, au grand dam des puristes de la pensée marxiste.

Malgré la victoire des *powerlooms*, la machine à vapeur était encore marginale hors de certains lieux ou usages, de sorte qu'en 1820 elle existait comme une possibilité évolutive au milieu d'autres. Un ingénieur, sans doute proche des derniers physiocrates, ces théoriciens de l'équilibre, nommé Pierre-Simon Girard écrit en 1827 pour nous mettre en garde contre l'usage de l'énergie fossile de l'autre côté de la Manche : « En ce qui concerne l'utilisation de la machine à vapeur comme locomotives sur des voies ferrées, il n'y a pas encore aujourd'hui en Angleterre d'opinion unanime. Bien que, avec les partisans de ce moyen de transport, on doive avouer qu'il est plus économique que l'utilisation des chevaux, il faut cependant reconnaître que le combustible auquel ces machines doivent leur rendement est arraché chaque jour à des gisements naturels qui, en dépit de leur grande étendue, ne sont pourtant pas du tout inépuisables. L'utilisation des chevaux propose, à l'opposé, de tout autres possibilités. La force du cheval est fondée sur les produits du sol, renouvelés chaque année par l'agriculture, en quantités d'ailleurs d'autant plus grandes que l'agriculture se perfectionne davantage [1]. » Cette défense de l'énergie renouvelable sonne très moderne et même prophétique.

Et, comme en écho, lui répond un penseur anglais de la seconde moitié du XIXe siècle : « J'en tire la conclusion à laquelle chacun peut arriver, que nous ne pourrons maintenir longtemps notre rythme actuel de croissance, que nous ne pourrons atteindre les hauts niveaux de consommation attendus. Ceci signifie simplement que l'échec de notre progrès sera perceptible d'ici un siècle et que le coût du carburant atteindra, peut-être dans une génération, un niveau tel qu'il mettra en cause notre suprématie commerciale et industrielle ; et la conclusion en est que notre heureuse condition actuelle n'est que provisoire [2]. »

---

1. P.-S. Girard, *Considérations sur les avantages des divers moyens de transport*, 1824, in-8°. On lui doit aussi une préface à J. Smeaton, *Recherches expérimentales sur l'eau et le vent, considérés comme forces motrices, applicables aux moulins et autres machines à mouvement circulaire*, 1810.

2. S. Jevons (1835-1882), *The Coal Question*, chap. XII, 1865, cité par F.-D. Vivien, *Économie et écologie*, Paris, La Découverte, 1994.

Ce constat étant fait, que peut-on en déduire ? La première interprétation, la plus répandue, consiste à ignorer les prises de conscience de l'époque et à décrire ce développement en reliant les divers éléments entre eux, science, technologie, économie et politique essentiellement. Ceci afin de montrer le caractère systémique de cette trajectoire et, par conséquent, son caractère inévitable, car toutes les variables semblent aller dans le même sens. Les événements singuliers censés faire l'histoire n'apparaissent qu'à titre de causes favorisant la marche dans le sens voulu par le progrès. Nous sommes dans le raisonnement thermodynamique d'avant Prigogine, celui qui croit à la causalité simple, alors qu'il s'agit d'un phénomène global d'auto-organisation où, à chaque instant, l'ensemble historique s'organise mais *peut aussi se défaire.*

En réalité, cette seconde moitié du XIXe siècle se perçoit comme un réassemblage sociotechnique organisé symboliquement autour du principe d'entropie, mais un principe inconscient, qui joue comme une image en miroir de la nouvelle culture thermo-industrielle. Le désordre[1] potentiel à terme est négligé en raison de la puissance immédiate obtenue par la machine. À ce moment, la volonté de puissance par la connaissance des lois de la nature lâche les freins, elle se débride et conduit au bal de la voracité énergétique. La dépense en termes de chaleur est alors vécue comme une bénédiction par les classes possédantes qui s'enrichissent grâce à elle. On sait pourtant, dès cette époque, que, selon le second principe de la thermodynamique (Sadi Carnot, 1824), ce processus de thermo-industrialisation correspond à une perte globale d'énergie, mais on ne s'en soucie guère car, à quelques exceptions près, dont celles citées plus haut, la technique se déploie dans

---

1. Je rappelle que ce désordre n'est pas seulement le rayonnement thermique et le gaz carbonique, mais aussi tous les résidus et déchets irrécupérables dans le cycle naturel.

l'imaginaire d'un système ouvert, celui des énergies renouvelables.

Il faudra attendre un auteur russe, Vladimir Vernadski (1863-1945), pour que le problème soit perçu à l'intérieur d'un monde clos, celui de la biosphère[1]. Bien plus tard, Nicholas Georgescu-Roegen en tirera toutes les conséquences à partir d'une idée différente mais complémentaire : le monde industriel, fondé sur la puissance de la machine thermique, crée du désordre irrécupérable puisqu'il se nourrit d'un ensemble fini, celui de l'énergie stockée à l'intérieur de la terre. Ce désordre, qui est rayonnement mais pas uniquement, n'a les moyens ni de s'évacuer ni de se reconstituer en élément stable, car le système industriel est fermé. Il n'y a pas d'élément extérieur qui profiterait du désordre pour se remodeler en ordre nouveau (à moins d'y inclure l'information, mais j'ai déjà montré le caractère totalement fallacieux de cette version de l'évolution).

Prenons un exemple simple : si je brûle un champ et récupère les cendres, alors les déchets cendres (désordre) vont engraisser le champ grâce au potassium qu'elles recèlent et la plante pourra pousser sous l'action du soleil, les herbes qui ont donné les cendres étant elles-mêmes produites par l'action du feu solaire. De l'humus sortira aussi des cendres. Or, si j'épands un engrais phosphaté-azoté-etc., cet engrais se présente déjà comme le résultat de nombreuses manipulations qui, à chaque transformation, ont dégradé l'énergie et entraîné une diffusion de déchets (CO_2, soufre, calories...). Il se diluera mais, étant bien plus pur que les cendres ou autres matières organiques, une bonne partie de ses composants chimiques seront irrécupérables et son désordre ne produira pas d'humus, même s'il aide aussi la plante à pousser. Il ira polluer les nappes phréatiques et ne donnera pas à manger aux insectes du

---

1. V. Vernadski, *La Biosphère,* Paris, Diderot, 1997. Il existe une revue en ligne, *Biosphère*, qui défend ces idées : biosphere.ouvaton.org.

sous-sol, appauvrissant la terre qu'il a voulu enrichir. Le déchet engrais devient un élément du système industriel, il n'appartient plus au cycle de la nature, et c'est en cela que le nouvel ensemble thermo-industriel est fermé.

La seconde moitié du XIXe siècle voit réellement une rupture morale se mettre en place qui va sans cesse se renforcer par la suite : au niveau le plus élevé, et en partie de façon métaphorique, l'entropie est représentée par tous les déchets de notre société, y compris ces fumées charbonneuses qui flottent dans l'air pollué des grandes villes en pleine mutation. La croissance de la puissance, c'est aussi la croissance au même rythme de la production du sale et du laid, laid parce que cette chose est informe, qu'elle est la figure du désordre que la théologie, je l'ai déjà évoqué, pourrait assimiler au néant.

La perspective des déchets et des scories que la nouvelle civilisation nous lègue ne sera plus perçue comme une image négative, parce qu'elle va se greffer sur un fantasme progressiste où le désir de maîtrise de l'environnement masquera tous les effets négatifs, en particulier ce que l'on nomme aujourd'hui la pollution. Il est donc justifié d'affirmer, comme le fait Peter Sloterdijk, que « pour la tradition, le gaspillage représentait le péché contre l'esprit de subsistance par excellence, parce qu'il mettait en jeu la réserve toujours insuffisante de moyens de survie, [mais] un profond changement de sens s'est accompli autour du gaspillage à l'ère des énergies fossiles : on peut dire aujourd'hui que le gaspillage est devenu le premier devoir civique. L'interdiction de la frugalité a remplacé l'interdiction du gaspillage, cela s'exprime dans les appels constants à entretenir la demande intérieure [1]. » Il prolonge ainsi la remarque cinglante de Günther Anders qui, dans son ouvrage au titre pessimiste *L'Obsolescence de l'homme* [2], propose de rempla-

---

1. P. Sloterdijk, *La Domestication de l'Être*, Paris, Mille et Une Nuits, 2000.
2. G. Anders, *L'Obsolescence de l'homme. Sur l'âme à l'époque de la révolution industrielle*, Paris, Éd. de l'Encyclopédie des nuisances, 2002 [1956].

cer la phrase du Notre-Père « Donne-nous le pain de chaque jour » par « Donne-nous le manque du manque de chaque jour ». Le manque du manque, *mangel an mangel,* définition précise et impitoyable du ressort imaginaire de la société de l'innovation à tout prix. Mais il serait faux de situer au XXe siècle ce comportement qui fait de la croissance de l'entropie le but de l'industrialisation du monde, car c'est dès la seconde moitié du XIXe que l'intelligentsia européenne a adopté les idées venues d'Angleterre. Une partie de la raison humaine occidentale a basculé à ce moment-là dans la frénésie thermodynamique. Le monde des puissants s'est identifié au règne de la chaleur, la thermodynamique, plus précisément la thermodynamique des flux.

Ma troisième thèse est que le recours à l'énergie fossile pour alimenter une machine soutient la représentation d'un monde artificiel où l'homme serait libéré des chaînes de la nature et des servitudes du corps. Pour ce faire, il a dû se convertir à la religion du progrès et construire la mégamachine monde. Une nouvelle loi de l'évolution mécanique et thermique était inventée.

Le nouvel enfer sur terre.
Manchester décrit par Alexis de Tocqueville

« Les rues qui attachent les uns aux autres les membres encore mal joints de la grande cité présentent, comme tout le reste, l'image d'une œuvre hâtive et encore incomplète ; effort passager d'une population ardente au gain, qui cherche à amasser de l'or, pour avoir d'un seul coup tout le reste, et, en attendant, méprise les agréments de la vie. Quelques-unes de ces rues sont pavées, mais le plus grand nombre présente un terrain inégal et fangeux, dans lequel s'enfonce le pied du passant ou le char du voyageur. Des tas d'ordures, des débris d'édifices, des flaques d'eau dormantes et croupies se montrent çà et là le long de la demeure des habitants ou sur la surface bosselée et trouée des places publiques. Nulle part n'a passé le niveau du géomètre et le cordeau de l'arpenteur.

« Parmi ce labyrinthe infect, du milieu de cette vaste et sombre carrière de briques, s'élancent, de temps en temps, de beaux édifices de pierre dont les colonnes corinthiennes surprennent les regards de l'étranger. On dirait une ville du Moyen Âge, au milieu de laquelle se déploient les merveilles du XIXe siècle. Mais qui pourrait décrire l'intérieur de ces quartiers placés à l'écart, réceptacles du vice et de la misère, et qui enveloppent et serrent de leurs hideux replis les vastes palais de l'industrie ? Sur un terrain plus bas que le niveau du fleuve et dominé de toutes parts par d'immenses ateliers, s'étend un terrain marécageux, que des fosses, fangeux tracas, de loin en loin ne sauraient dessécher ni assainir. Là aboutissent de petites rues tortueuses et étroites, que bordent des maisons d'un seul étage, dont les haies mal jointes et les carreaux brisés annoncent de loin comme le dernier asile que puisse occuper l'homme entre la misère et la mort. Cependant les êtres infortunés qui occupent ces réduits excitent encore l'envie de quelques-uns de leurs semblables. Au-dessous de leurs misérables demeures, se trouve une rangée de caves à laquelle conduit un corridor demi-souterrain. Dans chacun de ces lieux humides et repoussants sont entassées pêle-mêle douze ou quinze créatures humaines.

« Tout autour de cet asile de la misère, l'un des ruisseaux dont j'ai décrit plus haut le cours traîne lentement ses eaux fétides et bourbeuses, que les travaux de l'industrie ont teintées de mille couleurs. Elles ne sont point renfermées dans des quais ; les maisons se sont élevées au hasard sur ses bords. Souvent, du haut de ses rives escarpées, on l'aperçoit qui semble s'ouvrir péniblement un chemin au milieu des débris du sol, de demeures ébauchées ou de ruines récentes. C'est le Styx de ce nouvel enfer. »

A. de Tocqueville, *Œuvres complètes, op. cit.*, p. 79-82.

TROISIÈME PARTIE

LE FEU, MOTEUR DE LA MOBILITÉ GÉNÉRALISÉE

CHAPITRE 6

L'affinité entre vitesse et chaleur : la thermodynamique

L'irruption de la machine en tant qu'automate fait donc naître le réseau, nouvelle manière d'être au monde pour cet objet technique. Cette histoire reste toutefois incomplète si l'on ne cherche pas d'autres éléments, indépendants de l'évolution technique en tant que telle et facteurs conjoncturels de cette bifurcation dramatique. Pour ce faire, il faut partir d'une donnée culturelle évidente : ce n'est pas seulement l'espace qui est investi par la machine thermique – la production devenant indépendante des sources d'énergie –, c'est aussi le temps. La société du XVIIIe siècle a connu un changement dans sa perception du temps bien avant le règne de l'énergie fossile. La vitesse commença, à cette époque, à faire figure d'enjeu primordial dans les relations marchandes, politiques, militaires, et même de loisirs. La voie technologique qui conduisit au train, puis à l'automobile et à l'avion, se situait dans le cadre de ce nouvel imaginaire social. Cette invention de la vitesse est étonnante[1] et, insistons sur ce fait, elle correspond à une innovation culturelle et précède la machine qui va assurer le déploiement de ce désir, la locomotive. Cette machine allie le thermique et le dynamique, elle se présente comme l'incarnation de la nouvelle thermodynamique ou, mieux, elle est, au sens littéral du terme, thermodynamique.

---

1. C. Studenyi, *L'Invention de la vitesse*, Paris, Gallimard, 1995.

LES MACHINES DE LA DYNAMIQUE

Cette nouvelle science, dont on vient de voir l'implantation dans le paysage mental du XIXe siècle, redéfinit aussi le sens antique de *en-ergeia*, qui vient de *en-ergon*. Chez les Grecs anciens, ce terme, littéralement « en acte », s'entendait comme affirmant une capacité différente, précisément, de l'acte. L'énergie « en acte » constituait un potentiel d'action et se distinguait donc radicalement de l'acte lui-même. L'idée va se retrouver dans la notion moderne, mais cette fois le passage à l'acte sera inclus dans la formulation du rapport entre travail et énergie, question que nous avons traitée au chapitre III. L'homme moderne ne peut donc garder sa puissance en réserve que dans la perspective d'une action décisive ; par exemple, un missile est capable de garder sa charge indéfiniment mais peut frapper instantanément sa proie si les circonstances l'exigent. La question de la mobilité sous-tend le rapport travail-énergie par cette nécessité du passage à l'acte, contenue dans la définition même de l'énergie comme productrice d'un événement potentiel.

Par ailleurs, la soif d'action, le désir de mobilité, la recherche de la vitesse sont aussi liés à une volonté de maîtrise de l'espace-temps. À l'évidence, on trouve dans cette frénésie un facteur imaginaire qui a joué en faveur de la machine à vapeur devenue locomotive.

La vision naturaliste du monde, c'est-à-dire la séparation absolue entre l'homme et son milieu, entre l'être et le monde alentour, que Galilée, au XVIIe siècle, avait le premier défini comme vision objective, sera renforcée par la plupart des courants philosophiques postérieurs, ceux qui traiteront de la connaissance scientifique. Cette perspective accueille l'énergie fossile comme un moyen mis à la disposition de la transformation du monde, d'un monde qui n'a, au sens strict, rien à dire, rien à nous apprendre sur notre existence. La *res extensa* de Descartes est, faut-il le rappeler, une *res nullius*, une chose qui n'appartient à personne, même pas au Créateur, donc elle nous appartient si nous le voulons. Remarquons qu'il en ira exactement de même avec les terres des « sauvages » lors de la colonisation. L'acte ou l'action politique accompagne le changement de la pensée, et la perspective des peuples à civiliser crée une niche symbolique, propice au développement de la machine thermique.

Le XXᵉ siècle débutera aussi sur une nouvelle bifurcation, à l'intérieur du nouveau monde, fondée sur la chaleur : l'émergence du pétrole comme nouvelle énergie fossile et l'apparition dans le paysage de deux nouveaux objets qui en sont la conséquence, l'automobile et l'avion. La portée sociale de ces deux innovations est immense : elles prolongent l'effet du train en fournissant au monde riche du Nord une nouvelle preuve de sa supériorité. L'homme se meut désormais à sa guise en l'air et au sol, du moins il le croit.

Ce pouvoir du feu mis en scène dramatiquement par la Grande Guerre va s'imposer comme axe privilégié de ce que l'on appelle le progrès technique, et même du progrès en général, en donnant les instruments d'une expansion potentiellement illimitée, née paradoxalement d'une immense catastrophe humaine et morale. La dynamique thermique, jusque-là cachée par les murs des usines ou confinée sur les rails du chemin de fer, va pouvoir se déployer dans tous les aspects de la vie quotidienne et acquérir ainsi une légitimité qui lui manquait encore.

Cette deuxième naissance de la modernité marque encore plus que la première, celle du train, la transcendance de la volonté de puissance qui fait de la destruction un sous-produit naturel de l'expansion technoscientifique. Mais elle illustre également l'importance de l'événement dans le choix technique. L'avion, par exemple, est le pur produit du terrible accident politique que fut la guerre de 1914-1918 (voir chapitre suivant). Revenons à la vitesse comme produit de l'imaginaire collectif.

L'INVENTION DE LA VITESSE

La vitesse, en effet, se taille peu à peu une part importante dans les représentations de l'efficacité des échanges, sans que les moyens employés soient vraiment neufs. Ainsi, l'usage du cheval s'améliore durant le XVIIIe siècle et cette évolution se perçoit, aux yeux des contemporains, plus en termes de temps gagné qu'en termes de confort. La distance parcourue par chaque bête au moyen des relais de poste est diminuée, ce qui rend possibles des efforts importants (trot et galop) sur de courtes distances (de 8 à 12 kilomètres le plus souvent), mais permet à la vitesse moyenne de passer, en France, de 10 kilomètres-heure à 22 sur certains tronçons. Atteindre de telles vitesses avec des chevaux, sans révolution énergétique, constitue un véritable exploit. Naturellement, cela s'accompagne d'une sélection des races appropriées à ce travail (par exemple le postier breton) et d'un nouveau tracé des routes avec aplanissement, drainage, diminution des courbes et des pentes. En Angleterre, pays si favorable à ces « temps nouveaux », les transports croissent surtout après 1770. Entre cette année et 1836 (entrée en scène massive du chemin de fer), le nombre de services réguliers de diligences est ainsi multiplié par huit. Ce sont les marchandises et les hommes qui circulent, mais aussi le combustible, bois ou charbon, et l'argent.

Vitesse des transports (diligence)

	1750	1814	1820	1834
Londres-Édimbourg (700 km)	10 à 12 jours		4 à 5 jours	
Paris-Marseille (774 km)	9 à 10 jours	4 à 5 jours		3 à 4 jours

Sources : P. Verley, *La Première Révolution industrielle, op. cit.*, p. 201 ;
C. Studeny, *L'Invention de la vitesse, op. cit.*, p. 150.

LA CIRCULATION MONÉTAIRE ET LA FLUIDIFICATION DES ÉCHANGES

L'obsession du capitalisme naissant soutient vivement cette circulation des hommes et des marchandises, qui ne peut qu'engendrer un désir de communication de plus en plus libéré de toute contrainte. La « fluidification » des échanges accompagne donc l'augmentation de leur rapidité. C'est dans ce cadre que se conçoit aussi la tentative de John Law pour faire de la monnaie papier un moyen de paiement. La dématérialisation va de pair avec l'accroissement de la vitesse de circulation. Quelle qu'en soit la forme, courrier manuscrit, billets à ordre par malle-poste à l'époque du capitalisme financier naissant, ou courriel et e-achat par Internet de nos jours, la trajectoire est bien tracée.

Toutefois, si le temps c'est de l'argent, l'argent lui-même, dans la vision prophétique de John Law, n'a pas de valeur ailleurs que dans sa circulation. En devenant signe, la seule garantie que ce signe monétaire porte avec lui vient de celui qui le produit, l'État. On ne se souvient, en France, que de l'échec : la chute, après la faillite de la Compagnie du Mississippi en 1720, de cet illustre Écossais, ministre du royaume de France. Les idées de dématérialisation et le virtuel, idées apparemment contemporaines, existent pourtant dès le XVIIIe siècle dans les écrits des économistes. Même si elles sont minoritaires, elles ouvrent un champ du possible[1].

Le fait que la valeur de l'argent soit désormais « basée sur la garantie que représente le pouvoir central[2] » implique en contrepartie qu'« il n'existe pas de valeurs en dehors de la circulation ». Plus simplement, si le citoyen moderne arrêtait d'acheter des objets qui circulent, du fait qu'ils sont consommables et périssables (biens *mob/iles-*

---

1. L. Raineau, *L'Utopie de la monnaie immatérielle*, Paris, PUF, 2004.
2. G. Simmel, *Philosophie de l'argent*, Paris, PUF, 1999, p. 184.

iers) et qu'il transforme son argent en un bien foncier, *immobile*, le monde libéral s'effondrerait. Or, les racines de ce monde plongent dans l'idéologie humaniste du XVIIIe siècle. Ces racines pouvaient ne pas faire pousser la plante sur laquelle vont éclore les fleurs empoisonnées du credo néolibéral mais, historiquement, la *nécessité de la circulation* a partie liée avec les besoins du capitalisme en marche. La vitesse conquiert de ce fait une place centrale dans les échanges, la société de l'Ancien Régime le découvrira peu à peu.

Le réseau maillé tel qu'il va apparaître au XXe siècle n'est évidemment pas présent à cette époque charnière de la fin du XVIIIe siècle, mais la construction lente d'un tissu de relations routières sur le modèle d'une toile (*web*) socio-technique s'associe étroitement à l'imaginaire de la vitesse. On pourrait même, en combinant l'espace géométrique dessiné par les routes, le temps mesuré par la vitesse, et l'objet inscrit dans le réseau, parler de grand système technique présent potentiellement dès cette époque.

Le fameux téléphone Chappe, créé par la Convention et opérationnel dès 1793, reliait Paris aux capitales régionales grâce à des lignes courant sur plus de 5 000 kilomètres. Des bras articulés situés sur des promontoires envoyaient des signaux optiques, retransmis par l'intermédiaire de relais d'observateurs-opérateurs[1]. Ce réseau a fonctionné jusque dans les années 1830. Son utilité était essentiellement politique ; pourtant Bonaparte ne s'intéressa pas à l'innovation, il réduisit même les crédits alloués, et Chappe se suicida en 1805.

Le social commence, à ce moment et très partiellement, à se représenter comme un modèle abstrait de relations de « communications ». Diderot et l'*Encyclopédie* en donnaient déjà une version « biopolitique » avec le corps-

---

1. À Paris, la rue du Télégraphe, en haut de Belleville, rappelle l'existence peu connue de cette technique. Il y avait 533 stations. P. Flichy, *L'Innovation technique*, Paris, La Découverte, 1999.

réseau, modèle d'une irrigation des parties dans un tout. Le corps-réseau signifie simplement que le sang circule en revenant au centre. Le système corps est fermé. Selon Pierre Musso, « la lente formation de la notion de réseau est ainsi achevée au siècle des Lumières[1] ».

À mon sens, l'auteur exagère quelque peu, cette fois encore il faut se méfier de la lecture rétrospective. L'« idée », le principe, l'image, la notion de réseau existent sans doute, mais rien ne les prédestinait à devenir le réceptacle de la modernité. En revanche, c'est une véritable culture du réseau que promeut Saint-Simon dès le début du XIXe siècle. Sa thèse selon laquelle « la planète peut être reconfigurée comme un organisme idéal composé de réseaux la métamorphosant » sonne comme une première annonce de la mondialisation technologique à venir. Saint-Simon se pose en prophète de la modernité thermo-industrielle, alors que le règne de la chaleur n'est pas encore advenu. Sa volonté novatrice touche aussi bien le système bancaire, réseau d'échanges immatériels, que celui, physique, des routes. Vingt ans plus tard, ses fils spirituels seront, dans cette lignée, les grands artisans de l'expansion du chemin de fer. Saint-Simon forge, avec une grande puissance intellectuelle, le modèle du monde à venir. Cette clairvoyance paraît proprement stupéfiante si l'on songe qu'il n'y avait pas de machine à vapeur réellement en fonction à son époque, et qu'il ne pouvait imaginer le rôle que pourraient jouer la locomotive ou le télégraphe dans cette réticulation du territoire. C'est donc au moment de l'arrivée de la locomotive que le réseau sera sacralisé, par les disciples Enfantin, Bazard et Chevalier. Ce dernier surtout va, peu après 1830, comprendre que la nouvelle technologie de l'époque doit être le principal support de la création du « *network* ».

---

1. P. Musso, *Critique des réseaux*, Paris, PUF, 2003, p. 140.

La position de Proudhon est tout autre : il critique finement cette fétichisation du réseau. « Dans la structure d'un réseau technique est inscrit un choix de politique économique », écrit-il en effet. Pourtant, Proudhon, tout comme Kropotkine, déduit de l'émergence de ces nouveaux réseaux l'idée qu'ils permettront la décentralisation du pouvoir, ce qui est exactement l'inverse de ce qui va se passer.

NAISSANCE DU CAPITALISME CINÉTIQUE

L'image du réseau moderne reste, par conséquent, inséparable de celle d'une nouvelle logique de fonctionnement : la logique des flux associée au fantasme de la vitesse. Un fantasme car il s'agit bien souvent d'un rêve inachevé. C'est le cas avec la voiture dans les embouteillages citadins, bien sûr, mais aussi avec le TGV ou l'avion, dont les contraintes pratiques sont gages de ralentissements. Avant de faire un long trajet, de multiples petits trajets sont nécessaires et de nombreuses conditions doivent être réunies. Si l'on ne se trouve pas sur les lignes de flux du réseau, se brancher prend un temps très important, bien plus que celui du trajet principal. Le transfert de charge coûte cher en fatigue en raison des multiples exigences qui les accompagnent, en particulier les contrôles de sécurité, atteinte à l'intimité du voyageur, qu'un siècle auparavant on aurait jugée totalement obscène ou indigne.

Quoi qu'il en soit, la malle-poste, on l'a vu, inaugure la trajectoire technologique d'une nouvelle idée : aller plus vite. Mais ensuite, du début des « chaudières errantes » – les locomotives vues par Chateaubriand – à l'oiseau de synthèse, l'avion, le pouvoir du feu prend le relais et poursuit cet objectif. Cette idée de liberté par le voyage rapide, et à la demande, est posée, encore une fois, comme naturelle par nos contemporains, mais l'est-elle vraiment ? Karl Kraus, en 1909, la reliait à l'idée de progrès et se demandait si « c'était ce but qui avait commandé la hâte du monde, ou bien la hâte qui signifiait ce but ». Milan Kundera ne s'embarrasse pas de précautions pour répondre : « La vitesse est la forme d'extase dont la révolution technique a fait cadeau à l'homme. » Et l'on se souvient de la raillerie de Bernanos : « Aller plus vite... pourquoi ? et aller où ? [...] La liberté n'est pourtant qu'en vous, imbéciles [1] ! » Le rêve de déplacement instantané est semblable en cela à celui du vol dans l'espace. Or, l'imagination poétique ou le sommeil onirique ont depuis toujours réalisé ces rêves. La technique ne propose qu'une pâle copie des pouvoirs supposés du chaman. Néanmoins la machine « à bouger » contemporaine offre non pas la vitesse mais l'illusion de la maîtrise du temps, et son « avantage » historique vient de cette qualité de puissance imaginaire qu'elle détient.

Cette qualité est présente très tôt dans la nouvelle technologie hippomobile du monde préthermique si l'on en croit De Quincey. Célèbre pour son ironie mordante, il a écrit un livre entier sur la malle-poste, présentée comme une figure centrale des temps nouveaux : « La malle royale [devenait fringante] et, en se frayant malaisément un chemin parmi les encombrements des marchés matinaux, elle renversait une charrette de pommes, une voiture chargée d'œufs, etc. Gigantesques étaient l'affliction et l'effroi, redoutables les dommages. J'étendais douloureusement les mains pour m'écrier : "Ah, que n'avons-nous le temps de pleurer sur vous !" Chose assurément impossible, puisque nous n'avions même pas le temps de rire. Liée par les délais postaux, qui étaient dans certains cas de cinquante minutes pour onze milles, la malle royale pouvait-elle exprimer elle-même sa sympathie et ses condoléances [...] ? S'il semblait qu'elle piétinant l'humanité c'était, je le sentais bien, dans l'accomplissement de plus impérieux devoirs. »

---

1. M. Kundera, *La Lenteur*, Paris, Gallimard, 1997. G. Bernanos, *La France contre les robots*, Paris, LGF, 1999.

À un autre moment, il décrit l'ivresse de la vitesse de nuit qui entraîne un terrible accident : « Devant nous s'étendait une avenue droite comme une flèche, longue peut-être de six cents yards. [...] Il faisait assez clair pour distinguer un frêle cabriolet d'osier où étaient assis l'un à côté de l'autre un jeune homme et une jeune femme. [...] La voiture se traîne sur la route à raison d'un mille à l'heure et ses occupants, dans leur tendre commerce, inclinent naturellement la tête. Entre eux et l'éternité, il n'y a plus qu'une minute et demie. » De Quincey sent le drame arriver mais la malle-poste est lancée, le jeune homme voit trop tard le monstre surgir, le cabriolet est écrasé, la malle-poste continue, « le spectacle désertera-t-il jamais mes rêves de cette jeune femme qui se leva et s'affaissa sur son siège, pour se relever encore, jetant ses bras égarés vers le ciel, se cramponnant dans les airs à quelque objet illusoire, défaillant, implorant, délirant, désespérant[1] ? »

L'auteur anglais nous propose avec ce récit une terrifiante métaphore de l'arrogance des conducteurs du char du progrès. Clairvoyance d'un futur possible, qui devint réalité encore plus violente avec le train (mais « le réel n'est pas plus nécessaire que le possible », nous rappelle Kierkegaard). Les lignes de force de l'avenir sont à ce moment des potentialités :

– en premier lieu, la vitesse est donnée comme un élément constituant de la mobilité alors que celle-ci pourrait fort bien s'en passer. La maîtrise du temps apparaît comme un impératif nouveau dans les échanges ;

– en deuxième lieu, cette mobilité émerge comme un phénomène où l'on trouve aussi la volonté de capter et de distribuer la puissance, en termes de consommation et de production. Elle sert à rendre les ressources et les biens

---

1. Th. De Quincey, *La Malle-Poste anglaise*, Paris, Gallimard, 1990. D. Cerezuelle, « Métaphysique de l'accident », *Entropia*, n° 3, 2007 ; et « La technique et la chair », *in* P. Troude-Chastenet, *Jacques Ellul penseur sans frontières, op. cit.*

manufacturés indépendants du lieu de production de ces biens ;

– en troisième lieu, la mobilité délie le travailleur de l'attachement à l'outil de travail. Ni le savoir-faire, ni la connaissance intime de l'objet ne doivent plus intervenir dans le processus de fabrication. La mobilité renforce ainsi l'interchangeabilité des travailleurs dans l'organisation du travail qui se met en place, dans les *mills* ou les fabriques (modèle de Vaucanson en France).

D'autre part, lorsque la vitesse-mobilité va pouvoir se loger dans une mécanique, elle prolongera l'éthique de l'automate. Rappelons que dans ce nouveau rationalisme figure l'idée maîtresse de remplacement de l'homme imparfait par une machine fondée sur la connaissance des lois de la nature. Il n'est pourtant pas demandé à cette machine d'être plus morale que la précédente, et, lorsque le train roulera sur les rails du nouveau monde industriel, on assistera sans s'émouvoir à des accidents sans commune mesure avec celui que narre De Quincey.

On peut penser toutefois que, à l'époque où notre auteur écrit, les choses n'étaient pas si simples. La contestation luddite dans les Midlands en 1812 ne fut peut-être que la part la plus visible d'un malaise général. Si les guerres napoléoniennes n'avaient pas brisé la jeunesse européenne et détruit les idéaux républicains, les nouveaux rapports humains que mettaient en place la thermo-industrie et le capital seraient-ils devenus si facilement la norme du monde développé de l'époque ? Peut-être la situation était-elle semblable à la nôtre aujourd'hui : l'idéal perdu laisse place au réalisme d'une croissance fondée sur la technique et promue au rang de valeur suprême.

Il faut noter qu'entre Newcomen et Watt on compte environ soixante-dix ans, entre la pompe de Watt et les vraies machines à tisser à vapeur une trentaine d'années, entre cette même pompe et la première vraie locomotive, cinquante ans. Ces durées indiquent-elles une difficulté d'ordre cognitif et matériel ou d'ordre social ? Les deux, sans doute, mais l'histoire néglige le second ordre.

En effet, les machines à tisser à vapeur se mettaient difficilement en place en Angleterre en ce début de XIXe siècle : Fulton avait vu son pyroscaphe jugé sans intérêt par l'empereur, Trevithick n'avait convaincu personne avec son char automobile, la locomotive de Stephenson n'était qu'une curiosité, le bateau à vapeur sur la Saône de Jouffroy d'Abbans restait bien peu opérationnel.

En même temps, l'éthique de la puissance se transformait : elle s'apprêtait à quitter le politique et l'économique ou le militaire pour s'exercer sur la totalité hommeenvironnement. Elle faisait converger dans une réalité nouvelle, technologique grâce à l'énergie fossile, l'ensemble des lignes tendancielles que je viens d'énumérer. J'ai décrit ailleurs le trépied idéologique qui soutient cette nouvelle domination[1] :

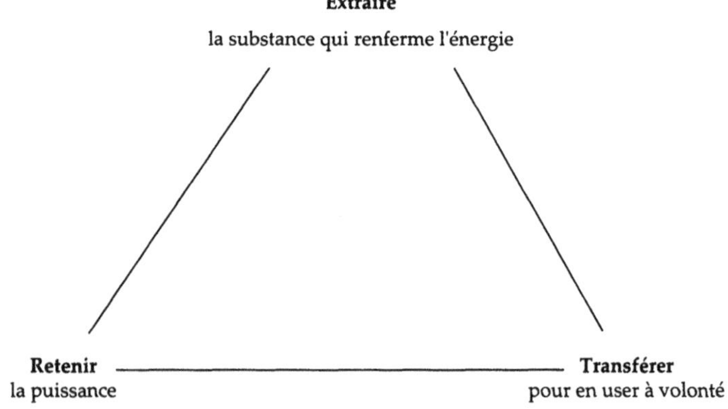

MOBILISATION DE LA PUISSANCE ET MOBILITÉ DES CHOSES COMME DES ÊTRES

L'invention de la *Rocket* par Stephenson en 1829 va enfin donner sa chance à la concrétisation de la puissance

---

1. A. Gras, avec la coll. de S. Poirot-Delpech, *Grandeur et dépendance*, Paris PUF, 1996.

mécanique dans cet espace-temps préparé par la malle-poste. Dans le contexte matériel (routes) et social (vitesse), la mobilité a trouvé un instrument adéquat pour se généraliser et nous conduire à la mobilisation totale de la puissance ; vers cette « *Totalmobilmachung* » que Ernst Jünger décrit, en 1929, dans *Le Travailleur*. Il y dépeint la nouvelle forme de domination qu'inaugure la force de la machine alliée à la nouvelle discipline du travail[1]. Peter Sloterdijk, allant plus loin qu'Ernst Jünger, parle de l'époque contemporaine comme de celle d'une « mobilisation infinie ». Il élargit la notion en s'appuyant sur le radical *mobil* : « Le capital cinétique fait exploser les mondes anciens [...], il met en marche des flux de biens, il fait traverser les mers aux flottes, il met en mouvement des escaliers roulants, il fait changer les atmosphères, il fait disparaître des faunes [...]. Le mouvement est parti, le pur mouvement [...], la cinétique est-elle par hasard le destin[2] ? » Mais cet aboutissement n'est-il pas inclus comme objectif ultime dans le concept scientifique lui-même de thermodynamique ? Le mouvement grâce à la chaleur.

Sloterdijk parle, certes, de notre époque, mais c'est déjà avec une « rapidité » stupéfiante que s'est déployée dans l'espace l'emprise du chemin de fer dès la mise au point de la locomotive, et de manière assez concomitante dans tous les pays de l'Europe de l'Ouest, dans les années 1830. En dix ans, des lignes éclosent un peu partout en Europe de l'Ouest et, très vite, un véritable réseau est construit. Je me contenterai de donner l'exemple du réseau français ci-dessous, mais cela vaut aussi bien pour tous les pays en voie de thermo-industrialisation. En Angleterre, pionnière en la matière, on comptait déjà 3 700 kilomètres de voie ferrée en 1845, 9 000 cinq ans plus tard et 21 000 en 1870. Aux États-Unis, le réseau passe de 2 818 miles en 1840 à

---

1. Le célèbre film de Fritz Lang *Métropolis* peut être vu comme une illustration des thèses de son contemporain.

2. P. Sloterdijk, *La Mobilisation infinie*, Paris, Christian Bourgois, 2000.

30 625 en 1860, puis à 93 261 en 1880. Dans toute l'Europe, l'apogée se situe à la veille de la guerre de 1914-1918.

Le réseau ferré français, 1844-1855

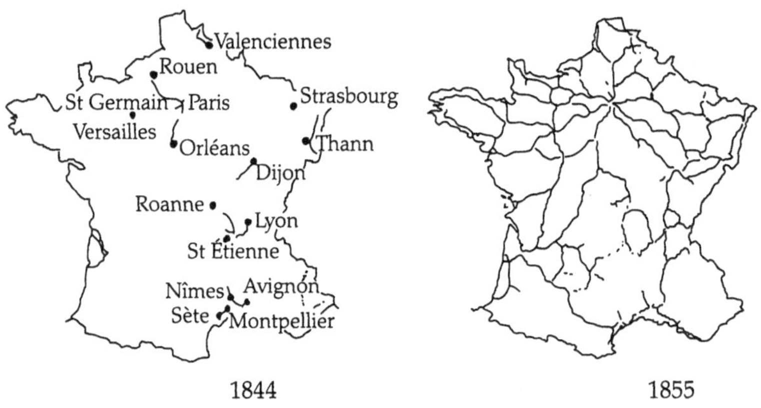

Source : A. Gras, *Les Macro-Systèmes techniques*, Paris, PUF, 1997, p. 70.

Compte tenu des moyens de l'époque, la rapidité du développement du réseau ferré (onze ans seulement séparent les deux figures) est stupéfiante et n'a rien à envier à celle du réseau Internet.

On ne soulignera jamais assez l'extraordinaire portée symbolique de cette invention, qui devint si vite une innovation sociale et bouleversa les mœurs des contemporains. La machine à vapeur entre à grand fracas dans le paysage à ce moment-là. Comme chacun sait maintenant, elle donnera le nouveau temps du quotidien. Un temps exact, celui collectif de l'aiguille de l'horloge de la gare, bien plus précise que les cloches de l'église, et celui individuel de la montre, gousset ou bracelet, dont l'expansion de l'usage accompagne l'extension de la pose des rails. Tous les artistes de l'époque ont compris l'importance de ce changement. Les débats entre historiens de l'économie du XIXe siècle qui voudraient démontrer que, finalement, le rail n'a pas eu l'effet déterminant que l'on croit [1] manquent l'essentiel : le chemin de fer introduit le pouvoir de la machine à vapeur et de la technologie nouvelle dans le quotidien de tout un pays, à la ville certes mais aussi à la campagne, ce qui est très nouveau.

La fumée de la locomotive prend une signification culturelle en plus de la signification mentale et technicienne, ou plutôt elle illustre au plus haut point le fait qu'un objet technique est donneur de sens par sa propre existence. La thèse de la neutralité de la technique est donc une contre-vérité entretenue par des philosophes qui ne veulent pas prendre parti face au péril contemporain. Ainsi, le chemin de fer est bien plus qu'une réalité d'ingénieur. Il apporte la preuve que les techniques induisent toujours un mode de vie, qu'elles impliquent nécessairement un rapport aux valeurs, qu'elles portent du sens en elles-mêmes, au-delà du discours que l'on peut tenir sur elles.

Ce nouveau système sociotechnique nous fit franchir le seuil de la bifurcation vers l'obsession technologique de la puissance tirée de l'énergie fossile et, très vite, il instaura un nouvel ordre métasystémique : lorsque la densité et la vitesse sur les rails augmentèrent, une information en temps réel sur les objets en mouvement devint nécessaire, et le télégraphe naquit ainsi comme le complément obligé, en tant que système d'information et de communication, de l'accroissement de la vitesse des transports sur rails. Et cela à peine vingt ans après la locomotive de Stephenson.

Le télégraphe Morse (choisi de préférence à celui, alphabétique, de Bréguet) rendit ainsi possible le premier macro-système technique moderne : un système d'information (transfert de signes) couplé à un système de transport

---

1. Dans un travail célèbre, un auteur américain a soutenu que les chemins de fer n'avaient contribué que pour 5 % au revenu national brut des États-Unis en 1890 et qu'ils n'avaient pas joué un rôle décisif dans l'industrialisation, ceci à l'encontre des thèses de Schumpeter et dans une volonté de généraliser le modèle. Mais il s'agit là d'un raisonnement d'économiste sans perspective anthropologique, car l'impact du chemin de fer se ressent à tous les niveaux de la réalité sociale. R.W. Fogel, *Railroads and American Economic Growth*, Baltimore, Johns Hopkins University Press, 1964.

(transfert de matière). D'autre part, les moyens électriques, associés à une procédure de maintien de la distance entre les trains (cantonnement), obligèrent le conducteur, pour la première fois dans l'histoire connue des hommes, à se soumettre à un contrôle centralisé et délocalisé. À l'inverse du cocher de la malle-poste, il n'était plus maître de son engin : des balises, des feux de couleur, des chefs de gare, etc., lui donnaient des ordres et une station renseignait un centre de régulation sur le passage des convois. Un nouveau contrôle, d'apparence technique mais en fait social, était né.

Ne peut-on voir ici l'embryon de ce qui deviendra la règle dans nos sociétés, un modèle de gestion des mouvements dont j'ai évoqué l'ombre à plusieurs reprises ? Un réseau maillé de distribution de flux, surveillé par tout un ensemble de capteurs d'informations qui retransmettent les données à des centres de décision, c'est-à-dire le positionnement du « progrès » sur une trajectoire technologique inverse de celle qui va vers la localisation.

La comparaison avec l'actualité va plus loin : les risques devenaient plus grands – plus que de renverser une charrette de pommes – et justifiaient sans aucun doute ce contrôle à distance. Or, de nos jours, la liberté savamment dosée est mise en question dès qu'une menace se profile à l'horizon. Certes, la photo de l'iris et la biométrie, par exemple, en réponse au risque terroriste, ne se situent pas dans le prolongement d'un système mis au point au milieu du XIXe siècle. Il n'y a aucun déterminisme technique allant dans ce sens. Toutefois, une manière de penser le monde, celle que Michel Foucault, Gilles Deleuze ou plus récemment Frédéric Gros nomment « société de contrôle », s'incarne techniquement et en toute légitimité. Le contenu de l'humanisme est révisé grâce à la pensée technicienne : « Technologie et contrôle ne font plus qu'un[1]. »

---

1. M. Levin, *Cultures of Control*, Harwood Academic Publishers, 2000.

Dans son ouvrage *La Société du risque*, devenu un best-seller du genre, Ulrich Beck fait apparaître la prise en compte du risque majeur comme une nouveauté récente. Je ne suis pas sûr de la véracité de ce postulat, il me semble plutôt que le risque majeur a toujours existé, mais qu'il existe aujourd'hui à un stade bien supérieur en termes de niveau d'agression. Les conséquences deviennent sans doute qualitativement différentes, « elles ne sont pas apportées par les cigognes », précise-t-il, et je souscris à son jugement sur l'actualité : « La société du risque est une société de la catastrophe. L'état d'exception menace d'y devenir un état normal [1]. »

La malle-poste, même améliorée, n'inaugurait rien sur ce plan, alors que l'objet technique train-locomotive assume une position centrale dans l'imaginaire contemporain. On comprend ainsi que cette technologie, que l'on avait pu juger archaïque et obsolète dans la phase ascendante (économiquement) du tout-pétrole de la seconde moitié du XXᵉ siècle, montre une grande vitalité. Elle s'affirme chaque jour à travers la rivalité renouvelée entre train rapide et avion, la redécouverte du tram en espace urbain, l'évidence, au grand dam des lobbies routiers, de la supériorité du ferroutage.

Fait étrange, le train réintroduit aujourd'hui du collectif dans cette société malade de ses techniques individualistes, il devient le remède aux méfaits de la surconsommation énergétique. Cet engin qui nous a mis sur la voie du monde incendié apparaît comme la plus économe des machines à transporter, si l'on en juge d'après le tableau ci-après.

Est-ce la confirmation de la ruse de la raison dans l'histoire, sur le modèle hégélien qui, après un aveuglement provisoire, revient sur l'axe central de sa trajectoire technologique ? Ou bien simplement l'effet d'une prise de conscience salutaire que la puissance ne s'obtient pas n'importe comment ? La réalité sociale du train appartient à une société où le souci d'éviter le gaspillage est encore

---

1. U. Beck, *La Société du risque, op. cit.*, p. 43.

Efficacité énergétique des transports

(100 km voyageur par n *kilos équivalent pétrole)*	
TGV	0,58
Train classique	0,94
TER	1,8
Métro RATP	0,72
Tramway	0,52
Autobus	1,1
Avion intérieur	5,4
Avion long-courrier	3,1
Voiture urbain	5,5
Voiture interurbain	2,6
(100 km tonne de marchandise par n *kep)*	
Train entier SNCF	0,4
Wagon isolé	0,46
Voie d'eau	1,2
Poids lourd + 25 t	1,85
Poids lourd − 13 t	5,2
Avion cargo	20 à 40

Source : à partir de statistiques ADEME.

présent[1]. Nos ancêtres, dans l'échelle des temps industriels, connaissaient encore le besoin d'économiser malgré le peu de cas qu'ils faisaient de l'environnement, nous en retrouvons le bénéfice aujourd'hui. Bénéfice relatif, bien sûr, aux autres moyens de transport ! En contrepartie, le train introduit le risque majeur et le contrôle. Tout mouvement historique est dialectique.

L'OBSESSION DE LA PUISSANCE SUR L'ESPACE-TEMPS

L'invention de la locomotive nous fait ainsi dépasser culturellement le stade premier de la machine thermique. Je fais même l'hypothèse que cette machine, qui a bouleversé notre rapport à l'environnement naturel, ne fut accep-

---

1. Il faut toutefois noter que si le train va trop loin dans son désir de vitesse, en singeant l'avion, il perd le bénéfice de sa sobriété. Pour passer d'une vitesse

tée que parce qu'elle a débouché, grâce à la locomotive, sur une nouvelle civilisation, celle des grands et des macro-systèmes techniques, dont les réalités sont multiples. Ce nouveau macrosystème est non seulement un ensemble politique en lui-même, puisqu'il recompose le paysage social en une entité économique construite pour faciliter les échanges marchands, mais encore il nous faut le considérer comme une mégamachine qui brûle de l'énergie fossile à un degré inouï. Même lorsque les communications sont immatérielles, il faut en effet disposer d'un ensemble maté-riel coûteux, émetteurs, récepteurs, lignes, centres, etc., comme on l'a vu dans la première partie. Cette forme de dépendance rend le citoyen prisonnier des choix faits à mille années-lumière de sa vie quotidienne. Le contrôle de la thermotechnique sur le citoyen s'amplifie, mais celui du citoyen sur la machine s'évanouit.

La manière dont le XIXe siècle a ainsi préparé les voyages de masse du XXIe reflète, comme dans un jeu de miroir déformant, la situation contemporaine : la bourgeoisie éclairée et l'aristocratie ont tracé la voie vers ce que Pierre-André Taguieff nomme le « bougisme », une mobilité de masse, une « bougeotte collective », qu'assurent des moyens de transport assoiffés d'énergie. Il est permis de se demander si la phase ultime n'est pas atteinte avec les paquebots dernier cri qui, à Miami, emportent plusieurs milliers de personnes dont le seul but est... de rester à bord ! Bouger pour bouger : il ne semble pas que l'histoire de l'humanité ait connu un tel phénomène et, d'une certaine manière, cela dépasse même le cade de la « *Totalmobilma-chung* » de Ernst Jünger. Cette dernière, en effet, exprime une « mobilisation » qui est aussi mobilité dans laquelle la figure du travailleur/producteur occupe la première place, alors que le « bougisme » est gaspillage de temps. Bouger

---

de 300 km/h à 350 km/h, par exemple, la puissance nécessaire croît (au cube) non pas de 17 % mais de 60 %.

devient un phénomène social par la qualité et la quantité des déplacements qui sont impliqués. En soi, le fait de bouger n'a pas de sens particulier, et il serait vain de chercher une comparaison à travers les siècles, un « bougisme » mérovingien par exemple.

Les rois dits « fainéants », pour approfondir cet exemple bien connu du grand public, « bougeaient » effectivement. Ils étaient transportés de ferme en ferme, avec leur cour, sur des chariots tirés par des bœufs. En réalité, démunis de moyens pour récupérer les impôts en l'absence d'administration fiscale appropriée, ils trouvaient là un moyen de se payer sur le dos de leurs barons. Sans oublier, car aucun fait social ne s'explique à un seul niveau, qu'ils avaient choisi cette « procédure » parce qu'elle correspondait à la coutume des Germains, semi-nomades d'antan. Aujourd'hui encore, par exemple, le nouveau roi de Suède doit parcourir son royaume et se faire accueillir par ses hôtes avant de devenir le souverain légitime, cette coutume portant le nom de *Eriksgata* (« le chemin d'Erik »). Si cette coutume n'a rien à voir avec nos mœurs modernes, celles-ci imposent aussi la mobilité comme consommation ostentatoire, signe de statut social, affirmation de puissance. Les chefs d'État excellent à ce jeu, mais les agences de voyages à bas prix proposent des simulacres de voyage-rencontre de l'indigène qui tentent aussi de donner une légitimité à ce qui n'est qu'une conséquence de l'*ethos* de l'obligation de mobilité généralisée. Êtres humains, marchandises et signes, images, sons vibrent ainsi à l'unisson dans la grande valse des flux tendus.

Toutefois, il n'est pas évident que le sort des uns et des autres soit le même. L'atelier chinois déverse ses biens manufacturés, l'Amérique du Sud nous fournit en café, soja, maïs, poulets, l'Afrique nous envoie haricots, cacao, fleurs, etc. Tout cela voyage dans un sens et finit bien par aller à la poubelle quelque part, éventuellement en revenant à l'envoyeur. Et ce ballet de la globalisation entretient une immense fournaise.

Le touriste, quant à lui, tourne, va et vient, se fait récupérer par son port d'attache. Le travailleur qui se déplace revient aussi à son point de départ, le consommateur tourne dans le centre commercial... Le tourbillon de la vie a toujours agité l'espèce humaine mais, cette fois, l'agitation coûte cher en chaleur dépensée. De ce point de vue, l'architecte Jean Robert, à la suite de Jean-Pierre Dupuy et Ivan Illich, a proposé des évaluations qui illustrent le « progrès » réalisé grâce à la machine, progrès qui semble bien relatif à la lecture de l'encadré situé à la fin de ce chapitre.

CONCLUSION PROVISOIRE : L'INCERTITUDE ET LE CHOIX

Revenons au catéchisme, à la *doxa* médiatique qui veut nous donner la clé des « métamorphoses de l'Europe » depuis les années 1750, celle que nous venons d'exposer. Les idées s'énoncent clairement, comme il convient à une pensée qui sait expliquer la marche du monde : « Les changements technologiques et ceux de la société sont intimement liés depuis les temps préhistoriques. Entre l'outil de pierre et l'organisation tribale déjà, puis entre la technologie et la société, cette interdépendance n'a fait que se renforcer, jusqu'à aujourd'hui et de manière spectaculaire, par exemple avec la société dite de l'information[1]. »

Énoncée ainsi, la proposition, représentative de la manière de penser l'histoire dans ce domaine, paraît assumer l'imbrication profonde entre deux phénomènes du réel... sauf que la société est composée d'humains en relation les uns avec les autres. En revanche, qu'est la technique ? Qui est-elle ? Opposer le social et la technique pour les réconcilier ensuite, voilà le comble de la perversité

---

1. Formulation que l'on trouve un peu partout, en particulier sur *Wikipedia*, sur le Net.

dans l'interprétation de l'autonomie du développement technologique.

Les sujets de la société, nous les connaissons dans leur singularité, puisqu'il s'agit de nous, mais les sujets de la technique, ou bien la technique en tant que sujet, où diable logent-ils ?

Monsieur Technologie change et Madame Société aussi, mais heureusement ils s'entendent entre eux pour aller de concert quelque part vers un lieu plus élevé de la conscience, hypothèse implicite dans ce verset de la vulgate progressiste.

Les interprétations simplifiées à outrance servent à en administrer la preuve : à technologie développée, société développée et inversement[1]. La mention de l'outil de pierre, référence omniprésente dans cette littérature, voudrait le prouver. Pourtant, c'est exactement le contraire que démontre cette référence : les civilisations hautement organisées de l'Amérique précolombienne en étaient à l'âge de la pierre ! J'ai déjà évoqué les attendus fallacieux de la raison évolutionniste pour laquelle « l'image de la continuité civilisatrice finit par s'imposer sur fond de croissance économique [et technique] aussi soutenue qu'aveugle[2] ». Avec le discours savant qui se greffe sur la société néo-(thermo)industrielle, la mystification est à son comble lorsque Internet est censé relayer la démocratie chancelante, les transports supposés apporter l'égalité entre les territoires, la robotique présumée supprimer les travaux pénibles ou les nanotechnologies célébrées comme arme décisive contre tous les maux de la planète. Il y a toujours un impensé de la véritable innovation technique et son éventuel succès garde une part de mystère. Dans l'introduction, j'évoque l'abus de confiance des prophéties techniciennes. Inhé-

---

1. Cette thèse est celle de l'évolutionnisme culturel donc Leslie White fut le champion, *The Science of Culture : A Study of Man and Civilization*, Percheron Press, 2005.

2. S. Juan, *Critique de la déraison évolutionniste, op. cit.*, p. 7.

rentes à la civilisation du progrès mais particulièrement nombreuses de nos jours, elles ne sont que de prétentieuses sottises lorsqu'elles se font passer pour une réelle connaissance du déroulement de l'histoire.

Reprenons, par exemple, le schéma classique de l'insertion d'un nouvel objet, ou d'une nouvelle pratique, qui se modélise dans une courbe dite sigmoïde[1].

Courbe logistique

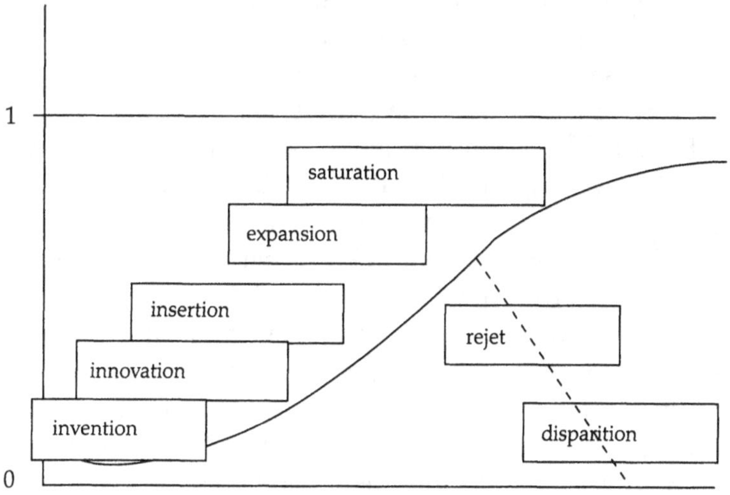

Schématiquement, durant la phase d'invention, le social n'est pas concerné. L'expérimentation se fait en laboratoire. Au cours de l'innovation, la rencontre avec le social se produit, mais sur un mode mineur. Ce n'est que dans la phase d'insertion que se décide la survie ou bien l'expulsion de l'objet par son environnement, qui entraîne sa mort sociale. Un des derniers grands objets techniques à avoir été ainsi « rejetés » par le milieu fut le Concorde. Mais

---

1. Ou en forme de S ; voir la courbe logistique ci-dessus.

on peut trouver facilement d'autres exemples : le train à sustentation magnétique entre Paris et Orléans, aussi bien que le skateboard expulsé des trottoirs parisiens, ou la rame de métro aspirée par des pompes à vide, imaginée par Jules Verne et réalisée en modèle réduit dans le réseau de distribution des pneumatiques à Paris jusque dans les années 1970. Comme je l'ai déjà souligné, la mémoire des vaincus est toujours perdue, en matière de technologie encore plus qu'ailleurs[1].

En phase d'innovation, il devient impossible de limiter le champ de l'expérimentation dans un milieu clos. C'est le cas actuellement des OGM, ce qui pose les problèmes que l'on sait. Or, pour la machine à vapeur, il en allait exactement de même : une pompe, une machine roulante, un bateau à vapeur ou un métier à tisser n'avaient pas de sens dans un espace clos. Il y eut donc des expérimentations grandeur nature, en particulier au XVIIIe siècle, mais aucun de ces objets n'avait réellement atteint, au cours de cette phase d'expérimentation, le niveau d'insertion écologique, le moment où le contexte devient accueillant, où le texte devient contexte. Sans doute, à part la pompe de Newcomen-Watt, en étaient-ils simplement à la phase d'invention. Ce furent des éléments de circonstance qui orientèrent l'Europe vers la trajectoire technologique du train, mais le train devint ensuite un facteur déterminant. Plus savamment, Marshall Sahlins utilise, dans un ouvrage récent, l'expression « structure de la conjoncture » ; elle pourrait

---

1. J.-M. Lévy-Leblond explique pourquoi : « L'oubli est constitutif de la science. Impossible pour elle de garder la mémoire de toutes ses erreurs, la trace de toutes ses errances », *in* « Un savoir sans mémoire », *La Pierre de touche*, Paris, Gallimard, 1996. L'indécision est aussi oubliée : « Automobile : nom qui a été donné à de curieux véhicules mus par un moteur à explosion [...], cette invention aujourd'hui oubliée n'a connu qu'échec et désapprobation », affirmait le *Dictionnaire allemand des techniques Brockhaus* en 1880. Mais, vingt-six ans plus tard, un article dans *Je Sais Tout* du Marquis de Dion s'intitule « L'automobile reine du monde » ; voir *Futuribles*, n° 238, 1999, p. 57. Voir aussi le récit de l'échec de la réhabilitation de la voie ferrée PC à Paris, B. Latour, *Aramis ou l'amour des techniques*, Paris, La Découverte, 1992.

bien convenir pour caractériser plus généralement l'invention de la trajectoire « chaleur » au XIXe siècle[1].

Ce qui me conduit à exposer ma quatrième thèse : le feu sous forme de chaleur enfermée dans la machine va servir à assouvir un fantasme de toute-puissance, non seulement sur l'espace mais aussi sur le temps. La thermodynamique nouvelle exige alors une mobilisation générale des énergies et transforme la planète en gigantesque machine thermique, tandis que la société s'organise sur le modèle du macrosystème technique où vitesse, contrôle des flux et énergie fossile sont intimement liés dans leurs développements.

Les 5 types de vitesse dans les transports (Jean Robert[2])

« Il convient de distinguer cinq types de vitesse : la vitesse technique, la vitesse de circulation, la vitesse porte à porte, la vitesse porte à porte à vol d'oiseau, la vitesse généralisée :

« – par *vitesse technique* d'un véhicule, j'entends celle pour laquelle il a été dessiné à performance moyenne : pour l'automobile, elle est d'environ 80 km/h ;

« – la *vitesse de circulation* est la vitesse des flux de véhicules mesurée sur routes ou sur voies ; elle dépend de l'état du trafic, c'est-à-dire de la composition des comportements de tous les conducteurs ;

« – la *vitesse porte à porte* d'un déplacement s'obtient en divisant la distance en ligne (ou mesurée sur route) entre l'origine et la destination par le temps écoulé entre le départ et l'arrivée ; elle tient compte des temps de non-transport (marche et attente) annexés par les transports ;

« – la *vitesse porte à porte à vol d'oiseau* est le quotient de la distance à vol d'oiseau (ou en ligne droite) entre l'origine et la destination par le temps de déplacement d'une porte à

---

1. M. Sahlins, *La Découverte du vrai sauvage et autres essais*, Paris, Gallimard, 2007.

2. J. Robert, *Le Temps qu'on nous vole*, Paris, Le Seuil, 1980, p. 64.

l'autre ; elle ne fait pas apparaître comme un « gain de vitesse » le nécessaire rallongement des distances sur routes imposé par les véhicules rapides et permet donc de confronter – pour des vitesses apparemment dissemblables – la valeur de déplacement d'un mode de transport donné à celle de la marche ou de la bicyclette dans un espace non déformé par la géométrie des transports ;

« – la *vitesse généralisée* d'un mode de transport tient compte de la quantité de travail nécessaire à celui qui s'en sert pour acquérir le moyen d'être transporté ; pour l'obtenir, il faut diviser le kilométrage annuel effectué par ce mode par le temps passé en un an dans ce mode de transport et à l'extérieur, par exemple, à gagner de quoi le payer ; Jean-Pierre Dupuy a calculé que, pour toutes les classes de revenus « moyennes » – de salarié agricole à cadre supérieur, à l'exclusion des millionnaires –, la vitesse généralisée de la bicyclette est égale ou supérieure à celle de l'automobile ; seuls les très riches gagnent vraiment du temps en auto. Les autres ne font qu'effectuer des transferts entre temps de travail et temps de transport.

« Les sociétés industrielles consacrent entre le quart et le tiers de leur budget-temps social à la production des conditions d'existence de la vitesse.

« Rome, il y a deux mille ans, avait près d'un million d'habitants. La société romaine consacrait moins de 7 % de son budget – temps social au transport et à la production de ses outils. Transformant ce temps en voyages, les Romains se hâtaient lentement à 4 kilomètres à l'heure, ou cavalaient à 20, comme Gengis Khân.

« En ces deux mille ans qui nous séparent d'eux, quel progrès technique, quantifiable, de la célérité des hommes a été rendu possible par l'augmentation du temps consacré aux transports ?

« La *vitesse technique* des véhicules terrestres a été multipliée par dix ou vingt.

« La *vitesse de circulation* moyenne du trafic urbain a triplé : dans les métropoles, elle oscille autour de 15 km/h, tous véhicules compris, et est inférieure dans les petites villes. Les ingénieurs tentent en vain d'accroître au-delà de ce seuil les vitesses de circulation : lorsqu'ils parviennent à le faire sur une voie, ils ralentissent la circulation sur les autres.

« La *vitesse porte à porte* moyenne des transports est, à Paris, de 10 km/h pour les transports collectifs et de 14,5 km/h pour les véhicules privés. Elle est en baisse régulière pour les autobus. Dans les villes plus petites, les vitesses porte à porte moyennes sont bien inférieures à ce qu'elles sont dans les métropoles. Une enquête du SETRA portant sur les villes de province de plus de 100 000 habitants donne : 5,5 km/h pour les transports collectifs, et 9,5 km/h en moyenne pour les véhicules privés.

« La *vitesse porte à porte à vol d'oiseau* des déplacements Paris-Paris est, en moyenne journalière, de 6,9 km/h pour les transports collectifs et de 9 km/h pour l'automobile ; durant les heures de pointe, elle baisse à 6,8 km/h pour les transports collectifs et à 7,5 km/h pour les autos. Dans certains secteurs, et à certaines heures, elle est inférieure – pour les deux types de modes de transport – à celle de la marche.

CHAPITRE 7

Le stade ultime du rêve thermodynamique : l'avion

Je terminais l'énoncé de la thèse du chapitre précédent en soulignant que vitesse, contrôle et énergie fossile sont intimement liés dans leurs développements. Or, l'avion, splendide et monstrueux engin, illustre au plus haut point l'aboutissement d'une branche de la trajectoire technologique de la chaleur. Il matérialise le pouvoir d'une pensée qui prolonge son rêve de mobilité infinie jusque dans le ciel, et le réalise pleinement grâce à une seule énergie fossile, miraculeuse sur le plan de la chaleur délivrée, le pétrole.

Cette réflexion sur les origines et le devenir de l'aéronautique voudrait montrer comment l'avion porte le mythe moderne de la liberté de mouvement et de la vitesse, associé à celui de l'usage à volonté et sans limites de la puissance du feu. Il accomplit pleinement le rêve *thermodynamique*. Cette puissance, en effet, prend forme mécaniquement dans le moteur à hélices ou à réaction, mais se révèle aussi sous une autre forme, terrifiante, dans les objets techniques agiles que sont les bombes et missiles. Car l'avion nous fait rêver intensément, mais il constitue une menace, et cela dès le début de son histoire. Il incarne, plus clairement que beaucoup d'autres inventions de l'ère industrielle, l'ambiguïté de ce progrès technique et le danger du jeu avec le feu.

Plus que toute autre machine, cet objet « plus lourd que l'air » concrétise les valeurs qui ont forgé la société contemporaine. L'aéronef est le dernier-né de l'innovation en matière de transports, puisque l'aviation commerciale n'est réellement apparue qu'après la Deuxième Guerre mondiale. Il reflète dans son usage commun l'éthique de l'urgence et du nomadisme de plaisir, mais il se révèle aussi moyen de résoudre par la force venue d'en haut les problèmes que l'on connaît en bas. Le pouvoir du rêve est mis en scène par cet engin, essentiellement sous les traits de la société de consommation (les plages des Seychelles, le carnaval de Rio, les souks du Maroc à tire-d'aile en un instant). Néanmoins, il présente une autre image à l'occasion de chaque conflit d'envergure, car se renouvelle alors l'expérience du déluge de feu tombé du ciel. L'avion porte le masque d'un Janus biface car, s'il procure le plaisir en abolissant les distances, il détient aussi le pouvoir de jeter l'effroi sur la terre[1]. Ange de l'apocalypse, il possède le tonnerre de Dieu, et sous cette forme noire il devient le fléau du monde.

Cet objet se situe aux avant-postes de la modernité, et le mythe d'Icare qui colle à sa peau synthétique confirme son ambivalence, car enfin Icare voulait être libre mais il s'est abîmé en mer et c'est la chaleur du soleil qui l'a perdu. L'aventure qu'est l'histoire de l'avion ressemble tellement à celle de la société thermo-industrielle tout entière qu'elle donne une sorte de condensé socio-anthropologique de cette société, en laissant entrevoir les obstacles majeurs situés dans un avenir proche. Lui consacrer le dernier chapitre de cet ouvrage, c'est aussi reconnaître en cette machine une figure emblématique de la société contemporaine. On peut

---

1. Voir E. Chadeau, *Le Rêve et la puissance. L'avion et son siècle*, Paris, Fayard, 1996.

en tirer des leçons essentielles lorsqu'on s'interroge sur ce que signifie l'expression, maintes fois répétée ici, de puissance *par* la chaleur. Sa place en conclusion couronne l'histoire de la machine à feu.

LES ORIGINES AMBIGUËS DE L'AÉRONAUTIQUE

Commençons par comparer la naissance de l'avion et celle de son concurrent : le train. Cette comparaison en dit long sur la manière dont le lieu intellectuel de l'innovation technique a, peu à peu, changé depuis le XIXe siècle. La récupération du pouvoir de la chaleur technicienne ne devint, en effet, une obsession des militaires qu'après la véritable révolution industrielle. Bien sûr, le feu de la poudre a toujours été présent dans les Temps modernes ; pourtant la technologie n'était pas la voie qui paraissait décisive aux stratèges. La démonstration de force que fait cette chaleur avec l'arrivée du machinisme, va, en revanche, changer la façon de voir la guerre et réorienter les armées vers une confiance sans cesse croissante envers la technique.

Je ne vais pas revenir sur la réussite du train au XIXe siècle, mais simplifier la situation pour les besoins de la comparaison. L'essor du chemin de fer se réalise dans un monde civil. Son installation dans le paysage de l'époque se fait sans encombre pour des raisons déjà mentionnées : un nouveau climat social dû à un changement du rapport au temps et à la vitesse, à l'organisation industrielle, et à bien d'autres facteurs non liés à un conflit quelconque. Malgré les critiques que suscite cette machine, accusée de détruire l'esthétique des campagnes, d'empuantir l'atmosphère des centres-villes où se trouvent souvent les gares, de provoquer des troubles physiologiques par sa vitesse inouïe, de couper les territoires artificiellement, elle surmontera les difficultés matérielles et les réticences morales pour s'imposer très rapidement.

Le chemin de fer ne sera conçu comme arme stratégique qu'assez tardivement. Par les Prussiens d'abord, qui l'expérimentèrent pour l'intendance puis le transport de troupes dans la guerre des Duchés (1862), contre les Autrichiens à Sadowa (1866) et contre les Français durant la guerre de 1870 sur le front de l'est. Par les Yankees aussi, car la guerre de Sécession fut l'occasion d'un usage massif du train pour les transports de troupes et l'intendance, notamment lors de la bataille finale de Gettysburg (1863). Cette guerre fut même la première à voir s'affronter d'immenses troupes rassemblées en un lieu précis, le train jouant alors un rôle primordial. Les Allemands perfectionnèrent l'arme « chemin de fer », et lors de la grande offensive du plan Schlieffen, au début de la Première Guerre mondiale, ils firent passer sur le seul pont de Cologne 560 convois de 54 wagons, soit 30 240 wagons, par jour. En France, au même moment, Gallieni rameutait à grand-peine les taxis parisiens pour emmener les soldats sur la Marne. Néanmoins, le chemin de fer ne fut pas directement une arme offensive (à une exception près, le train blindé de Trotski), même si le sens de l'organisation de l'armée allemande exerça ses talents dans le ferroviaire, et si ces talents furent mis à profit, sous le régime nazi, pour l'abomination que l'on sait.

Quant à l'automobile, il fallut une trentaine d'années pour qu'elle passe du statut de véhicule uniquement civil (1885) à celui d'engin agressif, sous forme de char d'assaut, à la fin de la guerre de 1914-1918. Les camions jouèrent à cette occasion le même rôle que le train, en arrière du front, pour le transport des troupes et l'intendance.

Il en va tout autrement de l'avion : l'échelle des temps se rétrécit. La durée du passage de la phase d'innovation à celle de son installation dans le monde militaire se raccourcit encore jusqu'à devenir infinitésimal.

En France, Clément Ader, dont certains historiens soutiennent encore qu'il fut le premier à avoir volé, avait déjà longuement développé, dans *L'Aviation militaire*, des idées sur la puissance offensive de l'avion du futur qui permettrait, par exemple, d'envahir (enfin !) l'Angleterre. Même si Ader n'évoquait l'usage de bombes qu'en tant que moyen parmi d'autres d'attaquer les forces ennemies, l'aéronautique ouvrait une nouvelle voie à la férocité du combat. L'ouvrage de Clément Ader a été publié en 1913 à partir de notes qu'il avait prises dès 1896[1].

Les romans de science-fiction, quant à eux, ne se privaient pas d'anticiper les effroyables ravages du feu venu du ciel. Albert Robida avait dessiné des villes en flammes attaquées par les airs en 1908 dans un album intitulé *La Guerre infernale*. H.G. Wells, la même année, avait publié *La Guerre dans les airs* qui, sur ce plan, n'est que la suite de *La Guerre des mondes* de 1898.

L'idée maîtresse repose sur le fait que l'arme aérienne prolonge l'arme de jet avec une brutalité inouïe, ce qui permet à l'imagination guerrière de s'enthousiasmer pour un moyen militaire qui pourrait être décisif dans un combat, non seulement par les pertes qu'il fait subir à l'ennemi mais aussi par la terreur qu'il lui inspire.

L'avion avait pourtant, au départ, l'apparence d'un engin pacifique et ludique ; en témoignent les premiers meetings aériens civils. Ceux-ci eurent lieu dans les grandes capitales européennes peu après le long vol de 1905, par exemple à Reims en 1909. Les éditorialistes s'extasiaient alors devant la réalisation de « ce vieux rêve de l'humanité », litanie que l'on entend encore aujourd'hui à chaque nouvelle étape franchie par l'aéronautique.

---

1. Ader fut financé pour ses recherches par l'armée, qui lui retira ensuite son soutien pour non-respect du cahier des charges avec son appareil, l'*Avion III*, qui aurait pourtant volé en 1897. Ader donna le nom français à l'objet technique ; le nom anglo-saxon d'*airplane* fait référence à Lilienthal (voir note suivante). On peut découvrir l'*Avion III*, entièrement restauré, au musée du Bourget.

Revenons donc aux origines. Dès que les frères Wright eurent fait voler leur curieuse machine, *Flyer*, à trois mètres du sol sur 260 mètres à Kitty Hawk le 16 décembre 1903, et surtout après le deuxième vol du *Flyer 3* durant lequel Wilbur Wright vola sur 38 kilomètres, les militaires commencèrent à s'intéresser à cette nouvelle machine, en laquelle ils virent tout de suite une arme de guerre potentielle. Une légende tenace veut que les frères Wright aient été méconnus dans leur propre pays. Certes, le long vol de 1905 ne fut pas suivi de l'intérêt immédiat des autorités, malgré, cette fois, une intense couverture médiatique. Mais dès 1907 le ministère de la Guerre proposa de leur acheter des avions, à partir d'un cahier des charges précis (un pilote plus un passager, 40 nœuds à l'heure sur au moins 18 kilomètres). Ce fut réalisé au prix de 25 000 dollars, et les premiers vols américains de machines devenues vraiment des aéronefs se déroulèrent dans une forteresse de l'armée, à Fort Myers, à partir du 3 septembre 1908. C'est d'ailleurs à cette occasion qu'après de nombreux vols réussis eut lieu un crash, qui entraîna la première mort aéronautique en Amérique, celle du jeune officier de l'armée Tom Selfridge qui accompagnait le pilote, lequel n'était autre qu'Orville Wright. Cet accident remit en cause provisoirement le soutien de l'armée aux frères Wright, mais, très symboliquement, le premier mort américain en avion était un militaire, ce qui minimisait la prise de risque et encourageait donc le développement de cette technique très périlleuse. Dans des années 1910, les dangers concerneront plutôt les civils, mais les victimes feront figure de têtes brûlées, d'aventuriers, ce qui leur donne ainsi une dimension héroïque. Là encore, jamais aucune technologie n'avait bénéficié de conditions aussi favorables à sa naissance, grâce à ce désir de liberté assouvi, de manière illusoire, dans le projet de conquête du ciel.

En Europe, dans les années 1905-1910, la figure de proue de cette conquête aux yeux du grand public reste le dandy brésilien Santos-Dumont, qui voulait donner à la France, avec la *Demoiselle* (ou *n.19*), l'avantage de posséder un engin facile à manier[1]. Facile peut-être, dangereux certainement. Les nombreuses morts (dont celle d'une femme) qu'elle causa eurent raison de cette invention pacifique, mais on oublia l'échec, la forte personnalité du Brésilien occultant le reste du tableau.

En tout cas, lorsque Blériot traversa la Manche en 1909, l'armée française montra le même intérêt que son équivalent étatsunien mais elle resta hésitante en raison, semble-t-il, du lobby des aérostiers, qui ne voulaient pas voir amputer leur budget au profit des plus lourds que l'air. Les aérostiers faisaient, en effet, de la résistance mais à juste titre : le même Santos-Dumont avait dès 1901 réalisé un vol de précision en dirigeable autour de la tour Eiffel, et en Allemagne, ennemie et grande rivale, les ballons du comte von Zeppelin (1838-1917) faisaient fureur. En 1908, le dirigeable LZ-4 emportait avec lui dix hommes sur 400 kilomètres. Avant 1914, une compagnie aérienne avait même été créée à Francfort. Sur la ligne Francfort-Leipzig, desservant plusieurs villes, elle avait transporté 34 000 passagers sur 173 000 kilomètres durant près de 3 200 heures, sans accident.

L'APOGÉE DE LA PUISSANCE DU FEU : UNE AUTRE HISTOIRE DES TECHNIQUES AÉRONAUTIQUES

En même temps que la technologie civile, et contrairement aux idées reçues sur le cas français ou américain, l'aviation militaire se développe rapidement. Dès 1911, le

---

1. Les Allemands tenaient la barre grâce à l'étude du vol plané par leur chercheur expérimentateur Otto Lilienthal et par la technologie du zeppelin. Le comte von Zeppelin découvrit le ballon lorsque, capitaine d'un régiment de hussards, il vit, durant la guerre de 1870, tomber dans ses lignes une montgolfière dont on voulait fusiller les occupants, en tant que francs-tireurs. Il les sauva et il devint le grand apôtre de la technologie du plus léger que l'air.

1er novembre très précisément, les Italiens lâchent en Lybie des bombes de deux kilos sur des agglomérations indigènes pour effrayer les populations.

De tout temps, lors des campagnes militaires l'agresseur a visé le potentiel de survie de l'ennemi en s'attaquant aux biens des producteurs sans armes, paysans principalement : récoltes brûlées, arbres fruitiers arrachés, moulins détruits, bétail abattu, etc. Quant aux civils, ils étaient souvent passés au fil de l'épée ou subissaient des sévices de toutes sortes, mais cela se produisait au cours de l'action, résultat de l'analyse d'une situation conjoncturelle ou simplement de la fureur du combat. Avec le canon, la terreur est anticipée, elle est dès le début incluse comme moyen de l'action, et elle transforme le monde ennemi en réalité que l'on qualifierait aujourd'hui de virtuelle. Cela permet d'abolir toute considération morale puisque l'autre n'a plus d'épaisseur humaine ; il n'est plus qu'une image de l'ennemi considéré comme un ensemble flou, acteurs combattants et acteurs passifs, qu'ils soient solidaires, indifférents ou même hostiles au conflit.

La machine volante prolonge l'effet du canon mais de manière démesurée. L'espace ennemi, dans sa majeure partie, est rempli d'otages et ceux-ci sont tous, potentiellement, des sacrifiés au dieu du feu venu d'en haut. À la suite du premier bombardement aérien en Lybie, deux ans à peine après l'exploit de Blériot, Gabriele D'Annunzio et Marinetti, le prophète du futurisme préfasciste, encouragent eux aussi l'attaque aérienne, et en 1912 un trimoteur (et triplan) Caproni piloté par Giulio Douhet attaque systématiquement les villages hostiles ou supposés tels. Ce Douhet, commandant les forces aériennes de Lybie, va devenir le premier théoricien de l'arme aérienne comme arme de destruction massive et de terreur. Son livre, *Il Dominio dell'aria* (*La Domination aérienne*), paru en 1921, va être aussitôt traduit en allemand et en anglais. Par la suite, de nombreux auteurs reprendront ses thèses. Douhet défend sans vergogne l'usage massif des bombes pour s'en prendre aux centres nerveux du pays ennemi. Il accorde ainsi une légitimité à ce que l'on appellera plus tard le bombardement de zone, c'est-à-dire le droit d'arroser un espace hétérogène, ce qui revient à terroriser les civils car il n'y a plus, selon lui, de différence entre combattants et non-combattants. De plus, il soutient – argument fallacieux repris depuis à chaque occasion – que le bombardement servira aussi à écourter la guerre car, outre les explosifs classiques, le gaz ou les engins incendiaires peuvent aisément anéantir des métropoles, puisque la densité de population y est extrêmement forte. Ainsi le moral de l'ennemi sera-t-il brisé. Sa critique de l'armée traditionnelle ira si loin qu'il sera traduit en conseil de guerre, puis réhabilité en 1917 avant de mourir en 1930, non sans avoir laissé un testament où il ne renie aucune de ses idées. Il détient véritablement le privilège d'être l'inventeur de l'avion comme arme de terreur[1].

La Première Guerre mondiale a rendu possible, dans tous les cas, un fulgurant développement de la technologie du « plus lourd que l'air » : on compte en août 1914 seulement 741 avions de ligne, en 1918, 16 000 et 35 000 en réserve ! Alors qu'en 1914 ne tombent du cockpit que des fléchettes explosives ou des bombes de 2 kilos, les mêmes que celle des Italiens en Lybie, à la fin de la guerre le bombardier allemand quadrimoteur Staaken transporte jusqu'à 1 tonne 8 de bombes. Et ce neuf ans seulement après l'« exploit » de Blériot !

Dans l'immédiat avant-guerre, malgré les prouesses de Santos-Dumont, Voisin, Ferber, Farman, Archdeacon, Blériot, Roland Garros (qui traverse la Méditerranée en 1912) et bien d'autres, l'innovation se propage apparemment lentement. Mais cette perspective n'est qu'un trompe-l'œil, le

---

1. Voir S. Lindqvist, *Maintenant tu es mort. Le siècle des bombes*, Paris, Le Serpent à Plumes, 2002 ; et P. Vennesson, *Les Chevaliers de l'air*, Paris, Presses de la Fondation nationale des sciences politiques, 1997.

succès de l'aéronautique est en réalité immédiat : a-t-on jamais vu une technique aussi périlleuse s'installer dans la niche de l'écosystème en quelques années seulement[1] ? Entre le premier vol sur une distance infime d'un homme allongé sur un engin quasiment ingouvernable, et le premier combat aérien (Roland Garros fait tirer son observateur, Bernis, sur un avion allemand le 22 août 1914), onze ans seulement se sont écoulés. Et si ce succès est dû en partie à la matérialisation du plus vieux rêve de l'humanité, il est aussi, et en bien plus grande partie, lié au fantasme du pouvoir du ciel sur la terre. La technique du « plus lourd que l'air », associée à la suppression des interdits moraux durant la guerre, favorise la démesure dans l'action. L'aventure aéronautique se déroule sur un fond politico-militaire, elle renforce dans sa violence l'éthique de puissance qui a accompagné la bifurcation vers la machine thermique du siècle précédent. Elle confirme la non-autonomie de l'histoire des techniques par rapport à des conditions externes à son domaine.

Deux décennies plus tard, durant la Deuxième Guerre mondiale, le même scénario se reproduit. À quelques différences près tout de même : les bombes de 250 kilos passent à une tonne, et si 154 000 tonnes sont lâchées en 1943, ce sera près d'un million de tonnes l'année suivante, dont une grande partie sur des populations civiles.

Les capacités de transport civil sont directement issues de cet effort de guerre. Alors que la guerre n'est même pas terminée, les premiers DC-4 traversent l'Atlantique. Ils sont suivis des DC-6 (52 passagers), du Lockheed 749 « Constellation » en 1946, des Boeing 377 « Stratocruiser » (81 passagers) en 1948. La voie est tracée vers le gros-porteur où la charge humaine remplace la charge explosive. Ici, la deuxième conflagration mondiale n'a joué qu'un rôle d'accélérateur. L'avion stratégique, celui qui jette le feu sur

---

1. À part, sans doute, le thermonucléaire dont l'origine est aussi militaire.

la terre, avait, comme on l'a vu, pris son envol dès la Première Guerre mondiale.

D'autres théoriciens que Douhet étaient également partisans de l'autonomie de l'arme aérienne afin de la faire passer pour une arme suprême mais, fait extraordinaire pour une nouvelle technologie, ces théoriciens avaient expérimenté eux-mêmes l'effroi provoqué par son passage au-dessus des têtes de leurs victimes. Se détachent les noms du général anglais Hugh Trenchard et de deux Américains, le général Bill Mitchell et l'amiral William Moffet. La doctrine de l'attrition, ou écrasement total de l'adversaire, même non combattant, était née.

Les Anglais en Palestine et à Bagdad en 1921, les Français à Chaouen (ou Chechahouen) en 1924 dans la guerre du Rif (pour sauver les armées de Franco en déroute[1]), les Italiens en Éthiopie (1936), les Allemands à Guernica (1937) pratiquent cette guerre totale qui ne fait aucune différence entre les civils et les militaires avant même la Deuxième Guerre mondiale. Les bombardements des villes en Allemagne nazie, Hiroshima, les défoliants au Vietnam, le napalm en Algérie, en sont la suite logique[2].

Ainsi, ce bel objet, d'une esthétique si pure[3], rassemble en lui tous les caractères de la modernité thermo-industrielle :

— le pouvoir du feu capté par son moteur à explosion ou à réaction ; la flamme de ce dernier ressemble à celle d'une

---

1. À cette occasion l'ypérite, interdite par les conventions de la guerre, dont l'usage est attribué aux Allemands, et les bombes au phosphore sont utilisées sur une ville où il n'y avait plus de combattants.

2. Pour une vision globale, voir I. Patterson, *Guernica and Total War*, New York, Harvard University Press, 2007. De manière surprenante, un auteur qui veut donner un point de vue philosophique sur l'aéronautique, néglige totalement cet aspect qu'il met au compte des « ratés de la technoscience » : D. Parrochia, *L'Homme volant. Philosophie de l'aéronautique et des techniques de navigation*, Seyssel, Champ Vallon, 2003.

3. Il suffit de comparer avec les autres objets qui volent dans le ciel, notamment les engins spatiaux, sortes d'assemblages hétéroclites de pièces de Meccano.

lampe à souder, et les ingénieurs ont coutume de dire qu'avec suffisamment d'énergie on pourrait faire voler n'importe quoi, y compris un fer à repasser ;

– l'efficacité de la chaleur rayonnée par les explosifs que l'avion jette du haut du ciel ; cette chaleur est indirecte dans le cas des bombes classiques, directe avec les bombes au phosphore, le napalm ou le thermonucléaire[1] ;

– sur le plan civil, l'aéronautique possède la particularité de s'être construite dès l'origine sur le modèle général du macrosystème technique, cette gigantesque machine à gérer les flux, née avec le chemin de fer couplé au télégraphe.

LE SUCCÈS DE LA MÉGAMACHINE « TRANSPORTS AÉRIENS » :
LE CONTRÔLE DE LA MOBILITÉ INFINIE

L'avion doit accepter le contrôle du sol afin de limiter les risques liés au trafic. Sans doute aussi ce contrôle a-t-il eu pour fonction de brider le désir des pilotes de profiter de la liberté du ciel. En cela aussi l'aéronautique s'installe dès l'origine dans le cadre de la société à risques. Elle reconnaît toutes ses contraintes et développe très vite des procédures adéquates pour tenir compte de ce qu'il est convenu d'appeler aujourd'hui le « facteur humain »[2].

Le « plus lourd que l'air », à la différence du dirigeable, a su, en effet, rapidement bénéficier des enseignements de son rival terrestre ferroviaire et de ses acquis en matière d'organisation et de contrôle des flux. La grâce du planeur qui profite des humeurs d'Éole et affirme la liberté négociée de l'homme dans les trois dimensions, sur laquelle le

---

1. Bombes au phosphore ou napalm : 14 000 tonnes sur le Japon, 32 000 tonnes en Corée, 376 000 tonnes au Vietnam.

2. R. Amalberti, dans *La Conduite des systèmes à risques*, Paris, PUF, 2001, prend à contre-pied la doctrine du risque zéro. Une telle position, selon moi totalement justifiée, a du mal à passer le cercle des spécialistes. Par l'image qu'elle véhicule d'un diable toujours caché dans la boîte, elle met en péril l'acceptation sociale des organisations à haute fiabilité (HRO), c'est-à-dire de tout ce qui fait l'environnement de notre vie quotidienne, en premier lieu les centrales nucléaires. R. Amalberti, C. Fuchs, Cl. Gilbert (dir.), *Le Risque de*

précurseur Otto Lilienthal avait fondé ses épures au XIXe siècle, a été vite oubliée au XXe siècle. Le rêve d'Icare du vol en liberté s'est vite vu contrarié par les « rampants » restés à terre. Dès 1910, il devient obligatoire d'atterrir sur des lieux autorisés ; dans les années 1920 se tracent les premières lignes. En France ressortent la figure de Mermoz et l'épopée de l'Aéropostale dans la construction du réseau ; dans les années 1930, le contrôle aérien en altitude fait son apparition ; et en 1944 est créé à Chicago un instrument de gouvernance mondiale, l'OACI (Organisation de l'aviation civile internationale), qui siège aujourd'hui à Montréal. L'avion deviendra de plus en plus un « oiseau mécanique[1] », dépendant du sol et entièrement contraint dès qu'il s'envole. Il doit suivre, en effet, des routes marquées par des radiobalises, ou de nos jours des points virtuels, et il est surveillé par les yeux du radar du début à la fin de son vol. L'on ne sait plus aujourd'hui si c'est le pilote ou le contrôleur aérien qui reste le « dernier rempart de la sécurité aérienne[2] » mais, en tout état de cause, le fonctionnement efficace de cette mégamachine est assuré par une énorme infrastructure au sol.

Il faut donc noter que la chaleur vient aussi de la terre[3], car ce gigantesque dispositif d'information et de communication va au-delà des organismes de contrôle aérien,

---

défaillance et son contrôle par les individus et les organisations dans les activités à hauts risques, Grenoble, Publication de la MSH-Alpes, 2002.

1. S. Poirot-Delpech, « Icare et l'oiseau mécanique », *Alliage,* n° 6, 1990, p. 43-51, disponible en ligne : cetcopra. univ-paris1.fr. Cela est aussi vrai pour les militaires, voir G. Dubey et C. Moricot, *La Polyvalence du Rafale ou l'Objet total,* Document du C2SD, n° 81, 2006, en ligne : www.c2sd.sga.defense.gouv.fr, et « Pilotes de chasse : tradition et modernité à l'épreuve de la polyvalence des avions de chasse », *in* F. Gresle (dir.), *Sociologie du milieu militaire,* Paris, L'Harmattan, 2005, p. 137-153.

2. F. Rouzies donne ce rôle au contrôleur dans sa thèse *La Question de la sécurité dans l'aviation civile,* 2007, disponible en ligne : cetcopra. univ-paris1.fr, ce que conteste M. Jouanneaux, *Le pilote est toujours devant. Reconnaissance de l'activité du pilote de ligne,* Toulouse, Octares, 1999.

3. L'aéroport Charles-de-Gaulle consomme 3 milliards de kWh par an, soit l'équivalent d'une ville de 150 000 habitants.

regroupés sous le nom d'Air trafic management (ATM). Il recouvre la planète entière, et en cela aussi l'aéronautique est mondiale par sa nature technologique. Autre exemple, la gestion des flux de passagers est assurée par les grandes compagnies, grâce à des centres de traitement de données prévisionnelles (*yieldmanagement*) et de régulation en temps réel. C'est ainsi que le modèle *hubs and spokes* a pu être mis en place par les compagnies régulières : des *hubs*, nœuds de communication (littéralement « moyeux »), captent les voyageurs venus de la circonférence en suivant les *spokes*, lignes (littéralement « rayons de bicyclette »). Les flux sont ainsi rassemblés pour être envoyés sur un axe central. Air France, par exemple, récupère à son *hub* de Roissy-CDG des passagers venus de toute l'Europe en partance pour des destinations éloignées, le court ou le moyen courrier alimentant le long courrier. Sur le plan économique, cette solution est très efficace, et la compagnie française est devenue une virtuose du genre. Air France a la chance d'être bien placée grâce au *hub* de Roissy-CDG. Celui-ci reste, en effet, un des rares à pouvoir encore augmenter le nombre de voyageurs, et il est prêt à accueillir dans quelques années de 80 à 100 millions de passagers (en 2006 : 55 millions). Les compagnies aériennes défendent le modèle du *hub*, même sur le plan écologique, en arguant du fait que des liaisons directes ne rempliraient pas les avions, et qu'une part du carburant serait perdue. Néanmoins, on rencontre là les limites *éco*-logiques de la logique purement financière, insouciante de la réalité environnementale, car en réalité les compagnies se volent mutuellement les passagers. Par exemple, Air France-KLM transporte de Madrid ou Stockholm vers Paris-CDG des passagers pour Los Angeles ou Bombay qui auraient pu prendre la ligne directe d'Iberia ou SAS.

Cela ne justifie pas non plus les « points à points » que proposent les compagnies bon marché, car celles-ci multiplient les possibilités de déplacement, souvent inutiles, et accroissent la pression touristique sur l'espace et la chaleur induite (résidences secondaires et lotissements pour vacanciers, dont l'Espagne s'est fait une spécialité, font couler le béton[1]). De plus, cela concerne moins directement la question thermique mais vaut la peine de ne pas rester méconnu, elles font du *dumping* en cherchant les profits autour du vol : services annexes, conditions de travail du personnel, mais aussi subventions publiques[2]. Dans tous les cas, les compagnies régulières, à bas coût ou charters favorisent un incessant ballet aérien qui recouvre de sa toile la planète et contribue à son réchauffement.

L'ABSOLUE DÉPENDANCE PAR RAPPORT À LA CHALEUR DU PÉTROLE

La stratégie de la puissance par la chaleur technicienne se voit ainsi portée au plus haut niveau par l'aéronautique, qui fait figure d'archétype de la modernité thermique si l'on tient aussi compte du rôle que joue le pétrole. Seule l'extrême densité énergétique de cet hydrocarbure permet, en effet, à l'avion d'atteindre la performance étonnante de son vol. Comme le montre le tableau p. 235, ce gaz liquide dépasse de loin toutes les autres énergies fossiles en matière de puissance délivrée par unité de volume. En

---

1. Gérone est devenue le centre des flux vers la Costa Brava avec un nouvel aéroport qui dessert, grâce aux compagnies à bas prix, 49 destinations. Mais après la Costa Brava et la Costa del Sol, c'est maintenant le littoral du Pais Valenciano qui est soumis à cette furie dévastatrice due à la recherche du soleil par les Nordiques. La consommation de ciment a augmenté dix fois plus vite que la population, en moyenne chaque kilomètre carré en a reçu 288 tonnes, cinq fois plus que la moyenne européenne et trois fois plus que celle du reste de l'Espagne. E. Garcia, « La croissance du béton », *L'Écologiste*, n° 21, 2007.

2. La redevance passager sur la partie de l'aéroport affectée aux *low-cost* sera de 1,30 euro contre 6 euros sur celle des compagnies régulières avec un temps d'escale limité à moins de 20 minutes. Cela devrait permettre aux *low-cost* une réduction de 60 % de leurs coûts. Voir dossier « Les *low-cost* sous surveillance », *Pilote de ligne*, n° 53, 2007.

outre, il convient parfaitement à l'architecture de l'avion, il est aisé à manier et à stocker, dans les ailes par exemple.

Les hydrocarbures liquides, une compacité énergétique inégalée

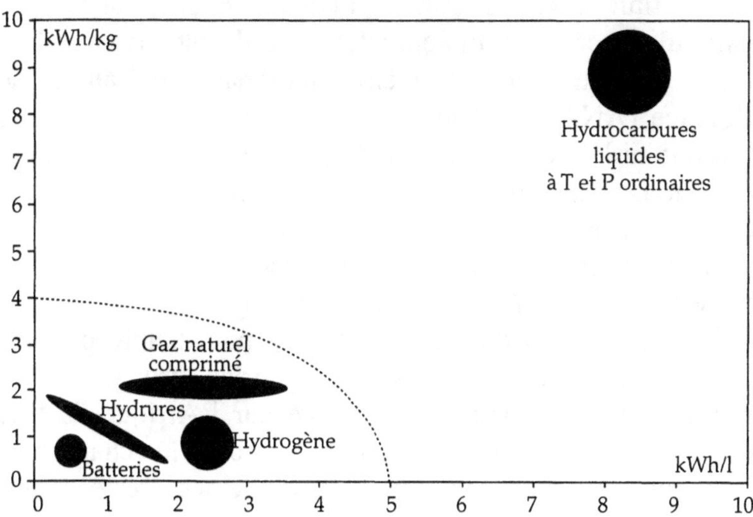

Source : P.R. Bauquis, « Quelles énergies pour les transports au XXIe siècle », Groupe « facteur 4 », 2006, www.industrie.gouv.fr/energie/prospect/pdf/facteur4-bauquis-transp.pdf.

On peut constater ici la réalité de l'extraordinaire avantage que présente le pétrole pour le moteur thermique, que l'on en juge par le poids (ordonnée) ou le volume (abscisse). Un kilo ou un litre contient une énergie sans commune mesure avec les autres sources potentielles d'énergie.

En contrepartie de cette affinité entre l'avion et le kérosène s'institue une totale dépendance du premier par rapport aux sources d'approvisionnement. Or, pour les experts de l'ASPO[1] (Bauquis, Laherrère, Campbell), le moment où la production commencera à baisser – le *peak oil* ou « pic

---

1. Association for the Study of Peak Oil.

de Hubbert », aujourd'hui connu de tous grâce à plusieurs ouvrages sur la question (voir bibliographie) – se rapproche et peut même devenir une échéance à court terme, entre 2007 et 2010. Pour d'autres, on peut attendre 2020 et même au-delà. Il en va ainsi pour toutes les machines de la civilisation thermo-industrielle : la question du carburant de substitution se pose partout, mais elle prend là une acuité particulière car seul un équivalent liquide est envisageable. Deux colloques de l'Académie nationale de l'air et de l'espace (ANAE) à Toulouse ont permis de confirmer le fait que ni l'électricité ni l'hydrogène liquide ne pouvaient être envisagés comme solutions de substitution[1]. En outre, ce ne sont que des énergies secondaires. Utiliser l'éthanol serait atteindre le sommet de l'absurde : de *eat or drive* on passerait à *eat or fly* – manger ou voler !

La liquéfaction du gaz, ou du charbon, par le procédé allemand Fischer-Tropf est plus appropriée sur le plan technique et est déjà largement utilisée par l'Afrique du Sud (SASOL : fabrication développée pour le charbon à l'époque de l'embargo), mais le rendement reste faible. Dans le cas du charbon, la pollution est quasiment doublée puisque le combustible est réchauffé à haute température afin d'en extraire l'hydrocarbure, d'où le dégagement du gaz carbonique dans cette première phase, en pure perte.

Malgré ces inconvénients, l'émirat de Quatar – à côté de celui de Dubai qui a construit un immense aéroport où convergent les lignes aériennes du monde entier – a choisi cette voie de liquéfaction, à partir du gaz naturel, pour produire son pétrole. Brûler une tonne de houille, ou l'équiva-

---

1. Il a aussi été envisagé d'injecter de l'hydrogène liquide dans la tuyère du réacteur, et en 1955 un avion américain a même volé avec ce procédé. Les problèmes de structure et de poids que posent le transport en service commercial de ce carburant dans le fuselage et les ailes paraissent pourtant insurmontables. En outre, on ne connaît pas bien les effets du rejet à haute altitude de la très grande quantité d'eau produite, ni les conséquences pour les riverains en approche à basse altitude.

lent en gaz, pour en retirer au mieux 200 litres de kérosène ne semble pas bien raisonnable [1].

D'autre part, les forages sont devenus risqués sur le plan financier car les réserves sont de plus en plus difficiles à exploiter. Je rappelle les données de la première partie : les sables de l'Alberta – l'Alberta Saoudite, comme le nomment certains – ont un rendement de 50 %, pratiquement aussi faible que la transformation Fischer-Tropf.

S'il n'y a pas de carburant de substitution, peut-on envisager des économies substantielles d'énergie ? Certes les progrès sont réels : dans les années 1960 le B-707 brûlait 10 litres de kérosène par passager pour 100 kilomètres ; aujourd'hui l'A-380 ou le B-787 en brûlent moins de 3 litres, la moyenne générale se situant autour de 4,8 litres. Mais là encore des paradoxes surgissent : les gros avions sont moins efficaces que les petits, et le rendement diminue vite dès lors que le rayon d'action dépasse 4 000 kilomètres. Il faut en effet que le pétrole se transporte lui-même, car l'avion civil ne peut se ravitailler en vol, et l'on prend conscience de l'énorme consommation en pure perte que représente un rayon d'action de 15 000 kilomètres, tel celui des derniers aéronefs cités. Pour prendre un exemple simple : le B-777, avion récent, doit charger 100 tonnes de pétrole pour un vol dans son rayon d'action maximum, et là-dessus 40 tonnes seront brûlées simplement pour transporter le carburant.

Mais quel passager accepterait de prendre une compagnie qui lui demanderait trois sauts de puce et deux fois plus de temps qu'un trajet direct ? À chaque bifurcation possible dans l'usage de l'innovation technologique nous retrouvons la question de notre mode de vie et de la

---

1. Le projet de SASOL, *Coal To Liquid* ou CTL, est de construire des usines qui produiraient 80000 barils par jour à partir de 60000 tonnes de charbon par jour (1 baril = 159 litres), en Afrique (Nigeria, outre l'Afrique du Sud) et dans les États du nord des États-Unis pour commencer. Le danger est immense car, selon certains experts, 10 % des réserves de charbon de la Chine produirait l'équivalent des réserves prouvées de pétrole.

recherche du confort à tout prix, véritable drogue de consommation courante.

Autre exemple de ce poids de l'urgence dans le transport : les *fans*, avions à moteurs à hélices perfectionnés et très économes, mis au point à la fin des années 1980, ont été abandonnés lorsque le pétrole est redevenu bon marché après la guerre du Golfe. Il n'était pas envisageable de voler à mach 0,75 (au lieu de mach 0,83), vitesse maximale des *fans*, et risquer de perdre presque une heure entre Paris et New York !

Le plaisir des usagers de la technique du « plus lourd que l'air » va sans doute, dans ce cas, bien au-delà de la simple consommation de l'espace et du temps, car l'aviation civile met en scène un bien bel objet qui réunit en lui tous les ingrédients socioculturels de la modernité ; il est le vecteur de ce qu'Umberto Eco appelle le voyage dans l'« irréalité quotidienne ».

L'aviation militaire, de son côté, se soucie peu, évidemment, des coûts sociaux et de l'empreinte écologique ; pourtant elle ne peut se désintéresser du fait aéronautique en tant que tel, de la place centrale qu'il occupe dans notre civilisation de la chaleur. Et le privilège accordé aux armées de l'air, en cas de pénurie, ne ferait qu'aggraver la situation pour les civils.

CROISSANCE AU BEAU FIXE OU NUAGES DANS LE CIEL ?
UNE PROSPECTIVE ÉTONNANTE SUR L'EXTENSION DU RÈGNE
DE LA CHALEUR

Ces risques dans le futur proche ne perturbent pourtant pas l'actualité du transport aérien, qui croît au rythme de 5 % par an pour le trafic passagers (6,3 % en 2006), tandis que le fret aérien, nerf de la guerre commerciale mondiale, augmente sur certaines destinations encore plus vite que le trafic des passagers. Sur l'axe Europe-Asie ou Asie-Amérique du Nord, il est prévu une augmentation du trafic aérien de 7 % par an entre 2005 et 2025, de près de 11 % à l'intérieur de la Chine, et de 6,1 % en moyenne dans le monde jusqu'en 2025 [1].

Sans doute cette agitation entretient-elle la dernière illusion de puissance de l'humanité contemporaine, et fournit-elle encore de merveilleux rêves de domination du temps et de l'espace, ce qui expliquerait la réticence à prendre conscience de sa fragilité. Ainsi, les prévisions des compagnies à vingt ans en matière de prix du baril sont à la baisse ou au maintien du coût à 60 dollars ! Cette hypothèse contredit totalement les prévisions des experts cités du *peak oil* et semble peu vraisemblable. Même si de nouvelles réserves permettent d'aplanir le pic, les conditions d'exploitation seront telles, si l'on en croit les données objectives que je viens de fournir, que la pression à la hausse se traduira par des crises brutales. Un rythme de croissance qui nécessite autant de chaleur fossile paraît difficilement soutenable, d'autant qu'il s'accompagne de nuisances d'autres types : bruit, CO_2 et nitrates en haute atmosphère beaucoup plus polluants, ou bien de nuisances moins connues telles que les *contrails*, nuages artificiels produits par les traînées des avions lorsqu'ils se croisent sur des nœuds de communication à haute altitude.

Toutefois, une solution semble s'imposer, même si elle n'est pas idéale : limiter les déplacements par la hausse des prix. Les transports aériens civils comptant pour 4 % de la consommation globale de pétrole (5,5 à 6 % avec les militaires), il suffirait que les autres usagers trouvent de nouvelles sources d'énergie, afin de laisser le robinet ouvert pour l'aéronautique uniquement. On peut aussi songer à imposer ce transfert du terrestre vers l'aérien si notre richesse nous fait considérer celui-ci comme non négociable pour notre mode de vie. Cela ne serait pas contraire à l'« éthique » de la concurrence, puisque le néolibéralisme, loin de faire dépérir l'État, lui confie toutes les

---

1. Selon les estimations Boeing, 2005.

tâches ingrates, par exemple répartir la pénurie. Il va sans dire que, même dans ce cas, la hausse des tarifs est inévitable, et si l'avenir du transport aérien de masse est mis en cause, on peut se demander si l'industrie du tourisme bon marché ne va pas se transformer en un château de cartes. Pourtant cette crainte est loin d'être à l'ordre du jour dans le milieu aéronautique[1].

L'aéronautique offre donc un passionnant terrain pour la « grenouille au bain-marie ». L'aviation civile dessine, de manière presque caricaturale, le visage du monde contemporain face au problème thermique. Tous les pouvoirs de la chaleur se rassemblent dans l'usage d'une seule énergie fossile, sans que la perspective de la fragilité de cette dépendance soit envisagée comme un élément essentiel du réel à venir. L'élément feu donne ainsi son identité au phénomène avion, à un degré bien plus élevé que dans les autres technologies puisqu'il regroupe, associées étroitement à son histoire, la puissance de la machine de destruction et la puissance de la machine de construction du village mondial.

Au cœur de la modernité contemporaine, au centre de la dynamique de globalisation, se découvre ainsi un objet technique fascinant par son esthétique propre, par l'apparente et fallacieuse grâce de son mouvement, par la sensualité de ses vibrations, par la volupté du transport qu'il nous procure. Sa gourmandise en pétrole dépasse celle de tous les autres moyens utilisés pour nous déplacer, mais on lui pardonne. Il incarne au plus haut point la manière dont la technique nous fait vivre dans un espace-temps fantasmatique, sans rapport avec celui de nos ancêtres. Un espace-temps qui donne au

---

1. Lors du colloque de l'ANAE les 30 novembre et 1er décembre 2006, « Le transport aérien face au défi énergétique », il était stupéfiant de constater l'accord général sur l'impossibilité de trouver un substitut au pétrole, la mise en garde sur l'impossibilité d'aller au-delà de 30 % de gains de consommation de pétrole, alors qu'en même temps prévalait l'optimisme d'autres orateurs qui prévoyaient avec assurance l'évolution de l'aviation civile jusqu'en 2050, la flotte mondiale étant alors multipliée par un cœfficient de trois à cinq !

transfert de matières une apparence similaire à celle des transferts de signes, à savoir l'ultrarapidité. Ce rapproche-

Prévisions du pic du pétrole selon divers experts

Source	Date estimée	Source	Date estimée
Experts individuels		**Gouvernements**	
A. Bakthiari	2006-2007	Gouvernement néerlandais	après 2030
M. Simmons	2007-2009	Gouvernement français	2020-2030
C. Skrebowski	2007-2010		
K. Deffeyes	2005-2009	**Sociétés de conseil**	
J. Laherrère	2010-2020	IHS Energy	2011-2020
P. Odell	2060	Douglas Westwood	2010-2020
B. Pickens	2005-2007	Energy Files	2010-2020
M. Lynch	après 2030	PFC Energy	2014-2025
C. Campbell	2010		
S. Al-Husseini	2015	**Organisations de conseil en énergie**	
J. Gilbert	2010	World Energy Council	après 2020
T. Petrie	avant 2010	Energy Research Center Netherlands	2010-2035
		CERA	après 2020
Compagnies pétrolières		ASPO	2010
CNOOC	2005-2010	AIE (scénario d'investissement différé)	vers 2020
Total	2020-2025	AIE (scénario à ressources élevées)	après 2030
Shell	après 2025		
BP	Nous ne pouvons pas savoir	**Autres organisations**	
Exxon-Mobil	après 2030	Volvo	2010-2015
		Ford	2005-2010

Source : Oligocène.org, ASPO, sur la base du site néerlandais *World Oil Production & Peaking Outlook*, juin 2007.

Malgré la diversité des prévisions, un accord moyen se fait autour d'une date avant 2020 ; pour le WOPPO les probabilités se situent entre 2012 et 2017. Cet obstacle rend quelque peu suspectes les prévisions, très optimistes, d'évolution du trafic aérien.

ment est plus symbolique que réel, certes, en raison de la quasi-immédiateté du transport de signes, mais il laisse à penser que les objectifs sont les mêmes, à savoir abolir l'obstacle du temps et réduire la planète à la dimension d'un village, mythe forgeur d'images dans lesquelles nous baignons intellectuellement.

Ma cinquième thèse est la suivante : le regard porté sur l'avion impose, comme dans la cure psychanalytique, l'anamnèse, c'est-à-dire l'obligation de revenir sur les origines pour se libérer des chaînes du présent et de la prison d'un avenir déjà là. Le passé réinterrogé de la technologie thermique nous montre qu'elle fut – qu'elle est – un accident et non une nécessité dictée par l'évolution générale des techniques. Le pari modeste de ce livre sera gagné si le lecteur accepte ce postulat qui ouvre la pensée à toutes les bifurcations possibles vers d'autres écosystèmes débarrassés, au moins partiellement, des énergies fossiles.

Le thermique et le militaire[1]

Je voudrais ici me permettre une brève digression sur les rapports entre fait militaire, fait technique et fait thermique.

Certes, l'armée a toujours recherché des armes plus efficaces que celles de l'adversaire, mais la stratégie militaire n'incluait le fait technique qu'en tant qu'élément d'un ensemble, où il n'était pas privilégié. Les tactiques changent souvent, sans que l'innovation technique en soit la cause. Cortes a conquis le Mexique non pas grâce au mousquet ou au cheval mais par une manière inattendue, pour les Aztèques, de faire la guerre. Pissaro fit de même sous d'autres formes avec les Incas, Pombal au Brésil, puis contre les « missions » jésuites du Paraguay et de l'Amazonie. Il faut noter qu'à

---

1. Concernant la bibliographie sur ce sujet, se reporter à la bibliographie générale de cette partie, p. 269-272

l'époque de Cortes un archer indien pouvait tirer avec précision à cinquante mètres et décochait six flèches au moins durant le temps mis par le mousquetaire à recharger son arme, qui ratait sa cible à dix mètres. En Amérique du Nord, l'avancée lente et méthodique des colons refoula les Indiens, mais ce fut surtout une conquête démographique qui désorganisa l'écosystème indigène, associée à un jeu d'alliances avec les Blancs qui transforma les rivalités tribales traditionnelles en guerres civiles. Dans ce dernier cas, bien représentatif, ce n'est qu'au milieu du XIXe siècle, en pleine expansion coloniale de l'Europe, que se déclenchèrent les guerres indiennes, qui sont en fait des guerres d'extermination. La victoire s'avéra facile, après la guerre de Sécession (1860-1865), car la technologie militaire avait fait un bond en avant et produit la mitrailleuse, si efficace contre les fabuleux cavaliers indiens qui montaient à cru, sans étriers et souvent sans mors, et qui se montraient jusque-là bien supérieurs aux « tuniques bleues », formés à l'équitation classique.

Dans l'Antiquité, les Romains, tout grands guerriers qu'ils furent, ne développèrent pas d'armes vraiment nouvelles. Ils surent, contre Carthage, bâtir une flotte mais grâce au savoir-faire appris des Grecs ; de même, ils récupérèrent pour leurs légions l'épée gauloise. S'ils utilisèrent efficacement les machines à lancer des projectiles, ils ne durent aucune de leurs victoires à la balistique sauf peut-être à Massada, mais après avoir construit tout banalement une longue rampe. L'armée romaine était pourtant réputée pour la valeur de ses ingénieurs, mais comme le démontre précisément Massada, ce savoir-faire était particulier, lié à la situation. Pas plus que les stratèges romains leurs successeurs ne fondèrent leur espoir sur la seule supériorité technologique. La conception de la technique comme facteur essentiel de la stratégie, et l'idée d'accumulation de puissance dans une arme décisive ne faisaient pas partie du paysage mental de la guerre.

La poudre noire changea la donne au Moyen Âge, mais elle fut loin de modifier radicalement l'art de la guerre.

Au début des Temps modernes, dans la classification scolaire, Guillaume de Nassau et ses disciples, dont Gustave II de Suède, retrouvèrent les petites phalanges, ou *manipules* des légions romaines, et réorganisèrent l'ordre de bataille en tenant compte du rôle du fusil à pierre. Ce faisant, ils donnèrent à l'arme individuelle une efficacité qui n'était pas liée à sa qualité technique, car elle tuait au hasard dans les rangs très denses de l'ennemi.

Le canon, quant à lui, introduisit une nouvelle manière de faire la guerre et anticipa sans doute le bombardement aérien. Le feu du canon tuait indifféremment civils et militaires lorsqu'une ville était assiégée ; les incendies du Palatinat en 1674 ou de Bruxelles en 1695 par les troupes françaises en témoignent. La méthode fut systématiquement employée durant la colonisation au XIXe siècle. Les Anglais détruisirent ainsi totalement, par le feu, la légendaire Alexandrie en 1882. Pourtant, le « progrès » de la puissance meurtrière des armes fut très lent. Le canon Gribeauval (1760), l'arme napoléonienne par excellence, représenta un saut qualitatif, mais sans commune mesure avec ce qui allait suivre. Les effets des armes restaient encore dans le domaine d'une capacité de destruction « imaginable » jusqu'au milieu du XIXe siècle. Ensuite, les pertes, lors des seules guerres européennes, suivirent une progression foudroyante :

- guerres napoléoniennes : 2 millions de morts ;
- guerre de 1870 (Prusse et alliés contre la France) : 200 000 morts ;
- guerre de 1914-1918 : 8 à 12 millions de morts ;
- guerre de 1940-1945 : 38 millions de morts.

Leur trajectoire est celle de l'évolution de la puissance de feu. Un indice de puissance meurtrière des armes donne, pour le canon du XVIe siècle, 43 ; pour le Gribeauval de Napoléon, 4 000 ; pour le célèbre petit canon français de 75 mm, 34 000 ; pour l'Howitzer américain de la Seconde Guerre mondiale, 660 000 ; et, avec le missile nucléaire, on perd toute référence à échelle humaine : 60 millions !

Les parades contre la violence ne suivent pas la même évolution ; la cuirasse ou le bouclier protègeaient le guerrier, pas le civil. Aujourd'hui 80 % des morts lors de conflits armés sont des civils.

Avec le canon apparut une nouvelle trajectoire technologique, d'où peu à peu émergea une nouvelle manière de faire la guerre. La fusée aurait pu jouer le rôle du canon, avec sans doute plus de mobilité. Elle était connue des Chinois non seulement pour les feux d'artifice mais aussi pour le combat. Elle fut néanmoins abandonnée : on la jugeait trop imprécise par rapport à des objectifs militaires, lit-on dans les manuels. Mais cette explication est ridicule : on voit bien qu'il en fut de même pour nos armes, par exemple le mousquet, quasiment inoffensif. On retrouve la trace de la fusée tardivement dans l'échelle des temps de la poudre, sous la forme du missile qui, aujourd'hui, par un étrange renversement de situation, est guidé de bien meilleure manière que tout autre projectile. Dans tous les cas, missile ou obus de canon, l'Europe innova dans l'art militaire par le rôle crucial qu'elle donna à l'arme de jet qui permettrait la guerre à distance. Les autres civilisations n'ont, apparemment, pas cru bon de privilégier cette voie de la puissance technicienne pour gagner les batailles.

CONCLUSION

Chaleur et décroissance,
l'impossible comme solution

Dans cet ouvrage, j'ai décrit la manière dont la machine, fondée sur la transformation de la chaleur en travail, avait installé son règne. On aura compris que le but n'était évidemment pas de voler le sujet aux historiens. J'ai proposé un schéma narratif de l'évolution récente de notre monde qui ait un sens par rapport à notre devenir actuel, en insistant sur le partage entre l'aléatoire et le délibérément choisi dans le fait technique.

Ce récit est donc un appel à la liberté qui ne s'appuie pas sur une vision naïve de l'homme rationnel. Il tient compte du fait que la volonté humaine repose toujours sur le hasard et qu'elle reçoit l'aide, bonne ou mauvaise, des dieux, dans le sens métaphorique que les Grecs anciens donnaient aussi à ce mot [1]. En cet instant où la conscience d'un danger pour l'humanité grandit, sans que l'on puisse vraiment l'identifier, ce soutien du hasard, sous la forme par exemple de « catastrophes éclairantes », me paraît bien nécessaire pour trouver un chemin de traverse et sortir de l'impasse, échapper à ce destin funeste – destin au sens antique que je mentionnais en introduction.

---

1. P. Veyne, *Les Grecs ont-ils cru à leurs mythes ?*, Paris, Le Seuil, 1992.

On connaît le célèbre vers d'Hölderlin : « Là où est le danger, croît aussi ce qui sauve[1]. » De manière plus explicite, la thèse que défend Andreu Sole colle parfaitement à mon propos : « Un monde est une configuration de possibles et d'impossibles. La question "Dans quel monde vivons-vous ?" devient "Quels sont les possibles et impossibles caractérisant notre monde[2] ?" » L'auteur analyse finement, avec des exemples autant ethnologiques que contemporains, la manière dont chaque société imagine ses limites et pense le changement comme impossible. Nous créons ainsi des idoles avec leurs religions : l'idolâtrie de la croissance économique par exemple. Des événements peuvent remettre en cause la réalité de ces faux dieux, mais seulement si ces événements arrivent à faire sens en s'insérant dans un dispositif critique de la religion établie. Une des principales tâches de la pensée libre consiste donc à donner du sens aux événements pour en faire ressortir la qualité intellectuelle, la valeur symbolique, l'épaisseur quasiment spirituelle, dans l'attente d'un avenir autre. Cela afin de contrecarrer les docteurs de la Loi, qui ont vite fait de réinterpréter l'événement catastrophique dans le cadre de la pensée dominante, afin de lui enlever toute portée critique. C'est dans ces cahots de l'histoire que se cachent les dieux de la rupture et du renouveau, et c'est ainsi que je conçois le catastrophisme « éclairé » que défendent, par exemple, Jean-Pierre Dupuy ou, sur un autre registre, Nicolas Hulot[3].

Dans l'impasse, la méthode *koan* du bouddhisme zen est aussi utile ; lorsque aucune solution n'est envisageable, c'est

---

1. « *Nah ist, und schwer zu fassen der Gott. Wo aber Gefahr ist, wächst das Rettende auch* », Friedrich Hölderlin, *Hymne Patmos*. Le vers qui précède peut se traduire par : « Dieu est proche mais difficile à saisir. » Il s'agit d'un dieu païen.

2. A. Sole, *Créateurs de monde. Nos possibles, nos impossibles*, Paris, Éd. du Rocher, 2000, p. 104.

3. J.-P. Dupuy, *Pour un catastrophisme éclairé*, Paris, Le Seuil, 2004 ; N. Hulot, *Combien de catastrophes avant d'agir ? Manifeste pour l'environnement*, Paris, Le Seuil, 2003.

l'énoncé qui doit être reformulé : « Deux mains qui se frappent applaudissent, que fait le bruit d'une main ? » Ou bien : « Si tu parviens au sommet de la montagne, continue de monter. » Nous sommes dans le domaine du logiquement impossible mais le *koan* veut nous montrer que, au-delà des mots et de l'image mentale que l'on se fait de la situation, existe la réalité d'un monde plus grand que nous. Pour revenir au vers d'Hölderlin, une interprétation heideggérienne que je partage serait : la technique moderne est le danger, c'est pourtant en elle que se situe le salut, mais il faut le chercher dans son essence qui n'est pas technique mais sociale.

LA CHALEUR D'UN MONDE CLOS

J'ai contesté à travers ce récit la notion d'efficacité, autre idole, qui a conduit la technoscience contemporaine à juger de cette efficacité selon les critères de la société marchande. Réduction marchande et réduction machinique, en effet, vont de pair, et je crois avoir contribué à lever le voile sur ce dispositif, qui atteint notre être physique tout entier. La menace vient non seulement de l'extérieur, amenée par tous les dangers que renferme la fascination pour la puissance mécanique, mais aussi de l'intérieur, car notre corps, apparemment choyé par la médecine, se transforme aussi en machine dont on pourra un jour vendre les parties au plus offrant. Le prétendu progrès technique se justifie ainsi par le marché : quotas d'émission de CO_2, ou organes peut-être un jour proposés aux enchères, tandis que l'innovation technoscientifique, la R & D adulée par tous les gouvernements, alimente sans cesse l'étal sur le marché des besoins. Nombre d'ouvrages ont déjà dénoncé ce cercle vicieux, mais j'ai tenté d'ajouter un élément clé dans la compréhension du processus : ici, cela se nommerait l'idolâtrie du feu en tant que pouvoir temporel. Pour ce faire, j'ai décrit la construction d'une configuration intellectuelle spécifique qui se fonde à la fois sur l'idée de croissance continue et sur un dispositif technique centré sur l'usage immodéré de la chaleur comme source de la puissance. Le mouvement étant autoentretenu par l'énergie fossile, la société contemporaine devient ainsi *thermo*-dynamique et *thermo*-industrielle.

Le réchauffement climatique se trouve évidemment en arrière-plan de ce récit. Mais alors fallait-il donc écrire tout un livre pour arriver au constat de sens commun que n'importe quel homme préhistorique avait déjà fait sans difficulté : si l'on fait un feu dans une caverne, celle-ci se réchauffe ! Car notre Terre est un logis très étroit : à dix kilomètres d'altitude, et même moins, il n'y a plus de vie possible[1]. Qu'est-ce que cette distance pour nos yeux en vision horizontale ? Presque rien, la tour Eiffel vue de la grande banlieue parisienne, le clocher du village d'à côté, les voiles du bateau qui s'éloigne sur la mer. La planète a une surface limitée : la mondialisation a produit cet effet bénéfique de nous faire percevoir cette réalité d'un « monde clos ». Cette référence n'est pas innocente, elle évoque immanquablement, pour le philosophe, un ouvrage célèbre d'Alexandre Koyré, *Du monde clos à l'univers infini*. L'auteur y célèbre la découverte, à la Renaissance, de l'infinitude de l'espace céleste, découverte qui, selon lui, nous aida à lâcher, à cette époque, les amarres de ce monde sublunaire dans lequel nous confinait la philosophie d'Aristote[2].

Se pose pourtant la même question que pour le désir de vitesse, dont je viens de montrer qu'il est un produit culturel : découverte ou invention ? Beaucoup d'autres civilisations, avant ou en même temps que la nôtre, au Moyen Âge (les Mayas entre autres), connaissaient fort bien

---

1. Les oies cendrées atteindraient 8 000 mètres d'altitude, mais c'est semble-t-il une limite rarement atteinte.

2. A. Koyré, *Du monde clos à l'univers infini*, Paris, Gallimard, 1988.

l'immensité du ciel étoilé et n'en avaient pas tiré la conclusion que l'homme, libéré de ses chaînes mentales, pouvait se donner le droit de disposer d'un espace qui s'étendait de notre entourage immédiat jusqu'aux étoiles les plus lointaines. Or, le télescope de Galilée (en réalité une lunette), objet technique qui élargissait le champ de notre vision, et le principe d'une nature « régie par des lois immuables », objet intellectuel, ouvraient ensemble une nouvelle voie à la connaissance, celle du désir de dompter l'univers en l'observant et en déchiffrant son ordonnance mathématique ; il s'agissait donc bien d'une invention propre à l'Occident. C'est pourquoi ce caractère infini de l'espace ne rendit pas l'homme plus humble. Bien au contraire, la réduction de la planète à un point minuscule fut compensée par l'affirmation péremptoire que « la nature n'a rien produit de plus élevé, de plus parfait, que l'homme [qui a ainsi] le droit et le devoir de se considérer comme le souverain de tout ce qui est accessible dans l'univers[1] ». Cette citation datant du XIXe siècle continue la pensée prédarwinienne du XVIIe. Elle nous paraît aujourd'hui quelque peu naïve, mais elle reste le fondement sur lequel se pense l'homme moderne, celui d'un darwinisme social non formulé mais actif. En témoigne cet extrait de la quatrième de couverture de l'*Esquisse d'une histoire universelle* de Jean Baechler, lequel « reconstitue dans toute sa richesse la longue aventure de l'homo sapiens [jusqu'à] la troisième ère, commencée il y a environ cinq siècles, qui n'a pas atteint son terme [et] a ouvert, d'abord aux Européens puis à tous les humains, une nouvelle étape de l'histoire humaine[2] ».

L'objectif n'est pas ici de réexaminer la généalogie de l'idée de progrès, si bien établie par Pierre-André Taguieff, ni son procès, magistralement instruit par Jean-Paul Besset, mais rappelons l'essentiel : le statut que l'on donne à la

---

1. L. Buchner, *La Science et l'homme*, Schleicher Frères, 1869, p. 197.
2. J. Baechler, *Esquisse d'une histoire universelle*, Paris, Fayard, 2002.

machine thermique dépend de la métaphysique du progrès que l'on a. Si la philosophie de la modernité scientifique se construit tout entière autour de la mécanique classique, la philosophie de l'histoire de notre temps industriel repose sur la sécularisation de l'idée de salut dans la machine thermique[1]. La rationalité s'est trouvée alors propulsée au premier rang de l'idéologie grâce au mouvement d'accumulation de puissance machinique, qui semblait prouver dans les faits la justesse des hypothèses. Cela veut dire que le salut se trouve dans la marche en avant ; la hâte contient le sens et le moteur continue de tourner à plein régime ; c'est alors que la *thermo*-dynamique prend un sens métaphysique.

J'ai donc essayé dans cet essai de briser le mur érigé par la vulgate historico-techno-scientifique : la machine thermique n'est pas l'aboutissement d'un long processus de maturation intellectuelle, ni la suite attendue d'un rationalisme appliqué dans la relation techno-*logique* de l'homme avec son environnement. Et si par ailleurs, après lecture de cet ouvrage, le constat que « la maison brûle », pour reprendre les termes d'un ancien président français, est reconnu comme exprimant une réalité indéniable, la seule solution non seulement consiste à éteindre le feu mais, encore plus, à croire qu'on peut le faire. Une remise en cause des fondements de notre existence matérielle est inévitable, tout le confort contemporain étant fondé, dès sa naissance en tant qu'objectif de la vie quotidienne, sur la puissance du feu.

ALLER AILLEURS

Il existe pour ce faire une méthode que de plus en plus de penseurs critiques proposent : la décroissance[2]. Serge Latouche l'a formalisée en huit principes d'action :

---

1. R. et C. Larrère, *Du bon usage de la nature : pour une philosophie de l'environnement*, Paris, Aubier Montaigne, 1998.
2. Deux revues défendent ce point de vue, l'une mensuelle fondée en 2005, *La Décroissance* (rédacteur en chef : Vincent Cheynet), l'autre semestrielle fondée en 2007, *Entropia* (rédacteur en chef : Jean-Claude Besson-Girard).

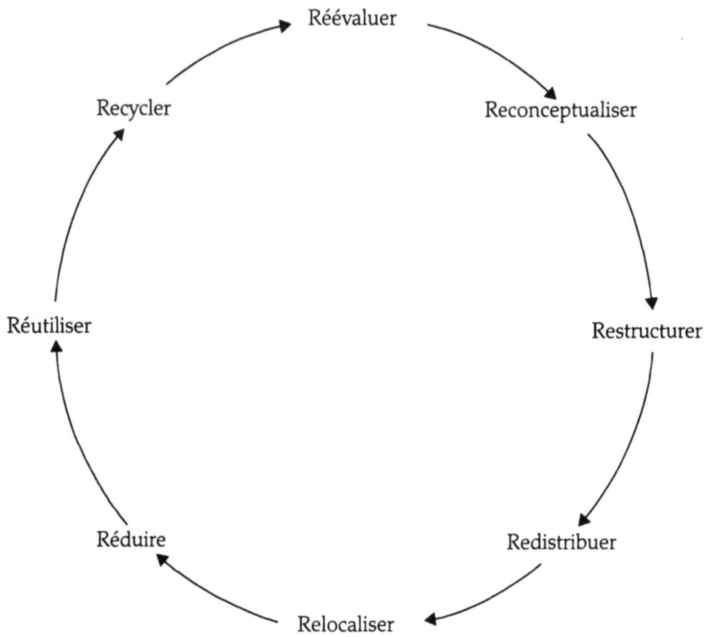

S. Latouche, *Le Pari de la décroissance*, *op. cit.*, p. 156.

Si l'on applique ces principes à notre objet, la décroissance prend un autre visage, elle signifie d'abord réduction de l'usage de la chaleur. Or cela n'est pas révolutionnaire en soi, un consensus peut se dégager si le magicien de la politique sort de son chapeau un lapin-remède miracle : le « développement durable [1] ». Ce n'est pourtant qu'un pauvre lapin plus mort que vif, car dans des circonstances technologiques inchangées il n'y a aucune raison pour qu'un développement se fasse sans l'aide du feu.

Plutôt que de « renverser la vapeur » il faut l'éviter, symboliquement, et pour cela rechercher systématiquement les

---

1. G. H. Bruntland, *Notre avenir à tous*, Rapport de l'ONU, New York, 1987. G.H. Bruntland, Première ministre de Norvège à l'époque, fut la coordinatrice de ce rapport en tant que présidente de la Commission mondiale sur l'environnement et le développement des Nations unies. C'est à partir de ce volumineux document que le mot *sustainable*, inventé en 1980 semble-t-il, a été traduit non plus par « soutenable » mais par « durable ».

moyens de diminuer notre dépendance thermique. Mais alors il ne faut pas se tromper d'objectif, car, malgré tous ses péchés, ce n'est pas la machine en tant que telle qui est l'ennemi, les automates vivent sinon en symbiose du moins en complémentarité avec nous, ils constituent une prothèse dont il serait difficile de se passer entièrement. Ce n'est pas tant la consommation effrénée de la chaleur qui pose problème que le mauvais usage de celle-ci ; c'est l'ensemble des comportements que Paul Ariès qualifie fort justement de « mésusage » qui nous mène à l'abîme. Réduire l'usage des machines grosses consommatrices d'énergie nous ferait avancer d'un petit pas vers la solution.

La plus grande part de la responsabilité n'incombe pas, en effet, directement à la machine mais à l'organisation qui l'accompagne. Comme la dernière partie de cet ouvrage l'a montré, c'est bien plus la mise en réseau et la structure des échanges, fondée sur des flux incessants de choses, d'êtres et de signes qui a transformé la planète en mégamachine assoiffée de chaleur fossile. J'ai fait de brèves allusions dans l'ouvrage à cette nouvelle architecture du pouvoir, conceptualisée sous le nom de macrosystème technique, mais j'en ai esquissé ailleurs la théorie et je ne m'y attarderai pas, car dans le cadre de cet essai la notion de mégamachine paraît plus appropriée.

Or, cette notion est inséparable de celle d'une thermodynamique des flux. Comme son nom savant l'indique, ce mouvement (*dyname*) provient de la chaleur (*thermos*), et l'on a vu dans la première partie que la théorie fut forgée dans la première moitié du XIXᵉ siècle, en même temps que naissaient les nouvelles machines industrielles. Mais dans le cadre qui est le nôtre, cette thermodynamique prend un tout autre sens : elle exprime le mouvement même de toute une société qui s'accroche à un mode de vie qui génère, transforme, capte les flux. Certes les flux ont toujours existé, mais leur intensité est incommensurable avec celle d'il y a un siècle à peine. La puissance des machines thermiques les répartit avec rapidité et précision, dans le pur espace géométrique qu'est devenu le globe. Cet avantage considérable pour les finances et le commerce se transforme en un boulet que supporte le social, sans réaliser l'énormité de son poids.

La technologie se nourrit, dès lors, elle-même, car tous ces biens qui circulent renferment une haute valeur ajoutée et, dans les pays riches, se vendent à des prix de dumping, c'est-à-dire bien au-dessous de la valeur qu'ils auraient si la main-d'œuvre locale avait été utilisée. Les travailleurs du lieu d'origine en profitent, dans l'hypothèse optimiste du développement de quelques grands pays, selon les critères du PIB qui fabriquent la légitimité de notre modèle. Pourtant ce sont les exportations qui fondent cette nouvelle richesse au détriment des pauvres, y compris dans des pays qui affirment prendre en compte les aspirations du peuple, le Brésil de Lula aussi bien que la Chine communiste. Le « grand bazar mondial[1] » qui en est le résultat fabrique ainsi, aux deux bouts de la chaîne des flux, la légitimité du modèle de consommation importé de l'histoire américano-européenne. Le développement, selon les critères de la Banque mondiale, du FMI, de l'OCDE, repose d'abord sur le tourbillon incessant des allées et venues des marchandises. Choisir un autre mode de survie, une autre façon d'être que celle qui consiste à consommer équivaudrait à un suicide, car le pays serait alors mis au ban de l'humanité. Nous trouvons là encore un exemple d'impossible que Baudrillard rend explicite : « La culture occidentale ne se maintient que du désir du reste du monde d'y accéder. Quand apparaît le moindre signe de refus, le moindre retrait du désir, non seulement elle perd toute supériorité, mais elle perd toute séduction à ses propres yeux[2]. » En d'autres

---

1. L. Benhamou, *Le Grand Bazar mondial*, Paris, Bouriu, 2005.

2. Jean Baudrillard écrit cela dans le *Libération* du 18 novembre 2005 à propos des réactions de notre « tiers-monde intérieur », lors des incendies de voitures dans les banlieues de France en novembre 2005. J'ajouterai qu'à l'in-

termes, sans la thermodynamique des flux, la société que nous connaissons subirait une catastrophe métaphysique. Nous n'aurions plus de raison d'être en ce monde.

La fiction du développement durable veut nous faire croire que l'on peut garder, en Occident, le même bien-être matériel grâce « à une utilisation scrupuleuse de nos moyens et à une limitation intelligente de nos besoins [...], mais les rapports sur l'environnement suppriment la deuxième option et se précipitent sur la première [1] », car le règne de la croissance multinationale impose sa loi. Les défenseurs du développement durable ne veulent pas voir que l'incendie est tel que nous en sommes, comme le soutient Jean-Paul Besset, à l'étape où nous devons chercher des issues de secours.

Dans tous les cas – agriculture, alimentation, électricité, transports –, l'issue de secours se résume en un principe : briser la thermodynamique des flux. Toutes les possibles évolutions vers une société plus froide que propose Latouche sont résumées en un seul principe : la *localisation*. Je supprime le préfixe re- pour signifier que nous ne retournons pas quelque part, mais que nous allons ailleurs. Or, le préfixe indiquant une marche en arrière dans le temps induit une vision fausse de l'avenir.

Le terme *localisation* signifie qu'il faut réduire les flux de toutes sortes, par tous les moyens, et poser comme principe de régulation la mise en place de circuits courts. Sur le plan mécanique, la recherche de solutions énergétiques simples en découle, mais un problème central se pose alors : dans quelle mesure peut-on et doit-on se débrancher des grands systèmes techniques ? Le paysan qui fait tourner son tracteur à l'huile de colza se rend indépendant du puits

------

cendie aveugle que propage la richesse répond celui du désespoir chez les pauvres : notre monde se trouve bien piégé dans une histoire de feu !

1. W. Sachs, *Des ruines du développement, op. cit.*, p. 75. Mais lire aussi l'implacable réquisitoire de G. Rist, *Le Développement, histoire d'une croyance occidentale*, Paris, Presses de Sciences Po, 1996.

de pétrole d'Arabie Saoudite ; la maison qui se chauffe au solaire et produit son électricité fait de même par rapport à la centrale nucléaire ; le consommateur qui achète à une AMAP (Association pour le maintien d'une agriculture paysanne) échappe au circuit agro-alimentaire ; le touriste qui, au lieu de se rendre au Carnaval de Rio, réinvente le carnaval dans sa ville renoue avec son milieu de vie, etc. On pourrait alors accuser ce type de comportement de favoriser l'individualisme. C'est tout le contraire qui se produit car, de consommateur passif et soumis, le citoyen devient acteur. Bien loin de s'isoler, il partage son expérience avec les autres et recrée un savoir-faire qui s'échange par la relation et devient une propriété symbolique collective. Des études en cours, de l'ADEME entre autres, montrent qu'ainsi apparaît une nouvelle forme de solidarité. On peut aussi imaginer l'ouverture très rapide de nouvelles voies technologiques, auparavant fermées par l'organisation en réseau, si des entreprises choisissent aussi ce mode de débranchement du système. Ce qui laisse entrevoir la possibilité d'une bifurcation de la « recherche et développement » dans une autre perspective, non thermique cette fois, vers un système technique radicalement différent. Une société postcarbone ne peut exister qu'à cette condition[1].

LA CATASTROPHE, POSSIBLE *DEUS EX MACHINA*

En tout état de cause, je n'entends pas, dans cet ouvrage, proposer des recettes miracles, seulement des idées. Elles ne peuvent avoir de sens que si l'on accepte le fait que la course effrénée vers l'augmentation de la taille des entreprises, du flux des biens et des personnes, du contrôle des dynamiques économiques, conduira nécessairement à des dysfonctionnements ou des affrontements cataclysmiques.

---

1. La Communauté européenne fait preuve de lucidité à cet égard puisqu'elle a lancé un appel d'offres pour des recherches sur ce thème en 2008.

Le danger que recèle l'éventualité de ce lendemain justifie largement la recherche, même utopique, de cette localisation et de l'abandon, dans la mesure du possible, de la recherche de la puissance motrice du feu. Avec comme corollaire un changement en profondeur de notre mode vie vers plus de sobriété.

Quant au problème posé par les réseaux qui ne cessent de s'étendre, il n'est pas nouveau. Non seulement Rome avait épuisé les sols de sa périphérie, mais aussi ceux de l'Égypte, de l'Espagne, de la Tunisie et même de la Gaulle, pour nourrir sa population urbaine. L'issue de secours, l'événement qui donna la solution, vint de l'extérieur, ce fut l'invasion des barbares. En réalité, ces barbares parlaient souvent latin et connaissaient fort bien la culture de l'Empire qui leur faisait face, ils n'étaient barbares que de nom. L'effondrement de Rome fut d'abord un effondrement des villes, de l'approvisionnement, des transports, de la sécurité. Et en un rien de temps, une cinquantaine d'années, Nîmes, Arles, Rome même, se retrouvèrent enfermées dans les murs des arènes, Paris se réduisit à deux minuscules îles sur la Seine. La migration se fit très vite des villes vers les campagnes, Nîmes passa ainsi de 150 000 habitants à quelques milliers. Je ne dis pas que la cause de la chute de Rome fut écologique, mais le problème des réseaux existait déjà au ve siècle. La solution qui s'imposa d'elle-même ne fut pas trouvée dans le domaine où le problème était posé, c'est-à-dire dans l'*urbs,* le fait urbain. La grande ville ne sut pas se réformer face à des événements inattendus. La différence aujourd'hui tient au fait que, cette fois, la planète entière est concernée.

Pourtant, le terme de catastrophe indique-t-il nécessairement un phénomène épouvantable, ne peut-il signifier simplement un effet de seuil suivi d'une reconstruction ? Jared Diamond, dans son fameux *Effondrement,* donne beaucoup d'exemples moins connus de processus qui aboutissent à des catastrophes, mais il en néglige la part anthropologique et oublie le sens relatif que peut prendre cette notion. Pour une bonne partie de la population, sans doute, elle signifie une situation très dure, mais en même temps elle balaye les anciennes élites et elle ouvre la voie à une nouvelle créativité sociale. Pourquoi ces sociétés, à la suite de la catastrophe qui les a touchées, ne pourraient-elles se recomposer à un autre niveau et inventer une autre manière de vivre[1] ? Les paysans du nord de la France, après la chute de Rome, firent naître de petites communautés à la place des villas des nobles gallo-romains, ils retrouvèrent les techniques de la construction en bois, oublièrent le formalisme du droit latin au profit des coutumes franques, plus centrées sur la personne. Ils connurent un « changement de mode de vie » qui ne fut pas désagréable.

Les pseudo-barbares peuvent, en effet, être vus tout autrement que ne le fait l'histoire officielle. Le grand historien Lucien Febvre, cofondateur de l'École des annales, a magnifiquement défendu cette thèse dans un ouvrage courageux, *Le Rhin* (publié en 1935). Il décrit ce formidable renversement de l'imaginaire qui se produisit en si peu de temps et prend acte de « la rage des Romains à vouloir se faire naturaliser barbares[2] ». Un changement de mode de vie aussi radical n'est pas le résultat d'un choix conscient à l'origine, mais il devient un fait positif si le contexte est reconstruit avec le désir d'ouvrir la voie à un autre destin. Un autre monde auparavant impossible se recrée.

Un autre aspect de l'impossible contemporain se loge dans l'effet de taille. Le macrosystème nous donne un sentiment de puissance sans que les conditions de l'effectuation de cette puissance soient correctement évaluées. « La distance entre l'effet et la cause, cette invisibilité du système qui produit les prodiges techniques, explique l'effet

---

1. C'est pourquoi je conteste son interprétation de la catastrophe de l'île de Pâques ; voir l'encadré du premier chapitre.

2. L. Febvre, *Le Rhin*, Paris, Armand Colin, 1935, p. 49. P. Brown défend les mêmes idées dans *Genèse de l'Antiquité tardive*, Paris, Gallimard, 1983.

hypnotique de la technologie[1]. » Pour Wolfgang Sachs, c'est ainsi que fonctionne la magie des grands systèmes contemporains – magie presque au sens propre : une force cachée est convoquée à chaque opération, la confiance est de mise, l'abandon dans les bras de l'expert, obligatoire. Cela est vrai pour la plupart de nos relations avec la méga-machine et encore plus vrai avec l'informatique. Que voudrait donc dire « localisation » dans ce cas, comment organiser des circuits courts ? Répondre à la question fait partie des impossibles ; pourtant c'est précisément là que se trouve le défi[2]. Nul doute, en effet, que des événements vont se produire qui nous permettront de penser autrement. Le désir *de* catastrophe[3] ne l'emportera que si le besoin de réagir *devant* la catastrophe annoncée se perd dans l'océan des platitudes technoprogressistes.

Ainsi la volonté de puissance a-t-elle trouvé dans le feu un allié ; sa chaleur lui a été en quelque sorte confisquée pour répondre à des objectifs de maîtrise de la nature. Il n'en a pas toujours été ainsi, car cet élément accompagne depuis fort longtemps la marche de l'humanité ; il n'est pas l'ennemi, pas plus que la machine. Mon objectif serait atteint si un principe de responsabilité, sur le modèle de celui prôné par Hans Jonas, se dégageait pour agir avec cet élément sans en faire l'acteur principal de l'aventure humaine. Ce livre n'est donc qu'un « avertissement d'incendie[4] ». Mais sur la scène se joue toujours la même pièce depuis plus d'un siècle, et le décor s'enflamme.

---

1. W. Sachs, *Des ruines du développement, op. cit.*, p. 37.

2. L'Italie donne l'exemple sur ce plan : des marchés de terroir fleurissent un peu partout, où viennent des producteurs locaux et non des marchands approvisionnés par les halles. Mais surtout un lobby « slowfood » s'est créé et s'appuie maintenant sur une entreprise agroalimentaire, Eataly, dont la vocation est de proposer des produits locaux. Un magasin vient d'ouvrir à Turin : www.eatalytorino.it.

3. H.P. Jeudy, *Le Désir de catastrophe, op. cit.*

4. M. Lowy, *Walter Benjamin : avertissement d'incendie*, Paris, PUF, 2001.

BIBLIOGRAPHIE

PREMIÈRE PARTIE

AEBISCHER, B., *Informationstechnologie : Energiesparer oder Energiefresser ?*, EMPA-Akademie Wissenschaftsapéro, 2003.

ALTIERI, M., *Agroecology. The Science of Sustainable Agriculture*, Boulder, Westview Press, 1999.

BARLES, S., *L'Invention des déchets humains*, Seyssel, Champ Vallon, 2005.

BÉLEM, G., *L'Analyse du cycle de vie comme outil du développement durable*, Les Cahiers de la chaire de responsabilité sociale et de développement durable, Québec, ESG-UQAM, 2005.

BERGER, P., *Les Mystificateurs du progrès*, Paris, PUF, 1978.

BERKHOUT, F. et HERTIN, J., *Impacts of Information and Communication Technologies on Environmental Sustainability. Speculations and Evidence*, rapport à l'OCDE, 2001.

BERLAN, J.-P., *La Guerre au vivant, organismes génétiquement modifiés et autres mystifications scientifiques*, Marseille, Agone, 2001.

BIAGINI, C. et al., *La Tyrannie technologique. Critique de la société numérique*, Paris, L'Échappée, 2007.

BOUGUERRA, M.-L., *La Recherche contre le tiers-monde*, Paris, PUF, 1993.

BOULLIER, D. (dir.), *Cette énergie qui nous manque*, Rennes, Apogée, 2005.

BOURG, D. et SCHLEGEL J.-L., *Parer aux risques de demain : le principe de précaution*, Paris, Le Seuil, 2001.

BOURGUIGNON, C., *Le Sol, la terre et les champs*, Paris, Sang de la Terre, 2002.

BRAY, F., « Agriculture for developing nations », *Scientific American*, n° 271, 1994, p. 30-38.

California Integrated Waste Management Board, *Selected E-waste Diversion in California : A Baseline Study*, 2001 ; www.ciwmb.ca.gov/Publications/HHW/61001008.doc.

COMMONER, B., *The Politics of Energy*, New York, Knopf, 1979.

COUSTON, F., *L'écologisme est-il un humanisme ?*, Paris, L'Harmattan, 2005.

COZZI, L., *ICT and Energy Demand : An Overview*, IEA, 2002 ; http://www.iea.org/textbase/work/workshopdetail.asp ?WS_ID = 60.

CROCHET, B., *150 ans de machinisme agricole*, Paris, Éd. de Lodi, 2006.

DEBAL, D., *Industrial vs Ecological Agriculture*, New Delhi, Research Foundation for Science, Technology and Ecology, 2004.

DELANNOY, P. et HERVIEU, B. (dir.), *À table ? Peut-on encore bien manger ?*, La Tour-d'Aigues, Éditions de l'Aube, 2003.

DESJEUX, D., GARABUAU-MOUSSAOUI, I. et PALOMARES, E. (dir.), *Alimentations contemporaines*, Paris, L'Harmattan, 2002.

DESSUS B. et GASSIN, L., *So Watt ? L'énergie : une affaire de citoyen*, La Tour-d'Aigues, Éditions de l'Aube, 2006.

DIGARD, J.-P., *L'Homme et les animaux domestiques, anthropologie d'une passion*, Paris, Fayard, 1990.

DOBKOWSKI, M.-N. et WALLIMAN, I. (dir.), *The Coming Age of Scarcity : Preventing Mass Death and Genocide in the Twenty-First Century*, Syracuse (N.Y.), Syracuse University Press, 1998.

DUNN, S., *Hydrogen Futures : Toward a Sustainable Energy System*, Washington, Worldwatch Institute, 2001.

European Information Technology Observatory, *The Impact of ICT on Sustainable Development*, p. 250-283, www.digital-eu.org/uploadstore/eito_forum_2002.pdf.

FLIPO, F. *et al.*, *Edechets. L'Écologie des infrastructures numériques*, Rapport de recherche, GET, 2006.

GARCIA, E., *Medio ambiente y sociedad : La civilización industrial y los límites del planeta*, Madrid, Alianza, 2004.

GOFFI, B., *Le Bois et les Hommes,* Paris, Nathan, 2003.

GRIGG, D., *The Transformation of Agriculture in the West*, Oxford, Blackwell, 1992.

GRISEL, L. et OSSET, P., *L'Analyse du cycle de vie d'un produit ou d'un service. Applications et mise en pratique*, Saint-Denis-la-Plaine, Afnor, 2004.

HARDIN, G., *Living within Limits : Ecology, Economics and Population Taboos*, New York, Oxford University Press, 1993.

HAUDRICOURT, A.-G., *L'Homme et les plantes cultivées*, Paris, Métailié, 1987.

–, *La Technologie science humaine*, Paris, MSH, 1997.

HAUDRICOURT, A.-G. et BRUHNES-DELAMARRE, M.-J., *L'Homme et la charrue à travers le monde*, Paris, La Manufacture, 1995.

HOMER-DIXON, T.-F., *Environment, Scarcity and Violence*, Princeton (N.J.), Princeton University Press, 1999.

HUE, J.-P., *De l'eau dans le prétoire*, Paris, L'Harmattan, 2003.

ILLICH, I., *Énergie et Équité*, Paris, Le Seuil, 1975.

JACOBS, M. et SCHOLLIERS, P. (dir.), *Eating out in Europe, Picnics, Gourmet Dishing and Snacks Since the Late Eighteen Century*, New York, Berg Pub., 2003.

JACQUARD, A., *L'Explosion démographique*, Paris, Le Pommier, 2006.

JACQUIAU, C., *Les Coulisses de la grande distribution*, Paris, Albin Michel, 2000.

JEUDY, H.P., *Les Ruses de la communication*, Paris, Circé, 2001.

JUSSIAU, R., Montméas, L. et Parot, J.-C., *L'Élevage en France. 10 000 ans d'histoire*, Dijon, Educagri, 1999.

KAUTSKY, K., *La Question agraire. Étude sur les tendances de l'agriculture moderne*, Paris, Giard et Brière, 1900.

KEMPF, H., *Comment les riches détruisent la planète*, Paris, Le Seuil, 2007.

KIRCH, P., *On the Road of the Winds. An Archaeological History of the Pacific Islands before European Contact*, Berkeley, University of California Press, 2000.

KUEHR, R. et WILLIAMS, E., *Computers and the Environment. Understanding and Managing their Impacts*, Dordrecht, Kluwer Academic Publishers & United Nations University, 2003.

LAITNER, « Skip » J.A., « Information technology and U.S. energy consumption », *Journal of Industrial Ecology*, vol. 6, n° 2, 2003, p. 13-24.

LAMARE, D. *et al.*, *Les Risques climatiques*, Paris, Belin, 2005.

LARRÈRE, R. et NOUGARÈDE, O., *Des hommes et des forêts*, Paris, Gallimard, 1993.

LATOUCHE, S., *L'Occidentalisation du monde*, Paris, La Découverte, 2005.

LE BOUAR, C. *et al.*, *Guide écologique de la famille*, Paris, Sang de la Terre, 1999.

LIZET, B., *La Bête noire : à la recherche du cheval parfait*, Paris, MSH, 1989.

–, *Le Cheval dans la vie quotidienne : techniques et représentations du cheval de travail dans l'Europe industrielle*, Paris, J.-M. Place, 1996.

LOVELOCK, J., *The Revenge of Gaia*, Londres, Penguin, 2006.

McKIBBEN, B., *La Nature assassinée*, Paris, Fixot, 1990.

MANNING, R., *Against the Grain. How Agriculture Has Hijacked Civilization*, New York, North Point Press, 2004.

MEADOWS, D.H., MEADOWS, D. et RANDERS, J., *Limits to Growth. The 30-Year Update*, White River Junction, Chelsea Green, 2004.

MORICEAU, J.-M., *Terres mouvantes. Les campagnes françaises du féodalisme à la mondialisation : 1150-1850*, Paris, Fayard, 2002.

MORRISON, R., *The Spirit in the Gene. Humanity's Proud Illusion and the Laws of Nature*, Ithaca (N.Y.), Cornell University Press, 1999.

NICOLINO, F. et VEILLERETTE, F., *Pesticides. Révélations sur un scandale français*, Paris, Fayard, 2007.

NORBERG HODGE, H., *Quand le développement crée la pauvreté*, Paris, Fayard, 2002.

OSTROFF, J., *Les Déchets électroniques. Une menace mondiale*, Paris, Fayard, 2005.

PEARCE, F., *Quand meurent les grands fleuves*, Paris, Calmann-Lévy, 2005.

PERRIAULT, J., *La Logique de l'usage. Essai sur les machines à communiquer*, Paris, Flammarion, 1989.

–, *Mémoires de l'ombre et du son. Une archéologie de l'audiovisuel*, Paris, Flammarion, 1981.

PRICE, D., « Energy and human evolution », *Population and Environment*, 1995, vol. 16, n° 4, p. 301-319.

RAHNEMA, M., *Quand la misère chasse la pauvreté*, Paris, Fayard, 2003.

RAMADE, F., *Le Grand Massacre. L'avenir des espèces vivantes*, Paris, Hachette, 1999.

RAVIGNAN, F. DE, *La Faim pourquoi ?*, Paris, La Découverte, 2003.

Revue politique et parlementaire, n° 1042, *La Guerre de l'eau*, 2007.

RIESEL, R., *Du progrès dans la domestication*, Paris, Éd. de l'Encyclopédie des nuisances, 2003.

ROBBINS, J., *Diet for a New America. How Your Food Choices Affect Your Health, Happiness and the Future of Life on Earth*, Novato, (Cal.), H.J. Kramer, 1998.

ROCHE, D., *Histoire des choses banales. Naissance de la société de consommation, XVIIIᵉ-XIXᵉ siècle*, Paris, Fayard, 1997.

ROMM, J.-J., *The Hype About Hydrogen : Fact and Fiction in the Race to Save the Climate*, Washington, Island Press, 2004.

SCHAFER, C. et WEBER, C., *Mobilfunk und Energiebedarf. Energiewirtschaftliche Tagesfragen*, vol. 50, n° 4, p. 237-241, cité par Fichter, K., in *E-commerce, Journal of Industrial Ecology*, vol. 6, n° 2, 2003, p. 25-41.

SHIVA, V., *Le Terrorisme alimentaire. Comment les multinationales affament le tiers-monde*, Paris, Fayard, 2001.

–, *La Biopiraterie ou le Pillage de la nature et de la connaissance*, Paris, Alias, 2003.

–, *La Guerre de l'eau. Privation, pollution et profit*, Paris, Parangon, 2003.

SIMONDON, G., *Du mode d'existence des objets techniques*, Paris, Aubier, 2001.

STANZIANI, A. (dir.), *La Qualité des produits en France (18ᵉ-20ᵉ siècle)*, Paris, Belin, 2003.

STERN, N., *Economics of Climate Change*, Cambridge, Cambridge University Press, 2006.

TAINTER, J., *The Collapse of Complex Societies*, Cambridge, Cambridge University Press, 1995.

VENTURINI, T., *Controverse sulla biopirateria*, thèse, Università degli Studi di Milano-Bicocca, 2007.

–, « Les trous noirs de la révolution verte », *Entropia*, n° 3, 2007.

VIRILIO, P., *Cybermonde. La politique du pire*, Paris, Textuel, 2007.

VIVIEN, F.D., *Économie et écologie,* Paris, La Découverte, 1994.

WALTER, J. et SIMMS, A., *The End of Development ? Global Warming, Disasters and the Great Reversal of Human Progress*, New Economics Foundation, 2005.

DEUXIÈME PARTIE

APOSTOLIDES, J.-M., *Le Roi-Machine*, Paris, Minuit, 1981.

ARENDT, H., *La Condition de l'homme moderne*, Paris, Calmann-Lévy, 1983.

BASALLA, G., *The Evolution of Technology*, New York, Cambridge University Press, 1988.

BATAILLE, G., *La Part maudite*, Paris, Minuit, 2000.

BEAUD, M., *Histoire du capitalisme. De 1500 à 2000.*, Paris, Le Seuil, 2000.

BEAUNE, J.C., *Le Balancier du monde*, Seyssel, Champ Vallon, 2002.

–, *Les Spectres mécaniques*, Seyssel, Champ Vallon, 1993.

BEAUNE, J.-C. et TINLAND, F., *Ordre biologique, ordre technologique*, Seyssel, Champ Vallon, 1987.

BELIDOR, B.F. DE, *Architecture hydraulique ou l'Art de conduire, d'élever et de ménager les eaux pour les différents besoins de la vie* avec *Rapport sur les eaux de Versailles*, Paris, F. Didot, 1810, 1819.

BENSAUDE, B. et STENGERS, I., *Histoire de la chimie*, Paris, La Découverte, 1992.

BOURG, D., *L'Homme artifice*, Paris, Gallimard, 1996.

BRETON, P., *À l'image de l'homme. Du Golem aux créatures virtuelles*, Paris, Le Seuil, 1998.

BRUN, J., *Le Rêve et la machine*, Paris, La Table ronde, 1992.

CAUVIN, J., *Naissance des divinités, naissance de l'agriculture*, Paris, Flammarion, 1998.

CHAVAILLON, J., *L'Âge d'or de l'humanité*, Paris, Odile Jacob, 1992.

COOK, E., *Man, Energy, and Society*, San Francisco, W.H. Freeman & Co, 1976.

COPPENS, Y. et PICQ, P. (dir.), *Aux origines de l'humanité*, Paris, Fayard, 2001.

DIAMOND, J., *De l'inégalité parmi les sociétés. Essai sur l'homme et l'environnement dans l'histoire*, Paris, Gallimard, 1997.

ELREDGE, N. (dir.), *Macroevolution. Diversity, Disparity, Contingency. Essays in Honor of Stephen Jay Gould*, Lawrence K. S., Paleontological Society, 2005.

FLICHY, P., *L'Innovation technique*, Paris, La Découverte, 1995.

FOX, R., *Technological Change. Methods and Themes in the History of Technology*, Amsterdam, Harwood, 1998.

FRELAUT, C., *La Machine de Marly*, Marly-le-Roy/Louveciennes, Éditions du musée, 2000.

GARÇON, A.-F., *Mine et métal. 1780-1880. Les non-ferreux et l'industrialisation*, Presses universitaires de Rennes, 1998.

GILLES, B., *Les Ingénieurs de la Renaissance*, Paris, Le Seuil, 1978.

GIMPEL, J., *La Révolution industrielle du Moyen Âge*, Paris, Le Seuil, 2002.

GOULD, S.J., *Quand les poules auront des dents*, Paris, Le Seuil, 1991.

HAZAN, O., *Le Mythe du progrès artistique*, Montréal, Presses de l'université de Montréal, 1999.

HUGHES, T. P., *American Genesis*, New York, Viking Press, 1989.

JARRIGE, F., « "Des machines à l'infini". Le communisme icarien et l'imaginaire utopique des techniques (1830-1848) », Hypothèse 2005. Travaux de l'école doctorale d'histoire de l'université Paris-I, Publications de la Sorbonne, 2006, p. 199-208.

–, « Les résistances au chemin de fer en France au XIXe siècle », *L'Écologiste*, n° 14, nov.-déc. 2004, p. 69-73.

KEMPF, H., *La Révolution biolithique. Humains artificiels et machines animées*, Paris, Albin Michel, 1998.

LANDES, D., *L'Europe technicienne. Révolution technique et libre essor industriel en Europe occidentale de 1750 à nos jours*, Paris, Gallimard, 1975.

LARRÈRE, C., *L'Invention de l'économie au XVIIIe siècle*, Paris, PUF, 1992.

LASCH, C., *Le Seul et Vrai Paradis. Une histoire de l'idéologie du progrès et de ses critiques*, Paris, Flammarion, 2006.

LATOUCHE, S., *L'Invention de l'économie*, Paris, Albin Michel, 2005.

LATOUR, B., *Nous n'avons jamais été modernes. Essai d'anthropologie symétrique*, Paris, La Découverte, 1997.

LEROI-GOURHAN, A., *Le Geste et la parole*, Paris, Albin Michel, 2001.

MARX, L., *The Machine in the Garden*, New York, Oxford University Press, 1964.

MARX, L. et SMITH, M. R., *Does Technology Drive History ?*, Cambridge, MIT Press, 1995.

MATHIAS, P., *The First Industrial Nation. An Economic History of Britain 1700-1914*, Londres et New York, Routledge, 1993.

MAYR, O., *Authority, Liberty and Automatic Machinery in Early Modern Europe*, Baltimore, Johns Hopkins University Press, 1989.

MISA, J.T., *From Leonardo to the Internet*, Baltimore, Johns Hopkins University Press, 2004.

MUMFORD, L., *Technique et civilisation*, Paris, Le Seuil, 2001.

PAYEN, J., *Capital et vapeur au XVIIIe siècle. Les frères Perier et l'introduction en France de la machine de Watt*, Paris, Mouton, 1969.

POLANYI, K., *La Grande Transformation. Aux origines politiques et économiques de notre temps*, Paris, Gallimard, 1983.

SALOMON, J.-J., *Prométhée empêtré*, Paris, Économica, 1999.

THOMPSON, E.P., *La Formation de la classe ouvrière anglaise*, Paris, Gallimard-Le Seuil, 1988.

THUILLIER, P., *La Revanche des sorcières*, Paris, Belin, 1997.

TINLAND, F., *L'Homme aléatoire*, Paris, PUF, 1997.

TINLAND, F. et BINOCHE, B., *Sens du devenir et pensée de l'histoire au temps des Lumières*, Seyssel, Champ Vallon, 1987.

TORT, P., *Darwin et le darwinisme*, Paris, PUF, 2005.

–, *La Seconde Révolution darwinienne. Biologie évolutive et théorie de la civilisation*, Paris, Kimé, 2002.

TUNZELMANN, G.N. VON, *Technology and Industrial Progress. The Foundation of Economic Growth*, E.E. Pub, 1995.

VIOLLE, P., *Histoire de l'énergie hydraulique. Moulins, pompes et turbines, de l'Antiquité au xxe siècle*, Paris, Presses de l'ENPC, 2006.

ZIMAN, J. (dir.), *Technological Innovation as an Evolutionary Process*, Cambridge, Cambridge University Press, 2003.

TROISIÈME PARTIE

ASPO, www.peakoil.net.

Association pour l'histoire de l'électricité en France, *L'Électricité dans l'histoire : problèmes et méthodes*, actes du colloque à Paris du 11 au 13 octobre 1983, Paris, PUF, 1985.

AUBERT, N., *Le Culte de l'urgence*, Paris, Flammarion, 2003.

BAIER, L., *Pas le temps. Traité sur l'accélération*, Arles, Actes Sud, 2000.

BAUQUIS, P. R., *Pétrole et gaz naturel. Comprendre l'avenir*, Strasbourg, Hirlé, 2005.

BELL, T., *Les Péchés capitaux de la haute technologie*, Paris, Le Seuil, 1998.

BELTRAN, A. et GRISET, P., *Histoire des techniques aux xixe et xxe siècles*, Paris, Armand Colin, 1990.

BENHAMOU, L., *Le Grand Bazar mondial*, Paris, Bourin, 2005.

BERTHO LAVENIR, C., *La Roue et le stylo*, Paris, Odile Jacob, 1999.

BRETON, P., *L'Utopie de la communication, le mythe du village planétaire*, Paris, La Découverte, 2006.

CAMPBELL, C., voir ASPO.

CARDINI, F., *La Culture de la guerre*, Paris, Gallimard, 1982.

CARON, F., *Histoire des chemins de fer en France*, Paris, Fayard, 1997.

CHARBONNEAU, S., *La Gestion de l'impossible*, Paris, Économica, 1992.

COCHET, Y., *Pétrole apocalypse*, Paris, Fayard, 2005.

DEFFEYES, K.S., *Hubbert's Peak. The Impending World Oil Shortage*, Princeton, Princeton University Press, 2001.

DUBEY, G., *Le Lien social à l'ère du virtuel*, Paris, PUF, 2001.

DUCLOS, D., *L'Homme face au risque technique*, Paris, L'Harmattan, 2000.

DUPONT, Y., *Dictionnaire des risques*, Paris, Armand Colin, 2003.

DUPUY, J.-J., *Valeur sociale et encombrement du temps*, Paris, CNRS, 1975.

DUPUY J.-P., *De retour de Tchernobyl. Journal d'un homme en colère*, Paris, Le Seuil, 2006.

FORGET, P. et POLYCARPE, G., *Le Réseau et l'infini. Essai d'anthropologie philosophique et stratégique*, Paris, Économica, 1997.

GARÇON, A.-F., *L'Automobile, son monde et ses réseaux,* Presses universitaires de Rennes, 1998

GIMPEL, J., *La Fin de l'avenir*, Paris, Le Seuil, 1992.

GRANDJEAN, A. et JANCOVICI, J.-M., *Le Plein s'il vous plaît ! La solution au problème de l'énergie*, Paris, Le Seuil, 2007.

GRAS, A., MORICOT S., POIROT-DELPECH S. et SCARDIGLI V., *Face à l'automate. Le pilote, le contrôleur et l'ingénieur*, Paris, Publications de la Sorbonne, 1994.

GROS, F., *États de violence. Essai sur la fin de la guerre*, Paris, Gallimard, 2006.

HANSON, D., *Le Modèle occidental de la guerre*, Paris, Les Belles-Lettres, 1990.

–, *Carnage et culture*, Paris, Flammarion, 2001.

Hérodote, n° 114, *Aviation et géopolitique*, 2004.

JOXE, A., *Voyage aux sources de la guerre*, Paris, PUF, 2005.

JUAN, S., *La Société inhumaine, mal vivre dans le bien-être*, Paris, L'Harmattan, 2003.

JÜNGER, E., *Le Travailleur*, Paris, Bourgois, 2001.

KEEGAN J., *Anatomie de la bataille*, Paris, Robert Laffont, 1993.

LAHERRÈRE, J., « Vers un déclin de la production pétrolière », colloque Energie et développement durable, 11 octobre 2000 ; voir www.oilcrisis.com.

LARRÈRE, C., *L'Invention de l'économie au XVIIIe siècle*, Paris, PUF, 1992.

LATOUCHE, S., *La Mégamachine*, Paris, La Découverte, 2004.

LEVIN, M. (dir.), *Cultures of Control*, Amsterdam, Harwood Academic Publishers, 2000.

LEVY-LEBLOND J.-M., *Impasciences*, Paris, Le Seuil, 2003.

LIANG, Q. et XIANGSUI, W., *La Guerre hors limites*, Paris, Payot & Rivages, 2003.

LYNN, J.A., *Battle. A History of Combat and Culture*, Boulder (Col.), Westview Press, 2003

MCNEILL, W., *The Pursuit of Power. Technology, Armed Force and Society since AD 1000*, Chicago, University of Chicago Press, 1982.

MATTELART, A., *L'Invention de la communication*, Paris, La Découverte, 1994.

MEUNIER, F. et MEUNIER-CASTELAIN, C., *Adieu pétrole... vive les énergies renouvelables*, Paris, Dunod, 2006.

MUSSO, P., *Critique des réseaux*, Paris, PUF, 2003.

–, *La Religion du monde industriel. Analyse de la pensée de Saint-Simon*, La Tour-d'Aigues, Éditions de l'Aube, 2006.

–, *Télécommunications et philosophie des réseaux*, Paris, PUF, 1997.

PARKER, G., *La Révolution militaire*, Paris, Gallimard, 1993.

PARROCHIA, D., *Philosophie des réseaux*, Paris, PUF, 1993.

PARROCHIA, D. (dir.), *Penser les réseaux*, Seyssel, Champ Vallon, 2001.

PAYEN, B.-E. et COMBE, J.-M., *La Machine locomotive en France des origines au milieu du XIXe siècle*, Lyon, Presses Universitaires de Lyon et éditions du CNRS, 1988.

PERRODON, A., *Quel pétrole demain ?*, Paris, Technip, 1999.

PETIT, É., *Histoire de l'aviation*, Paris, PUF, 1993.

POLANYI, K., *La Grande Transformation. Aux origines économiques et politiques de notre temps*, Paris, Gallimard, 1983.

POULAT, É., « Histoire des mentalités et histoire de l'électricité », *in* Association pour l'histoire de l'électricité, *L'Électricité dans l'histoire : problèmes et méthodes*, op. cit., p. 141-159.

PRÉVOT, H., *Trop de pétrole ! Énergie fossile et réchauffement climatique*, Paris, Le Seuil, 2007.

SALOMON, J.-J, *Une civilisation à hauts risques*, Paris, Charles-Leopold Mayer, 2007.

–, *Le Scientifique et le guerrier*, Paris, Belin, 2001.

SCARDIGLI, V., *Un anthropologue chez les automates*, Paris, PUF, 2001.

SCARDIGLI, V. et MAESTRUTTI, M., *Comment naissent les avions ? Ethnographie des pilotes d'essai*, Paris, L'Harmattan, 2003.

SCHIVELBUSCH, W., *Histoire des voyages en train*, Paris, Gallimard, 1990.

–, *La Nuit désenchantée*, Paris, Gallimard, 1993.

SLOTERDIJK, P., *Critique de la raison cynique*, Paris, Bourgois, 1983.

–, *La Mobilisation infinie*, Paris, Le Seuil, 2003.

STENGERS, I., *L'Invention de la mécanique. Pouvoir et raison*, Paris, La Découverte, 2003.

TAGUIEFF, P.-A., *Résister au bougisme. Démocratie forte contre mondialisation technophobe*, Paris, Fayard, 2002.

THUILLIER, P., *L'Aventure industrielle et ses mythes. Savoirs, techniques et mentalités*, Bruxelles, Complexe, 1982.

–, *La Grande Implosion. Rapport sur l'effondrement de l'Occident, 1999-2002*, Paris, Fayard, 1995.

TISSOT, L. et VEYRASSAT, P. (dir.), *Technological Trajectories, Markets, Institutions. Industrialized Countries, 19th-20th century*, Berne, P. Lang, 2002.

USHER, A.P., *A History of Mechanical Inventions*, New York, Dover, 1988.

VIRILIO, P., *Vitesse et politique*, Paris, Galilée, 1977.

VOIGT, F.V., *Die Entwicklung des Verkehrssystems*, Berlin, Duncker & Humboldt, 1965.

WESTRUM, R., *Technologies and Society*, Belmont, Wadsworth, 1984.

WILLOT, J.-P., *L'Industrie du gaz à Paris au XIXe siècle*, Paris, Éditions Rive Droite, 2000.

INTRODUCTION ET CONCLUSION

ARIÈS, P., *Décroissance ou barbarie*, Lyon, Golias, 2006.

–, *Le Mésusage. Essai sur l'hypercapitalisme*, Lyon, Parangon, 2007.

BACHELARD, G., *L'Air et les songes*, Paris, LGF, 1991.

–, *L'Eau et les rêves*, Paris, LGF, 1993.

–, *La Terre et les rêveries du repos*, Paris, José Corti, 2004.

BALANDIER, G., *Civilisations et puissance*, La Tour-d'Aigues, Éditions de l'Aube, 2006.

BENNETT, D., *Randomness*, Cambridge, Harvard University Press, 1998.

BESSON-GIRARD, J.-P., *Decrescendo cantabile*, Lyon, Parangon, 2005.

BLACK, E., *IBM et l'Holocauste*, Paris, Robert Laffont, 2001.

BODINAT, B. DE, *La Vie sur terre. Réflexions sur le peu d'avenir que contient le temps où nous sommes*, Paris, Éd. de l'Encyclopédie des nuisances, 1996.

BOURG, D., *Nature et technique. Essai sur l'idée de progrès*, Paris, Hatier, 1997.

BOURG, D. et RAYSSAC, G.L., *Le Développement durable. Maintenant ou jamais ?*, Paris, Gallimard, 2006.

BOURG, D. et BESNIER, J.-M., *Peut-on encore croire au progrès ?*, Paris, PUF, 2000.

BRUNE, F., *De l'idéologie aujourd'hui*, Lyon, Parangon, 2005.

BRUNTLAND, G. H., *Notre avenir à tous*, New York, Rapport de l'ONU, 1987.

CHARBONNEAU, S., « Résister à la croissance des transports », *Entropia*, n° 3, *Technique et décroissance*, 2007.

CHARBONNEAU, S., GRAS, A. et TESTART J. (dir.), *Entropia*, n° 3, *Technique et décroissance*, 2007.

CHASTENET, P., *Jacques Ellul, penseur sans frontières*, Paris, L'Esprit du Temps, 2005.

–, *La Technique*, Bordeaux, Cahiers Jacques-Ellul, n° 2, 2004.

–, *Lire Ellul. Introduction à l'œuvre socio-politique de Jacques Ellul*, Presses universitaires de Bordeaux, 1995.

COCHET, Y., « Transitions politiques vers la décroissance », *Entropia*, n° 3, *Technique et décroissance*, 2007.

COCHET, Y. et SINAÏ, A., *Sauver la planète*, Paris, Fayard, 2003.

COMELIAU, C. (dir.), *Brouillons pour l'avenir*, Paris-Genève, PUF-IUED, 2003.

DALY, H., *Beyond Growth. The Economics of Sustainable Development*, Boston, Beacon Press, 1996.

DALY, H. et COBB, J. Jr., *For the Common Good*, Boston, Beacon Press, 1989.

DENHEZ, R., *Atlas du réchauffement climatique*, Paris, Autrement, 2007.

DOBIGNY, L., « Les énergies non renouvelable entre continuité et rupture : l'autonomie locale, prémices d'un changement social », *Entropia*, n° 3, *Techniques et décroissance*, 2007.

DODIER N., *Les Hommes et les machines. La conscience collective dans les sociétés technicisées*, Paris, Métailié, 1995.

DUBEY, G., « Tristes entropiques : désengagement et conformisme dans les grands systèmes techniques », *Entropia*, n° 3, *Technique et décroissance*, 2007.

–, *Le Lien social à l'ère du virtuel*, Paris, PUF, 2001.

DUNCAN, R.C., « The life expectancy of industrial civilization », *Population and Environment*, n° 14, 1989, p. 325-357.

DUPONT, Y. (dir.), *Dictionnaire des risques*, Paris, Armand Colin, 2003.

EcoRev', n° 25, *Utopies techno-réalisme écolo*, 2006.

ELLUL, J., *Le Système technicien*, Paris, Calmann-Lévy, 1977.

FEENBERG, A., *(Re)penser la technique*, Paris, La Découverte, 2004.

FLIPO, F., *Justice, nature et liberté. Les enjeux de la crise écologique*, Lyon, Parangon, 2007.

FORGET, P. et POLYCARPE, G., *L'Homme machinal. Technique et progrès, anatomie d'une trahison*, Paris, Syros, 1990.

FREITAG, M., « La nature de la technique », in *L'Oubli de la société*, Presses universitaires de Rennes, 2002.

GARCIA, E., *El trampolin faustico. Ciencia, mito y poder en el desarollo sostenable*, Valencia, Tilde (Gorgona), 1999.

–, *Medio ambiente y sociedad. La civilización industrial y los límites del planeta*, Madrid, Alianza, 2004.

GEORGESCU-ROEGEN, N., *Demain la décroissance. Entropie, écologie, économie*, Paris, Sang de la Terre, 1995.

GOFFI, B., *Le Bois et l'homme*, Paris, Nathan, 2003.

GOFFI, J.-Y., *Philosophie de la technique*, Paris, PUF, 1996.

GOLDSMITH, T., *Le Tao de l'écologie*, Paris, Éd. du Rocher, 2002.

GORZ, A., *Capitalisme, socialisme, écologie*, Paris, Galilée, 1991.

GRANSTEDT, I., *L'Impasse industrielle*, Paris, Le Seuil, 1980.

GRAS, A. et MUSSO, P. (dir.), *Communication, technologie, pouvoir. Hommage à Lucien Sfez*, Paris, PUF, 2005.

GRINEVALD, J., « L'effet de serre et la civilisation thermo-industrielle 1896-1996 », *Revue européenne des sciences sociales*, n° 108, 1997, p. 141-146.

HABERMAS, J., *La Science et la technique comme idéologie*, Paris, Gallimard, 1990.

HEIDEGGER, M., « La question de la technique », in *Essais et Conférences*, Paris, Gallimard, 2001.

HOBSBAWM, E., *L'Âge des extrêmes : le court XXe siècle 1914-1991*, Bruxelles, Complexe, 1999.

HOTTOIS, G., *Le Signe et la technique*, Paris, Aubier, 1983.

HULOT, N., *Le Syndrome du Titanic*, Paris, Calmann-Lévy, 2004.

HULOT, N. *et al.*, *Pour que la terre reste humaine*, Paris, Le Seuil, 1999.

ILLICH, I., *Œuvres complètes*, Paris, Fayard, 2005.

JEUDY, H.P., *Le Désir de catastrophe*, Paris, Aubier-Montaigne, 1992.

JONAS, H., *Le Principe responsabilité*, Paris, Flammarion, 1999.

LARRÈRE C., *Les Philosophies de l'environnement*, Paris, PUF, 1997.

LATOUCHE, S., *Le Pari de la décroissance*, Paris, Fayard, 2006.

–, *La Planète des naufragés*, Paris, La Découverte, 1991.

LEAKEY, R. et LEVIN, R., *La Sixième Extinction. Évolution et catastrophes*, Paris, Flammarion, 1997.

LE BRETON, D., *Anthropologie du corps et modernité*, Paris, PUF, 2005.

LE BRUN, A., *Du trop de réalité*, Paris, Stock, 2000.

LOVELOCK, J., *Gaia, une médecine pour la planète*, Paris, Sang de la Terre, 2002.

McINTOSH, A., *Chronique d'une alliance, peuples autochtones et société civile face à la mondialisation*, Gap, Yves Michel, 2005.

McKIBBEN, B., *La Nature assassinée*, Paris, Fixot, 1990.

MAFFESOLI, M., *L'Instant éternel. Le retour du tragique dans les sociétés postmodernes*, Paris, La Table ronde, 2003.

MAGGI, B., *De l'agir organisationnel. Un point de vue sur le travail, le bien-être, l'apprentissage*, Paris, Octarès, 2003.

MAIGNAN, G., *Le Contrôle de la circulation aérienne*, Paris, PUF, 1991.

MEUNIER, F. et MEUNIER-CASTELAIN, C., *Adieu pétrole... vive les énergies renouvelables*, Paris, Dunod, 2006.

MILLS, S., *Turning away from Technology*, San Francisco, Sierra Club, 1997.

MORIN, E., *Le Paradigme perdu. La nature humaine*, Paris, Le Seuil, 1979.

MORIN, E. et HULOT, N., *L'an I de l'ère écologique. La Terre dépend de l'homme qui dépend de la Terre*, Paris, Tallandier, 2007.

ODUM, E.P., *Écologie*, Montréal, H.R.W., 1976.

ODUM, H.T., *Environment, Power and Society*, New York, John Wiley, 1971.

PACCALET, Y., *L'humanité disparaîtra, bon débarras !*, Paris, Arthaud, 2006.

PARTANT, F., *Que la crise s'aggrave*, Lyon, Parangon, 2002.

–, *Cette crise qui n'en est pas une*, Paris, L'Harmattan, 2004.

PASSET, R., *L'Illusion néolibérale*, Paris, Fayard, 2000.

PELT, J.-M. et SÉRALINI, G.-E., *Après nous le déluge ?*, Paris, Flammarion, 2006.

PRADES, J., *L'Homo œconomicus et la déraison scientifique*, Paris, L'Harmattan, 2002.

RIDOUX, N., *La Décroissance pour tous*, Lyon, Parangon, 2006.

RIST, G., *Le Développement, histoire d'une croyance occidentale*, Paris, Presses de Sciences Po, 2004.

RIST, G. (dir.), *Les Mots du pouvoir. Sens et non-sens de la rhétorique internationale*, Paris-Genève, PUF-IUED, 2002.

SALOMON, J.-J., *Les Scientifiques. Entre pouvoir et savoir*, Paris, Albin Michel, 2006.

SCHUMACHER, E., *Small is Beautiful. Economics as if People Mattered*, New York, Harper and Row, 1973.

SFEZ, L., *La Santé parfaite. Critique d'une nouvelle utopie*, Paris, Le Seuil, 1995.

–, *Technique et idéologie. Un enjeu de pouvoir*, Paris, Le Seuil, 2002.

SINGLETON, M., *Critique de l'ethnocentrisme. Du missionnaire anthropophage à l'anthropologue postdéveloppementiste*, Lyon, Parangon, 2004.

STIEGLER, B., *La Technique et le temps*, Paris, Galilée, 1994-2001.

Terrain, n° 19, *Le Feu*, Paris, La Documentation française, 1992.

TESTART, J., « Fabrique du vivant et décroissance », *Entropia*, n° 3, *Technique et décroissance*, 2007.

–, *L'Œuf transparent*, Paris, Flammarion, 1999.

THOMPSON, W.I., *Evil and World Order*, New York, Harper and Row, 1976.

VARINI, E., *Fire Within the Universe. A Philosophy of Energy*, Londres, Janus, 2002.

VIRILIO, P., *L'Accident originel*, Paris, Galilée, 2005.

VIVIEN, F.D., *Le Développement soutenable*, Paris, La Découverte, 2005.

PREMIÈRE PARTIE
LA CHALEUR AU QUOTIDIEN OU LA SINGULARITÉ DE LA SOCIÉTÉ THERMO-INDUSTRIELLE

CHAPITRE PREMIER
La société contemporaine, une grenouille au bain-marie

CHAPITRE 2
Mythes des origines et représentation indo-européenne de la fin : le Ragnarök ou l'embrasement final

CHAPITRE 7
Le stade ultime du rêve thermodynamique : l'avion

CONCLUSION
Chaleur et décroissance, l'impossible comme solution

DÉJÀ PARU AUX ÉDITIONS FAYARD

Philippe Aigrain
Cause commune. L'information entre bien commun et propriété, 2005
(coll. « Transversales »).

Benjamin Barber
L'Empire de la peur. Terrorisme, guerre, démocratie, 2003.
Comment le capitalisme nous infantilise, 2007.

Maude Barlow, Tony Clarke
*La Bataille de Seattle. Sociétés civiles
contre mondialisation marchande*, 2002.
L'Or bleu. L'eau, le grand enjeu du XXIe siècle, 2002.

Agnès Bertrand, Laurence Kalafatides
OMC, le pouvoir invisible, 2002.

Walden Bello
La Fin de l'Empire. La désagrégation du système américain, 2006.

Jean-Paul Besset
Comment ne plus être progressiste... sans devenir réactionnaire, 2005.

Noam Chomsky
De la propagande. Entretiens avec David Barsamian, 2002.
Le Profit avant l'homme, 2003.
*Pirates et Empereurs. Le terrorisme international
dans le monde contemporain*, 2003.
*Dominer le monde ou sauver la planète ? L'Amérique
en quête d'hégémonie mondiale*, 2004.
La Doctrine des bonnes intentions. Entretiens avec David Barsamian, 2006.
Les États manqués. Abus de puissance et déficit démocratique, 2007.
La Poudrière du Moyen-Orient (avec Gilbert Achcar), 2007.

Leyla Dakhli, Bernard Maris, Roger Sue, Georges Vigarello
Gouverner par la peur, 2007 (coll. « Transversales »).

Guy Debord
Panégyrique, t. 2, 1997.
Correspondance, vol. 1 (juin 1957-août 1960), 1999.
Correspondance, vol. 2 (septembre 1960-décembre 1964), 2001.
Correspondance, vol. 3 (janvier 1965-décembre 1968), 2003.
Correspondance, vol. 4 (janvier 1969-décembre 1972), 2004.
Le Marquis de Sade a des yeux de fille..., 2004.
Correspondance, vol. 5 (janvier 1973-décembre 1978), 2005.
Correspondance, vol. 6 (janvier 1979-décembre 1987), 2007.

Mireille Delmas-Marty, Edgar Morin, René Passet, Riccardo Petrella, Patrick Viveret
Pour un nouvel imaginaire politique, 2006 (coll. « Transversales »).

Susan George
Le Rapport Lugano, 2000.
Un autre monde est possible si..., 2004.
Nous, peuples d'Europe, 2005.
La Pensée enchaînée. Comment les droites laïque et religieuse se sont emparées de l'Amérique, 2007.

Edward Goldsmith, Jerry Mander (dir.)
Le Procès de la mondialisation, 2001.

Alain Gras
Fragilité de la puissance. Se libérer de l'emprise technologique, 2003.

Serge Halimi
Le Grand Bond en arrière. Comment l'ordre libéral s'est imposé au monde, 2004, rééd. 2006.

Ivan Illich
Œuvres complètes, vol. 1, 2004.
La Perte des sens, 2004.
Œuvres complètes, vol. 2, 2005.

Internationale situationniste
Internationale situationniste, 1997.
La Véritable Scission de l'Internationale situationniste, 1998.

Raoul Marc Jennar
Europe, la trahison des élites, 2004.
Quelle Europe après le non ?, 2007.

Serge Latouche
Justice sans limites. Le défi de l'éthique dans une économie mondialisée, 2003.
Le Pari de la décroissance, 2006.

Roger Lenglet, Jean-Luc Touly
L'Eau des multinationales. Les vérités inavouables, 2006.

Jean-Claude Liaudet
Le Complexe d'Ubu ou la névrose libérale, 2004.

Helena Norberg-Hodge
Quand le développement crée la pauvreté. L'exemple du Ladakh, 2002.

René Passet
L'Illusion néo-libérale, 2000.
*Éloge du mondialisme par un « anti »
présumé*, 2001.

Majid Rahnema
Quand la misère chasse la pauvreté, 2003
(en coédition avec Actes Sud).

Pietra Rivoli
Les Aventures d'un tee-shirt dans l'économie globalisée, 2007.

Joël de Rosnay, en collaboration avec Carlo Revelli
La Révolte du pronétariat. Des mass média aux média des masses, 2006
(coll. « Transversales »).

Edward W. Said
Culture et impérialisme, 2001
(en coédition avec *Le Monde diplomatique*).
Culture et résistance, 2004.
D'Oslo à l'Irak, 2005.
Humanisme et démocratie, 2005.

Vandana Shiva
*Le Terrorisme alimentaire. Comment les multinationales
affament le tiers-monde*, 2001.

Joseph E. Stiglitz
La Grande Désillusion, 2002.
Quand le capitalisme perd la tête, 2003.
Un autre monde. Contre le fanatisme du marché, 2006.
Pour un commerce mondial plus juste (avec Andrew Charlton), 2007.

Roger Sue
La Société contre elle-même, 2005 (coll. « Transversales »).

Aminata Traoré
Le Viol de l'imaginaire, 2002
(en coédition avec Actes Sud).
*Lettre au Président des Français
à propos de la Côte d'Ivoire et de l'Afrique en général*, 2005.

Patrick Viveret
Pourquoi ça ne va pas plus mal ?, 2005 (coll. « Transversales »).

Jean Ziegler
Les Nouveaux Maîtres du monde et ceux qui leur résistent, 2002.
L'Empire de la honte, 2005.